Umweltinformationssysteme – Digitale Innovationen für eine nachhaltige Zukunft

Frank Fuchs-Kittowski · Andreas Abecker ·
Friedhelm Hosenfeld · Anja Reineke ·
Manja Wachsmuth
(Hrsg.)

Umweltinformations-systeme – Digitale Innovationen für eine nachhaltige Zukunft

Tagungsband des 32. Workshops
"Umweltinformationssysteme
(UIS 2025)" der Fachgruppe
„Umweltinformationssysteme" der
Gesellschaft für Informatik e. V. (GI)

Hrsg.
Frank Fuchs-Kittowski
HTW Berlin, Umweltinformatik
Berlin, Deutschland

Friedhelm Hosenfeld
DigSyLand
Husby, Schleswig-Holstein, Deutschland

Manja Wachsmuth
Umweltbundesamt
Dessau-Roßlau, Sachsen-Anhalt, Deutschland

Andreas Abecker
Disy Informationssysteme GmbH
Karlsruhe, Baden-Württemberg, Deutschland

Anja Reineke
Umweltbundesamt
Merseburg, Sachsen-Anhalt, Deutschland

ISBN 978-3-658-50064-1   ISBN 978-3-658-50065-8   (eBook)
https://doi.org/10.1007/978-3-658-50065-8

Die Deutsche Nationalbibliothek verzeichnet diese Publikation in der DeutschenNationalbibliografie; detaillierte bibliografische Daten sind im Internet über https://portal.dnb.de abrufbar.

Springer Vieweg ist ein Imprint der eingetragenen Gesellschaft Springer Fachmedien Wiesbaden GmbH und ist ein Teil von Springer Nature.
Die Anschrift der Gesellschaft ist: Abraham-Lincoln-Str. 46, 65189 Wiesbaden, Germany

Wenn Sie dieses Produkt entsorgen, geben Sie das Papier bitte zum Recycling.

Vorwort

Dieses Buch präsentiert die wichtigsten Forschungsergebnisse der 32. Ausgabe der seit langem etablierten, interdisziplinären Konferenzreihe über Umweltinformationssysteme (UIS) der Fachgruppe Umweltinformationssysteme (FG UIS) der Gesellschaft für Informatik e. V. (GI).

Die Konferenz „Umweltinformationssysteme 2025 (UIS2025)" wurde vom 21. bis 23. Mai 2025 an der Hochschule Merseburg durchgeführt und stand unter dem Motto „Digitale Innovationen für eine nachhaltige Zukunft". Sie wurde von der Fachgruppe Umweltinformationssysteme in Zusammenarbeit mit der Hochschule Merseburg und dem Umweltbundesamt veranstaltet. Die Organisation lag in den Händen von Friedhelm Hosenfeld (DigSyLand), Dr. Andreas Abecker (Disy Informationssysteme GmbH), Anja Reineke (Umweltbundesamt), Dr. Manja Wachsmuth (Umweltbundesamt) und Prof. Dr. Frank Fuchs-Kittowski (HTW Berlin) seitens der FG UIS sowie Til Becker seitens der Gastgeberin Hochschule Merseburg.

Ziel der Konferenzreihe „Umweltinformationssysteme (UIS)" ist es, den neuesten Stand der Forschung und Entwicklung auf dem Gebiet der Umweltinformatik und umweltbezogener IT-Anwendungsbereiche vorzustellen und zu diskutieren. Dies umfasst sowohl Konzepte und Anwendungen von Umweltinformationssystemen als auch Technologien, die moderne Umweltinformationssysteme unterstützen und ermöglichen. Der offene Erfahrungsaustausch zwischen Fachleuten aus öffentlicher Verwaltung, Wirtschaft und Wissenschaft steht dabei traditionsgemäß im Fokus der jährlich stattfindenden Konferenz.

Die Veranstaltung richtet sich zum einen an UIS-Anwender:innen (z. B. aus Behörden) und Fachexpert:innen aus dem Umweltbereich (z. B. aus Geoökologie, Hydrologie, Biologie, Geographie etc.), zum anderen an UIS-Entwickler:innen (z. B. aus Unternehmen) und zudem an UIS-Wissenschaftler:innen (z. B. aus Hochschulen und Forschungseinrichtungen). Entwickler:innen wird in drei Tagen ermöglicht, Lösungen vorzustellen und deren Nutzbarkeit mit Fachanwender:innen kritisch zu diskutieren. Zudem hilft die Konferenz, Erfahrungen und Anforderungen von UIS-Anwender:innen frühzeitig an Entwickler:innen zu kommunizieren, um neue Bedürfnisse zu identifizieren. Außerdem sollen neuartige Ideen und Ansätze aus der Forschung Perspektiven und Chancen für innovative UIS eröffnen.

Die eingereichten Beitragsvorschläge für die UIS2025 wurden einem intensiven Review durch das Programmkomitee unterzogen. Zu jedem Beitragsvorschlag wurden mehrere Gutachten erstellt. Als Ergebnis des Reviews wurden 24 Beiträge zum Vortrag auf der Tagung angenommen. Nach der Tagung erfolgte ein weiteres Review der überarbeiteten Langfassungen durch das Programmkomitee mit mehreren Gutachten pro Beitrag, in dessen Ergebnis 15 Beiträge zur Veröffentlichung in diesem Konferenzband angenommen wurden.

Die in diesem Tagungsband enthaltenen Beiträge bilden eine breite Vielfalt an Themen und aktuellen wissenschaftlichen Diskussionen zum Einsatz moderner Informations- und Kommunikationstechnologien (IKT) im Umweltbereich ab. Die Beiträge wurden in vier Blöcken strukturiert:

- Umweltdatenmanagement und -bereitstellung
- Digitale Werkzeuge und Extended Reality
- Digitale Zwillinge in der Umweltverwaltung
- Maschinelles Lernen und Künstliche Intelligenz

Der erste Block **„Umweltdatenmanagement und -bereitstellung"** skizziert anhand von vier Beiträgen, wie Datenbanksysteme gestaltet werden können, um ein breites Publikum anzusprechen. Deutlich wird, dass eine hohe Datenqualität zentral ist für die Weiterverarbeitung der in (Umwelt-) Informationssystemen hinterlegten Daten. Den Auftakt bildet ein Beitrag zu „ChemInfo" von Wachsmuth und Herzberg, in dem beschrieben wird, wie durch verschiedene Rechercheoberflächen eine adressatengerechte Suche nach unterschiedlichen Chemikaliendaten ermöglicht wird und welche technischen Anpassungsmöglichkeiten bestehen, um schnell individuelle Suchseiten zu erstellen. Mit dem von Hosenfeld et al. beschriebenen „Geologischen Anzeige- und Managementsystem (GAMS)" wird die Verwaltung und Bearbeitung der geologischen Anzeigen und übermittelten Daten auf Basis aktueller Softwarekomponenten gemäß der IT-Strategie des Landes Schleswig-Holstein unterstützt. Das „FloReST Geo Data Warehouse", welches im Beitrag von Janßen und Abecker beschrieben wird, adressiert die Frage, wie verschiedene Datenquellen in einem Geodata Warehouse zusammengeführt und anschließend für verschiedene Konsumentengruppen aufbereitet werden. Der finale Beitrag von Hofmann wirft die Frage auf, ob die Heterogenität der Daten in der Wasserwirtschaft mit Linked Data Event Streams (LDES) bewältigt werden kann. Im Mittelpunkt stehen dabei insbesondere heterogen verteilt liegende Daten und Datenströme sowie Möglichkeiten der effizienten Verarbeitung.

Im zweiten Block **„Digitale Werkzeuge und Extended Reality"** werden verschiedenste Arbeiten mit digitalen Anwendungen vorgestellt, mit denen Umweltbereiche analysiert und auf diese Weise besser verstanden werden können. Den Auftakt bildet ein Beitrag der Hochschule Merseburg von Rothgänger et al. über die „Methodenentwicklung zur vergleichenden Beurteilung technischer Verfahren anhand des chemischen Recyclings von Kunststoffabfällen", in dem rechentechnisch verglichen wird, welche Potenziale unterschiedliche Techniken des thermochemischen Kunststoffrecyclings haben. In anderen Beiträgen werden Möglichkeiten aufgezeigt, wie relevante Umweltinformationen oder Initiativen effektiv zur Zielgruppe (Stakeholder, Bürger:innen) gelangen. Der Beitrag „Extremwetter-Toolbox – Technologien zur Echtzeitanalyse von Agrarwetterindikatoren" von Waldau et al. nutzt in DataCubes verwaltete multidimensionale Geodaten zur Echtzeitberechnung von Agrarwetterindikatoren, wodurch eine klimaangepasste Bewirtschaftung ermöglicht wird. In „Diminished Reality für mobile Outdoor-AR-Visualisierungen des Repowerings von Windenergieanlagen" von Deharde und Fuchs-Kittowski wird beschrieben, wie die Auswirkungen von Windenergieanlagen in der Landschaft unter Einsatz von Augmented Reality und Diminished Reality direkt vor Ort realitätsnah betrachtet und beurteilt werden können. Hahn-Woernle et al. beschreiben im abschließenden Beitrag „Mit Kinderaugen betrachtet – Umweltapps wirkungsvoll gestalten", wie die Wirkung von Umweltapps auf die Natur-Wahrnehmung von Kindern untersucht werden kann.

Der dritte Block **„Digitale Zwillinge in der Umweltverwaltung"** illustriert, wie sich Länder und Kommunen mithilfe digitaler Werkzeuge zunehmend auf Klimaveränderungen einstellen und Digitale Zwillinge zur Analyse von Hitze- und Trockenheitsschwerpunkten einsetzen. Stöcker präsentiert mit „Waldinfo.NRW" einen Digitalen Zwilling für den Wald und neben grundsätzlichen Kennzeichen von Fachzwillingen auch deren sinnvolle Einsatzszenarien für die Forstverwaltung. Mithilfe des in „Effect of urban trees in Eberswalde on mean radiant temperature and shadow patterns" von Michelini beschriebenen digitalen Zwillings der Stadt Eberswalde können u. a. Vorhersagen getroffen werden, wo im Stadtgebiet fehlende Beschattungen zu einer starken Erhitzung im Sommer führen und wo eine Beschattung nachgerüstet werden soll, weil z. B. aufgrund von Bushaltestellen ein Aufenthalt von Fußgängern in diesen Bereichen zu erwarten ist. Müller et al. behandeln in „KI-gestützte Datenaufbereitung für einen Digitalen Zwilling der Umwelt" die Anwendung von GeoAI und Generativer AI im Kontext von Geoinformationssystemen (GIS).

Die Beiträge des vierten Blocks **„Maschinelles Lernen und Künstliche Intelligenz"** greifen ein Thema auf, das in der Umweltverwaltung als zentraler Baustein der Transformation immer stärker in den Fokus rückt: Künstliche Intelligenz. Der Beitrag „TextLocator – KI-basierte Identifikation von Ortsbezügen in Texten" von Kohlus et al. beschreibt ein System zur automatisierten Georeferenzierung von wissenschaftlichen Publikationen. Durch die Kombination von Optical Character Recognition (OCR), Named Entity Recognition (NER) und geographischen Datenbanken wird eine kartenbasierte Suche nach Dokumenten mit räumlichem Bezug ermöglicht. Im Beitrag von Schlachter et al. zu „Automatisierte Erfassung von Dokumenten zur Recherche von kommunalen Wärmeplänen" werden Sprachmodelle zur Erfassung von kommunalen Wärmeplänen genutzt. Aufgrund unterschiedlicher Formate und Benennungen der Wärmepläne ist eine vergleichende Nachnutzung erst nach komplexer Aufbereitung durch computergestützte Systeme überhaupt möglich. Das von Schulze et al. vorgestellte „Konzept einer Plattform für maschinelles Lernen in Umweltbehörden" verfolgt das Ziel, Datenbestände von Umweltbehörden für datenbasierte Entscheidungsunterstützung insbesondere für Nutzende ohne vertiefte Maschine Learning-Kenntnisse zugänglich zu machen. Im abschließenden Kapitel über die „Softwaregestützte Korrosionsbewertung von Spundwänden" von Flohr et al. werden statistische Plausibilitätsprüfungen mit maschinellen Lernverfahren kombiniert.

Ergänzend zum vorliegenden Tagungsband stehen die Präsentationen und zum Teil auch Videos der Vorträge der Tagung zum Download auf der Homepage der Fachgruppe https://www.fg-uis.de/ zur Verfügung. Dort finden sich unter anderem auch Links auf die Tagungsbände der Konferenzen vorangegangener Jahre.

Die Herausgebenden danken allen Beitragenden zur Konferenz und zu diesem Konferenzband. Ein besonderer Dank geht auch an die Mitglieder des Programm- und des Organisationskomitees. Insbesondere danken wir der Hochschule Merseburg für ihre Organisation vor Ort bei der Durchführung der Konferenz. Nicht zuletzt ein herzliches Dankeschön an unsere Sponsoren, die die Konferenz unterstützt haben.

Juli 2025   Frank Fuchs-Kittowski
                                                                                     Andreas Abecker
                                                                                Friedhelm Hosenfeld
                                                                                        Anja Reineke
                                                                                   Manja Wachsmuth

Inhaltsverzeichnis

Softwaregestützte Korrosionsbewertung von Spundwänden – Statistische Plausibilitätsprüfung und KI-gestützte Prognose 253
Sarah Flohr, Michael Nickel, Grit Behrens, Andreas Kahlfeld
und Florian Fehring

ChemInfo – Schnell und unkompliziert zur individuellen Rechercheseite

Suchoberflächen für verschiedene wissenschaftliche Fragestellungen

Manja Wachsmuth und Martin Herzberg

Zusammenfassung

Das Informationssystem Chemikalien des Bundes und der Länder, ChemInfo, verfügt über sechs unterschiedlich gestaltete Rechercheoberflächen sowie verschiedene eigenständige Produkte für mobile Endgeräte und Desktop-PCs, in denen die Inhalte der Gesamt-Datenbank für verschiedene Nutzungsszenarien vorsortiert und aufbereitet sind. Viele Tools, die Administratoren zur Verfügung stehen, ermöglichen die Individualisierung von Suchseiten für die jeweiligen Einsatzzwecke. Diese müssen jeweils in allen ChemInfo-Systembestandteilen gleichermaßen automatisiert umgesetzt werden. Um eine reibungslose Übernahme neuer Anpassungen zu gewährleisten, interagieren die Systembestandteile Datenmodelleditor, Redaktion, Struktursuche, Administration, Import, Export und Recherche miteinander.

Schlüsselwörter

Datenbank · Chemie · Individuelle Recherche · Export · Monitoring · Ökotoxikologie · Umweltdaten · Chemikalien

M. Wachsmuth (✉) · M. Herzberg
Umweltbundesamt, Fachgebiet IV 2.1, Wörlitzer Platz 1, 06844 Dessau-Roßlau, Deutschland
E-Mail: manja.wachsmuth@uba.de

© Der/die Autor(en), exklusiv lizenziert an Springer Fachmedien Wiesbaden GmbH, ein Teil von Springer Nature 2026
F. Fuchs-Kittowski et al. (Hrsg.), *Umweltinformationssysteme – Digitale Innovationen für eine nachhaltige Zukunft,* https://doi.org/10.1007/978-3-658-50065-8_1

1   Einleitung

Seit mittlerweile über 30 Jahren werden im Rahmen einer Bund-Länder-Kooperation Faktendaten zu Chemikalien in der größten deutschsprachigen Chemikaliendatenbank ChemInfo (früher: Gemeinsamer Stoffdatenpool des Bundes und der Länder (GSBL)) gepflegt und Behördenmitarbeitenden sowie Einsatzkräften in der ChemInfo-Recherche und in der Gefahrstoffschnellauskunft (GSA) für ihre Tätigkeit bereitgestellt. Der wesentliche Teil der Chemikalieninformationen ist außerdem ohne Registrierung und kostenfrei als „ChemInfo public" öffentlich verfügbar [1]. ChemInfo umfasst aktuell 308.000 Stoffdossiers mit Informationen zu 453 verschiedenen Merkmalen.

Um das System zukunftssicher zu machen und Inhalte auch langfristig bereitstellen zu können, wurde das ChemInfo-System in den vergangenen Jahren technisch vollständig modernisiert [2]. Als Grundlage für die Neuentwicklung diente ein Fachkonzept, das Anforderungen aus Nutzendenbefragungen ausgewertet und Entwicklungsschritte in insgesamt fünf Ausbaustufen sortiert hatte. ChemInfo deckt ein sehr breites Nutzungsspektrum ab: zu den Recherchierenden gehören neben der ungeschulten, aber chemisch interessierten Öffentlichkeit und Einsatzkräften, die am Unfallort sehr schnell gut sortierte Informationen benötigen, auch Forschende und Fachberaterinnen und -berater, die aus einer sehr großen Datenmenge selbst die für sie passenden Inhalte selektieren können. Um alle Nutzungsanforderungen zu erfüllen, wurden alle Bestandteile des ChemInfo-Systems so gestaltet, dass sie ohne zusätzliche Entwicklungsaufwände für verschiedene Szenarien konfiguriert werden können.

Zum ChemInfo-System gehören heute neben den Online-Recherchen verschiedene Produkte (Abb. 1), die als Desktop-Anwendungen oder Apps auf mobilen Endgeräten Verwendung finden. Die sogenannte GSAapp ist vollständig offline nutzbar und für Feuerwehren, Rettungsdienste, Fachberater und das Technische Hilfswerk (THW) in deren Einsatzszenarien optimiert [3]. Gefahrstoffinformationen findet man außerdem in der GSAdesktop sowie in der Offline-Version der GSA-Recherche („Notfall-Stick"). Für die Öffentlichkeit stehen neben der Online-Recherche „ChemInfo public" auch die App „Chemie im Alltag" sowie das digitale Kartenspiel „ChemInfo Supertrumpf" zur Verfügung.

Inzwischen verfügt ChemInfo außerdem über drei weitere öffentliche Recherchen [4]: Funde von Chemikalien in der Umwelt können in den Monitoring-Datenbanken „Biozide in der Umwelt" (BiU) und „Arzneimittel in der Umwelt" (AiU) gesucht werden. Studiendaten zur Ökotoxikologie sowie Umweltqualitätsziele werden über die Recherche „ETOX" angeboten.

Die Inhalte der Datenbank ChemInfo werden kontinuierlich sowohl erweitert als auch aktualisiert. ChemInfo enthält Informationen aus ca. 200 verschiedenen, in Deutschland und Europa gültigen rechtlichen Regelungen, wie Verordnungen und Gesetze. Auch Faktendaten zu Chemikalien gelangen z. B. aus Publikationen, die einen Peer-Review-Prozess durchlaufen haben, in den Datenbestand und werden durch Importe oder durch Einzelerfassungen über nutzungsfreundliche Eingabemasken ins System übertragen. Wenn Informationen in der Literatur fehlen, werden im Rahmen der Kooperation auch

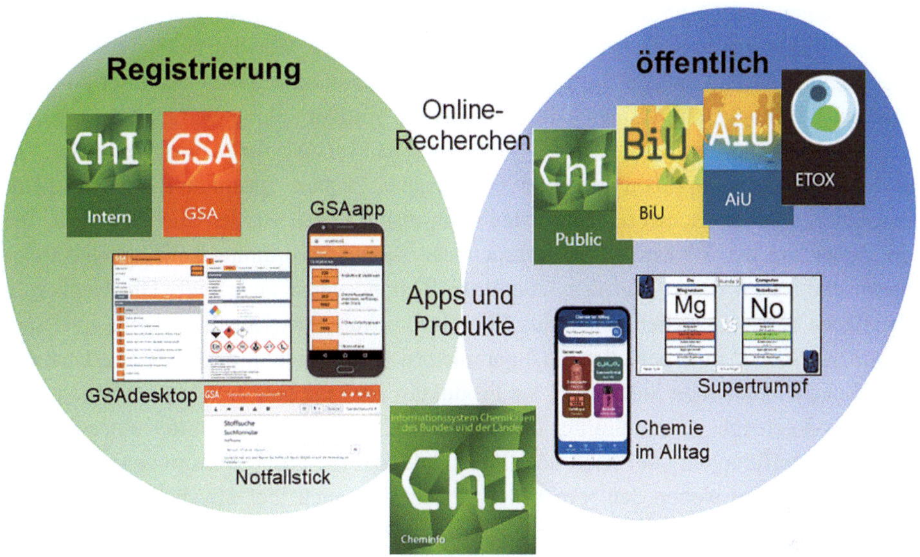

Abb. 1 Registrierungspflichtige und öffentliche ChemInfo-Produkte. ChemInfo bietet mehrere Online-Recherchen und Apps mit unterschiedlichem inhaltlichem Fokus

kleinere Forschungsvorhaben durchgeführt, bei denen neue Informationen erarbeitet werden. Ein Beispiel hierfür ist das Vorhaben zur Neueinstufung ausgewählter Gefahrstoffe hinsichtlich der für den Brandfall empfohlenen Löschschäume [5]. In diesem Projekt wurden neue Löschmittelempfehlungen für Chemikalien erarbeitet, bei denen früher die Nutzung inzwischen nicht mehr zulässiger fluorhaltiger Schaumlöschmittel empfohlen war.

Die Datenbearbeitung erfolgt durch externe Auftragnehmer oder die Projektbeteiligten selbst über eine Erfassungsoberfläche (Redaktion) und alle Erfassungen durchlaufen vor der Freigabe ein Vier-Augen-Prinzip, um die für Behörden notwendige Datenqualität sicherzustellen.

Allen Anwendungen von ChemInfo gemein ist, dass sowohl der inhaltliche und stoffliche Umfang als auch die angebotenen Recherche-, Export- und Anzeige-Module adressatengerecht strukturiert werden. Für die Konfiguration von individuellen Produkten stehen im ChemInfo-System verschiedene Werkzeuge zur Verfügung, die eine individuelle Gestaltung ermöglichen. Die dafür notwendigen technischen Möglichkeiten sind in diesem Beitrag beschrieben.

2   Neue ChemInfo-Produkte

Umweltbehörden bearbeiten ein sehr breites Aufgabenspektrum, wobei die Bearbeitung durch qualitativ hochwertige und umfassende fachliche Informationen erleichtert wird. Um Inhalte schnell auch für andere Behörden und wissenschaftliche Einrichtungen bereitzustellen, wird ChemInfo für verschiedenste Datensätze mit chemischem Bezug als Plattform verwendet.

Messdaten aus gesammelten Umweltproben (Monitoringdaten) zum Beispiel unterstützen Behörden und Forschungsinstitutionen bei der Umweltrisikobewertung von Chemikalien und helfen, für die Umwelt sehr problematische Stoffe schneller zu identifizieren. Die Recherche „Biozide in der Umwelt" enthält solche Messdaten zu 90 bioziden Wirkstoffen mit Datensätzen aus etwa 81.000 Wasser-/Abwasserproben, 380 Boden-/Klärschlammproben sowie 4500 biotischen Proben, gesammelt in Deutschland, Österreich oder der Schweiz. Neben den Monitoring-Daten werden auch Informationen zur Zulassung der Wirkstoffe im Rahmen der Biozid-Verordnung sowie physikalisch-chemische Daten direkt aus den ChemInfo-Bestandsdaten angezeigt. Die Rechercheoberfläche bietet zusätzlich zu der aus ChemInfo bekannten „Tabellarischen Suche" eine „Einfache Suche" mit speziellen Suchparametern für Biozide und Monitoring-Daten an. Zum Beispiel kann man Stoffe über die Produktart oder die getestete Matrix finden.

In der Recherche „Arzneimittel in der Umwelt" können Arzneimittel unter anderem nach Wirkstoffgruppen oder nach dem Land, in dem eine Probe entnommen wurde, vorselektiert werden. Neben den reinen Messdaten sind auch hier physikalisch-chemische Daten und passende rechtliche Regelungen, wie die Benennung im Betäubungsmittelgesetz und die Zugehörigkeit zur Verbotsliste der Welt-Anti-Doping-Agentur (WADA), angegeben. Die Recherche umfasst Monitoring-Proben zu 1072 Stoffen aus 88 verschiedenen Ländern weltweit. Aktuell sind Datensätze aus 252.724 Wasser- und Abwasserproben sowie 23.993 Bodenproben hinterlegt. Ein statistisch verwertbares Bild zum zeitlichen Auftreten in der Umwelt ergibt sich erst aus der Analyse zahlreicher Datensätze, darum ist pro Stoff eine Vielzahl von Messungen und Studiendaten hinterlegt. Alle Inhalte der „Biozide in der Umwelt" sowie der „Arzneimittel in der Umwelt" können in einer übersichtlichen Tabelle im Browser anhand einzelner Parameter sortiert und gefiltert werden und direkt aus einem Stoffdossier als CSV-Datei heruntergeladen werden.

Während die Umwelt-Monitoring-Daten der Biozide und Arzneimittel mit Hilfe von ChemInfo erstmals als eigene Recherche einer breiten Öffentlichkeit zugänglich gemacht wurden, existierte das Informationssystem Ökotoxikologie und Umweltqualitätsziele „ETOX" bereits mehr als 15 Jahre als eigenständige Online-Anwendung. Um Betriebsaufwände zu minimieren und Synergieeffekte durch die gemeinsame Ablage verschiedenartiger Chemikaliendaten zu nutzen, wurde ETOX vollständig in ChemInfo integriert. Zu über 2.449 Stoffen liegen Informationen zur Ökotoxikologie vor, die über viele Jahre aus verschiedenen wissenschaftlichen Studien erfasst wurden. Die etwa 20.000 hochkomplexen Datensätze sind in der Datenbank „ETOX" übersichtlich aufbereitet. Insgesamt werden die Inhalte in acht verschiedenen Merkmalen abgebildet, z. B. über die Toxizität gegenüber aquatischen Pflanzen. Zusätzlich enthält das Informationssystem ETOX auch die Umwelt-Qualitätsziele für bestimmte Chemikalien. Nach diesen kann über eine eigene spezifische Suchseite detailliert gesucht werden. Auch die ökotoxikologischen Tests können direkt aus dem Stoffdossier der ETOX-Recherche vollständig oder nach den gewünschten Filterkriterien exportiert und weiterverarbeitet werden.

Die Daten aus allen drei Recherchen sind vollständig auch in ChemInfo enthalten. Die einzelnen Rechercheoberflächen sind für bestimmte Anwendungsszenarien optimiert, um Interessierte mit wenig Rechercheerfahrung in ChemInfo optimal zu unterstützen. In Abb. 2 und 3 wird deutlich, dass die erforderlichen Suchparameter sich je nach Anwendungsfall stark unterscheiden können. Neben definierten Suchparametern können für jede neue Rechercheseite eigene Akzentfarben sowie ein eigenes Logo hinterlegt werden.

Forschende oder andere Interessierte können für weiterführende Auswertungen auch alle gewünschten Datensätze auf einmal herunterladen. Für solche Komplett-Exporte ist eine vorherige kostenlose Registrierung mit einer gültigen E-Mail-Adresse erforderlich. Um auch einem internationalen Publikum die Nutzung der Rechercheseiten zu ermöglichen, sind alle Oberflächen vollständig in deutscher und englischer Sprache angelegt. Dies betrifft auch das ChemInfo-Datenmodell, welches für die drei Recherchen „Arzneimittel in der Umwelt", „Biozide in der Umwelt" sowie „ETOX" vollständig zweisprachig vorliegt. Dateneingaben, die häufig Verwendung finden (z. B. Sprechkennungen, Verweise auf Gesetzesartikel oder allgemeine Regelwerksbeschreibungen), werden in der Datenbank in sogenannten Nachschlagetabellen hinterlegt und referenziert und können dort ebenfalls in deutscher und englischer Sprache vorgehalten werden.

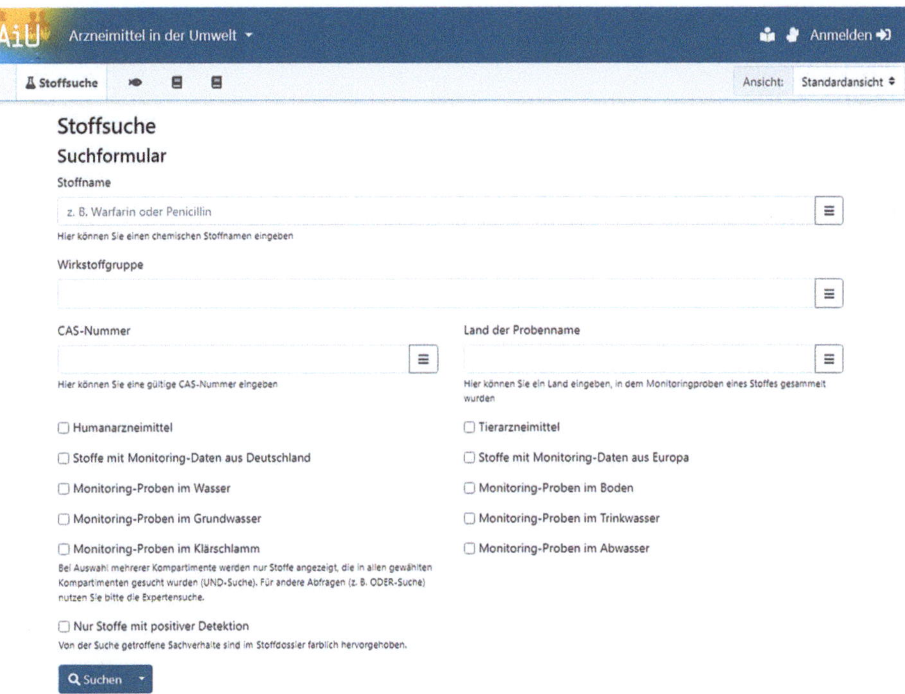

Abb. 2 Beispiel für unterschiedliche Suchseiten von ChemInfo: die Monitoring-Datenbank „Arzneimittel in der Umwelt"

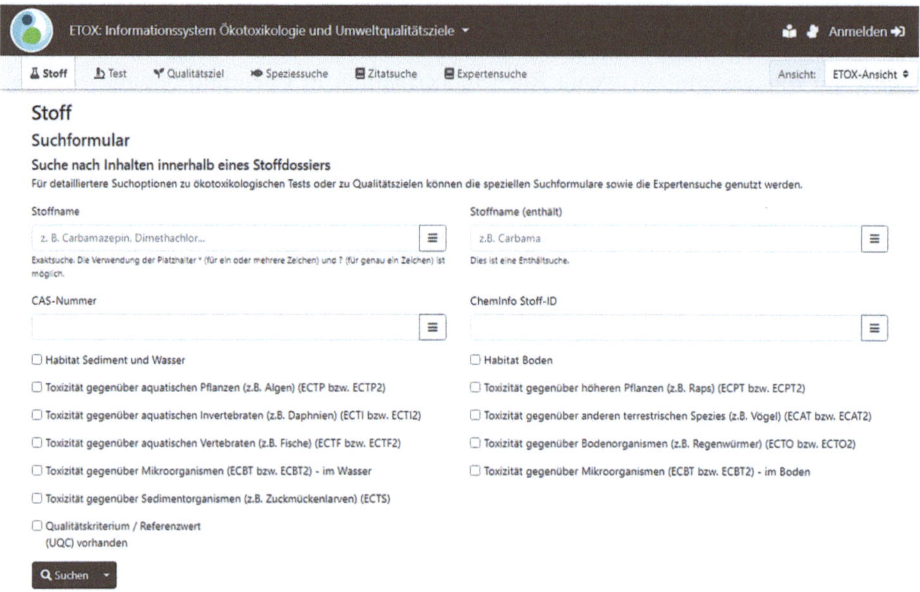

Abb. 3 Beispiel für unterschiedliche Suchseiten von ChemInfo: das Informationssystem Öko-toxikologie und Umweltqualitätsziele „ETOX"

Dies erleichtert den Vergleich von Datensätzen aus verschiedenen Quellen, da durch die Zusammenführung von deutschen und englischen Benennungen auch eine Harmonisierung der Daten erreicht wurde.

Für biotische Messungen an Organismen werden zu den untersuchten Spezies neben wissenschaftlichen Bezeichnungen in lateinischer Sprache auch deutsche und englische Namen von Arten, Gattungen und Klassen angegeben. Außerdem wird die gesamte Taxonomie der Spezies in separaten Spezies-Dossiers dargestellt, was zum Beispiel das Auffinden ähnlicher Organismen erleichtert. Stoffmessungen, die an den Spezies durchgeführt wurden, sind in den jeweiligen Spezies-Dossiers vollständig verlinkt und dargestellt, sodass man auch einen umfassenden Überblick über die zu dieser Spezies hinterlegten Datensätze erhält. Spezies-Dossiers sind in allen ChemInfo-Recherchen verfügbar, in denen Datensätze mit einem Spezies-Bezug enthalten sind.

3 Technische Umsetzung der Konfigurierbarkeit

Um eine individuelle Darstellung verschiedenster Daten aus ein und derselben Datenbank zu ermöglichen, sind an diversen Punkten Entscheidungspfade im ChemInfo-System etabliert. Die Systemkomponenten kommunizieren dafür auf verschiedenen

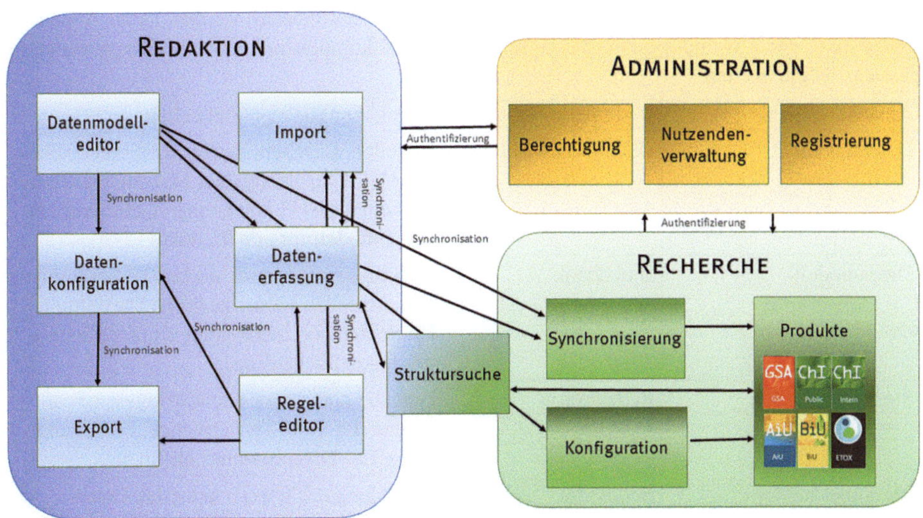

Abb. 4 Komponenten des ChemInfo-Systems, an denen die Recherche-Seiten konfiguriert werden, und ihre Kommunikationswege

Ebenen, und stellen einen Informationsabgleich sicher. Dabei müssen sowohl Änderungen des im zugehörigen Editor festgelegten Datenmodells als auch der im System hinterlegten Regeln in alle Komponenten und in alle unterschiedlichen Sichten auf die Daten übernommen werden. Die einzelnen Systemkomponenten sowie die notwendigen Kommunikationspfade sind vereinfacht in Abb. 4 dargestellt.

An den in Tab. 1 angegebenen Stellen sind Entscheidungen möglich, die einen Einfluss auf die Darstellung im finalen Produkt haben.

Für alle Produkte ist das fachliche Datenmodell die Basis aller Änderungen und individuellen Anpassungen im Recherchesystem. Vom fachlichen Datenmodell ausgehend, können einzelne Inhalte ausgewählt, verschoben, umbenannt und auf unterschiedliche Weise zur Anzeige gebracht werden.

Das fachliche Datenmodell selbst wird auf Grundlage eines Meta-Modells definiert und kann jederzeit an sich verändernde fachliche Anforderungen angepasst werden. Eine grundlegende Struktur wird durch Oberbegriffe, Merkmale und Felder vorgegeben. Es sind dabei unterschiedlich viele hierarchische Ebenen von Oberbegriffen möglich. Auf der unteren Ebenen strukturieren Merkmale und Datenfelder die fachlichen Inhalte. Der Datenmodelleditor ist beispielhaft in Abb. 5 gezeigt. Intern werden das hierarchische Modell selbst und weitere Metadaten als JSON-Struktur verwaltet (siehe Abb. 6).

Berechtigte Nutzende können das Datenmodell im zugehörigen Editor umfassend bearbeiten, Merkmale und Felder können z. B. beliebig verschoben und umbenannt werden. Des Weiteren können Datentypen verändert werden, Nachschlagetabellen definiert und zugewiesen sowie weitere Eigenschaften der Felder konfiguriert werden.

Tab. 1. Systemkomponenten, an denen eine Recherche konfiguriert werden kann. Angegeben sind jeweils der Anwendungsfall, die betreffende Systemkomponente sowie die Regeln und Anpassungsmöglichkeiten

Anwendungsfall	Systemkomponente	Regel, Anpassungsmöglichkeiten
Datenmodell	Datenmodelleditor	Erstellen, Löschen, Verschieben von Feldern über UI, Umsetzung über Migrationsskripte, Einheiten und Umrechnungen, ein zentrales Datenmodell für alle Produkte
Datenmodell	Datenbank	Definition von hierarchischen Verknüpfungen und virtuellen Felder zu deren Darstellung; Einrichten von Indexen für einfache übergreifende Suchanfragen
Stoffauswahl	Redaktion	Eingabe komplexer Such-Strings zur Festlegung der Stoff-Treffermenge, Festlegung eines Teil-Datenbestands als Sicht
Merkmalsauswahl	Redaktion	Abbildung des jeweils aktuellen Datenmodells, Auswahl per Checkbox in einer UI
Sachverhaltsauswahl	Redaktion	Regeleditor, Verknüpfung von Regeln mit den ausgewählten Merkmalen über UI
Produkterstellung	Recherche	Über UI
Produktkonfiguration	Recherche	Über UI Festlegung von Logo, Akzentfarbe, Name, URL
Produktzugriff	Recherche/Nutzungsverwaltung	Über UI per Checkbox, Berechtigung und Authentifizierung über Nutzungsverwaltung
Auswahl der Such-Seiten	Recherche	Über UI per Checkbox Auswahl von aktuell 7 verschiedenen Such-Formaten
Suchformular	Recherche	Über UI Hinterlegung von Suchstrings, Templates, Beschreibungen, Positionierung von Suchfeldern
Darstellung des Dossiers	Recherche	Ein- und Ausblenden, Umbenennen von Feldern über UI, Drag&Drop
Exportoptionen	Recherche	Trefferlistenexport: über UI durch Nutzende selbst konfigurierbar Merkmalsexport: über UI per Checkbox in einzelnen Produkten für einzelne Merkmale auswählbar Dossierexport: über UI für Nutzende und zentral durch Administration

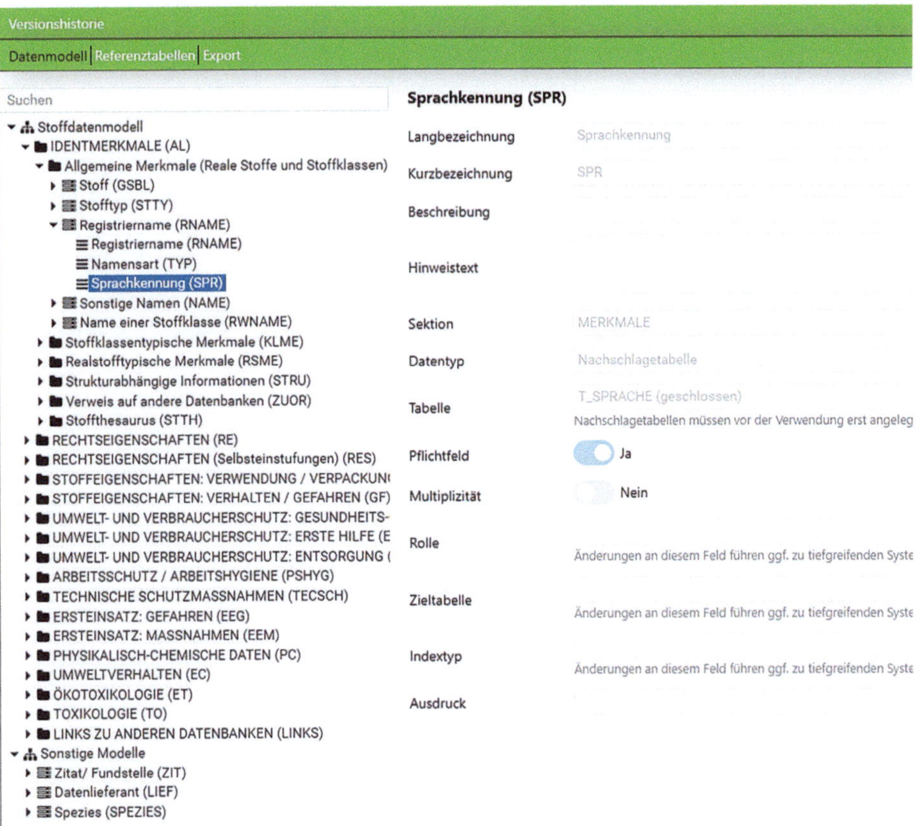

Abb. 5 Das hierarchische fachliche Datenmodell im Datenmodelleditor

{"id":1308,"verzeichnisse":[{"id":"id_STOFFDATENMODELL","langbezeichnung":{"strings":[{"languageId":"de","value":"Stoffdatenmodell"},
{"id":"94e2c568-049e-475e-a857-11e40ca9b4bd",
    "langbezeichnung":
        {"strings":[{"languageId":"de","value":"Registriername"},{"languageId":"en","value":"Registration name"}]},
    "kurzbezeichnung":"RNAME",
    "beschreibung":{"strings":[{"languageId":"de","value":""},{"languageId":"en","value":""}]},
    "hinweistext":{"strings":[{"languageId":"de","value":""},{"languageId":"en","value":""}]},
    "pflichtfeld":true,"multiplizitaet":true,"zulassungStoffart":["1","2","3"],"rolle":"I1_N(1,2,3),G","sektion":"id_MERKMALE",
    "anweisungen":["<kom>","<qual>","<nchws>"],"zieltabelle":"","freigabeModus":1,
    "felder":[
        {"id":"0f7e71c9-0aac-4fd3-beba-cdd384680044",
            "langbezeichnung":{"strings":[{"languageId":"en","value":"Registration name"},{"languageId":"de","value":"Registriername"
            "kurzbezeichnung":"RNAME","beschreibung":{"strings":[{"languageId":"en","value":""},{"languageId":"de","value":""}]},
            "hinweistext":{"strings":[{"languageId":"en","value":""},{"languageId":"de","value":"Sonderzeichen wie α β &ga
            "datentyp":"id_String","feldlaenge":2000,"pflichtfeld":true,"multiplizitaet":false,"nachschlagetabelle":"","einheitentabe
    {"id":"8aeb3452-3c01-4407-9c42-13a1a2f47cba",
            "langbezeichnung":{"strings":[{"languageId":"de","value":"Namensart"},{"languageId":"en","value":"Name type"}]},
            "kurzbezeichnung":"TYP","beschreibung":{"strings":[{"languageId":"de","value":""},{"languageId":"en","value":""}]},
            "hinweistext":{"strings":[{"languageId":"de","value":""},{"languageId":"en","value":""}]},
            "datentyp":"id_Nachschlagetabelle","pflichtfeld":false,"multiplizitaet":false,"nachschlagetabelle":"3cbbbe0a-6fc9-4df0-ac
    {"id":"009de4c4-662c-439a-bfc5-c338f268006d",
            "langbezeichnung":{"strings":[{"languageId":"de","value":"Sprachkennung"},{"languageId":"en","value":"Language"}]},
            "kurzbezeichnung":"SPR","beschreibung":{"strings":[{"languageId":"de","value":""},{"languageId":"en","value":""}]},
            "hinweistext":{"strings":[{"languageId":"en","value":""}]},
            "datentyp":"id_Nachschlagetabelle","pflichtfeld":true,"multiplizitaet":false,"nachschlagetabelle":"767412c9-d594-4f57-aa1
    ]},
{"id":"3aed41b8-32fb-4dce-8b9b-7073d4d17c1b","langbezeichnung":{"strings":[{"languageId":"de","value":"Sonstige Namen"},{"languageId"

Abb. 6 Ausschnitt der JSON-Struktur des fachlichen Datenmodells. Das hierarchische Datenmodell von ChemInfo sowie weitere Metadaten werden hiermit verwaltet

Bearbeitungen im Datenmodelleditor werden versioniert und durchlaufen bis zur Implementierung im Live-Datenbestand einen dreistufigen Umsetzungsprozess. Nach der fachlichen Freigabe (Schritt 1) durch eine berechtigte Person erfolgt eine Auswirkungsanalyse (Schritt 2). Das System prüft selbst, welche Auswirkungen die Änderungen auf den aktuellen Datenbestand haben. Durch ein fachliches Wartungsfenster wird sichergestellt, dass während der Analyse keine Änderungen am Datenbestand über das Redaktionssystem stattfinden. Im Ergebnis wird die Änderung als „Einfach", „Einfach mit Datenverlust" – z. B. wenn ein Merkmal gelöscht wird – oder als „Komplex" eingestuft und die Auswirkungen sowie notwendige Maßnahmen aufgeschlüsselt.

Abb. 7 zeigt das Ergebnis für eine komplexe Änderung. Das System hat festgestellt, dass Datenwerte gelöscht werden, weil das zugehörige Feld aus dem Modell gelöscht wurde (einfach) und dass ein zu löschendes Feld in einem Index verwendet wird (komplex). Komplexe Änderungen müssen manuell geprüft und in einfache überführt werden, einfache Änderungen können automatisch vom Datenmodelleditor umgesetzt werden.

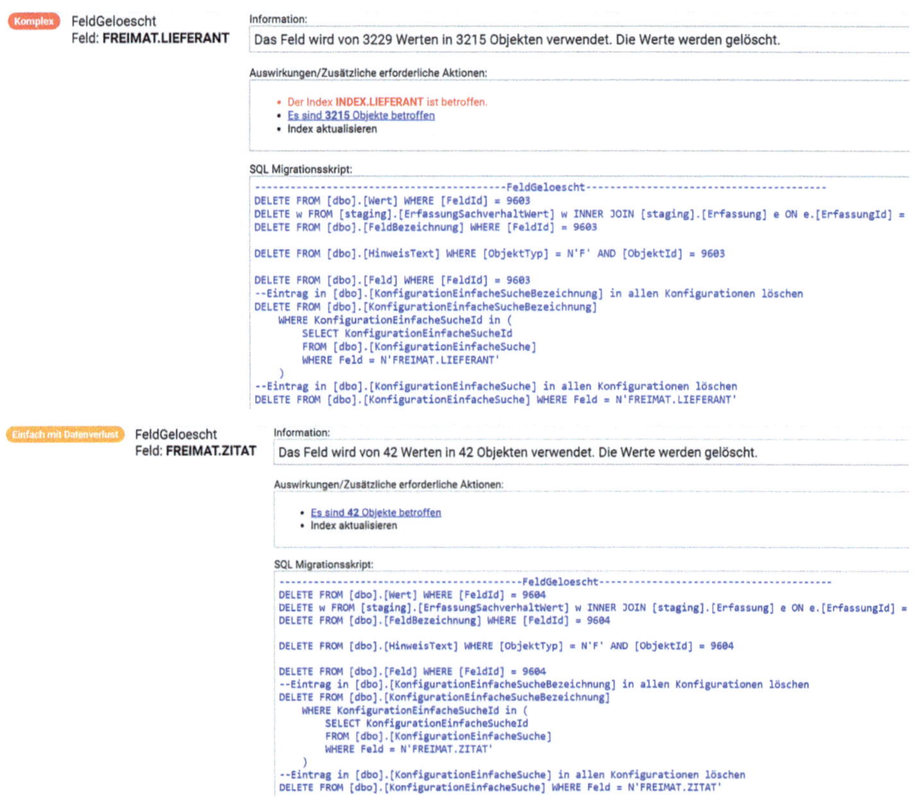


```
-------------------------------------------FeldGeloescht-------------------------------------------
DELETE FROM [dbo].[Wert] WHERE [FeldId] = 9603
DELETE w FROM [staging].[ErfassungSachverhaltWert] w INNER JOIN [staging].[Erfassung] e ON e.[ErfassungId] =
DELETE FROM [dbo].[FeldBezeichnung] WHERE [FeldId] = 9603

DELETE FROM [dbo].[HinweisText] WHERE [ObjektTyp] = N'F' AND [ObjektId] = 9603

DELETE FROM [dbo].[Feld] WHERE [FeldId] = 9603
--Eintrag in [dbo].[KonfigurationEinfacheSucheBezeichnung] in allen Konfigurationen löschen
DELETE FROM [dbo].[KonfigurationEinfacheSucheBezeichnung]
    WHERE KonfigurationEinfacheSucheId in (
        SELECT KonfigurationEinfacheSucheId
        FROM [dbo].[KonfigurationEinfacheSuche]
        WHERE Feld = N'FREIMAT.LIEFERANT'
    )
--Eintrag in [dbo].[KonfigurationEinfacheSuche] in allen Konfigurationen löschen
DELETE FROM [dbo].[KonfigurationEinfacheSuche] WHERE Feld = N'FREIMAT.LIEFERANT'
```



```
-------------------------------------------FeldGeloescht-------------------------------------------
DELETE FROM [dbo].[Wert] WHERE [FeldId] = 9604
DELETE w FROM [staging].[ErfassungSachverhaltWert] w INNER JOIN [staging].[Erfassung] e ON e.[ErfassungId] =
DELETE FROM [dbo].[FeldBezeichnung] WHERE [FeldId] = 9604

DELETE FROM [dbo].[HinweisText] WHERE [ObjektTyp] = N'F' AND [ObjektId] = 9604

DELETE FROM [dbo].[Feld] WHERE [FeldId] = 9604
--Eintrag in [dbo].[KonfigurationEinfacheSucheBezeichnung] in allen Konfigurationen löschen
DELETE FROM [dbo].[KonfigurationEinfacheSucheBezeichnung]
    WHERE KonfigurationEinfacheSucheId in (
        SELECT KonfigurationEinfacheSucheId
        FROM [dbo].[KonfigurationEinfacheSuche]
        WHERE Feld = N'FREIMAT.ZITAT'
    )
--Eintrag in [dbo].[KonfigurationEinfacheSuche] in allen Konfigurationen löschen
DELETE FROM [dbo].[KonfigurationEinfacheSuche] WHERE Feld = N'FREIMAT.ZITAT'
```

Abb. 7 Beispiele für Ergebnisse der Auswirkungsanalyse. Bei Änderungen am Datenmodell werden diese als Einfach, Komplex mit Datenverlust oder Komplex eingestuft

Nach der Umsetzung (Schritt 3) können die Daten direkt im neuen fachlichen Datenmodell im Redaktionssystem bearbeitet werden. Die Auswirkungsanalyse prüft dabei auch die Verträglichkeit der Änderungen mit den Konfigurationen und Sichten in der Rechercheanwendung. Diese sind allerdings nur informativ und verhindern nicht die Umsetzbarkeit einer Änderung. Notwendige Anpassungen werden direkt in der Recherche vorgenommen. Die Recherche ist dabei robust gegenüber weitgehenden Änderungen des Modells.

Redaktion (Datenerfassung) und Recherche funktionieren weitgehend unabhängig voneinander. Die Datenübertragung erfolgt über eine regelmäßige Synchronisierung im Hintergrund, in der Regel täglich außerhalb der normalen Arbeitszeiten. Die Synchronisierung kann auch jederzeit manuell gestartet werden.

In einem 14-stufigen Prozess werden alle Daten von der Redaktion in die Recherche-Anwendung übertragen und anhand der individuell angelegten Konfigurationen und Sichten für eine performante Recherche aufbereitet (Tab. 2). Der gesamte Prozess benötigt in der produktiven Umgebung aktuell etwa 2 h.

Die Vorgehensweise erlaubt es, sehr effizient mit nur einem Gesamtdatenbestand in einer Datenbank unterschiedliche Recherche-Anwendungen für unterschiedliche Zielgruppen anzubieten.

Die Auswahl der Daten erfolgt über ein sogenanntes Ranking in der Redaktionsanwendung (Abb. 8 und 9). Teildatenbestände können sowohl „horizontal" über Filter und Regeln als auch „vertikal" über eine Auswahl der Merkmale und Felder definiert werden. Als Ausgangspunkt dient jeweils eine Suchanfrage nach einer Stoffmenge in der Profisuche-Syntax. Die Merkmalsauswahl erfolgt über die Nutzeroberfläche direkt in der hierarchischen Struktur des fachlichen Datenmodells. Auf alle Merkmale und Felder können zudem Regeln und Filter zur Auswahl oder Priorisierung bestimmter Datenpunkte angewendet werden. Die über das Ranking definierten Teildatenbestände (Konfiguration) können anschließend für die Erstellung von Rechercheprodukten und für den Export von Daten im XML und JSON-Format direkt über ein Schlagwort referenziert und verwendet werden.

Ein neues Produkt kann durch Berechtigte per Klick über die Nutzungsoberfläche erstellt werden und ist dann sofort verfügbar. Jedes Produkt verfügt über eine individuelle URL, ein eigenes Logo sowie Akzentfarben. Die Auswahl der angezeigten Inhalte erfolgt in der Recherche über ein Schlagwort, über welches Daten in der Redaktion, d. h. aus dem vollständigen Grunddatenbestand, vorausgewählt wurden. Bei Änderungen der Dateninhalte werden diese im Rahmen der täglichen Synchronisierung aus der Redaktion in die Recherche übertragen. Aus dem zentral in der Datenbank hinterlegten Datenmodell können für jedes Rechercheprodukt eigene Merkmale gewählt und über eine Bedienoberfläche umbenannt, ausgeblendet und per Drag & Drop an beliebige Positionen verschoben werden. Auch Suchstrings und fachspezifische Suchformulare können für eine individuell gestaltbare Recherche-Seite benutzerdefiniert voreingestellt werden. Des Weiteren ist es möglich, für jedes Rechercheprodukt eigene Exportoptionen festzulegen. So entstehen aus einem zentralen ChemInfo-Datenbestand beliebig viele individuell gestaltete Such-Seiten mit unterschiedlichem Fokus.

Tab. 2 Schematischer Ablauf der Synchronisierung zwischen Redaktion und Recherche

Schritt	Bezeichnung im Prozess	Inhalt
1	Daten werden importiert	Transfer sämtlicher Fachdaten und Regeln in temporären Speicher-Bereich
2	Importierte Daten in Datenbank übertragen	Übertragung in die derzeit passive Recherche-Datenbank, die weitere Verarbeitung erfolgt dort
3	Vorschaubilder zuweisen	Vorschaubilder für chemische Strukturen, Gefahrensymbole, Warntafeln werden vorberechnet und zugewiesen
4	Thesaurus wird angewendet	Die komplexen fachlichen Verknüpfungen der Daten werden berechnet und in der Recherchestruktur abgelegt
5	Konfigurationen werden befüllt	Konfigurationen (=fachliche Sichten) werden angewendet und die Sichten für die Recherche teilweise vorberechnet
6	Daten reduzieren	Redundante Daten aus den vorhergehenden Schritten oder teilweise identischen Konfigurationen werden entfernt
7	Vorschaulisten erstellen	Vorschaulisten für direkt recherchierbare Felder werden produktspezifisch vorberechnet und zur Auswahl in den Suchformularen hinterlegt
8	Recherche befüllen	Daten werden in die produktiven für die Recherche optimierten Datenbanktabellen transferiert
9	Recherche vorbereiten	Produkt- und konfigurationsspezifische Einstellungen werden angewendet
10	Sortierung vorberechnen	Datensortierung für Felder werden vorberechnet
11	Statistik aktualisieren	Die Recherche führt einige Metadaten und Statistiken zum Datenbestand, diese werden abschließend aktualisiert
12	Datenbank optimieren	Zugriffstrukturen bzw. Indexe werden aktualisiert, technische Optimierungen durchgeführt
13	Aufräumen	Temporäre Daten werden gelöscht, Overhead der vorhergehenden Schritte aufgeräumt
14	Abschluss	Umschaltung der aktiven/passiven Recherchedatenbank – die neu aufgebaute Datenbank wird ab diesem Moment von der Online-Rechercheanwendung genutzt. Die andere Datenbank steht für die nächste Synchronisierung bereit

Konfiguration bearbeiten

Name* GSA_RNK_2020

Schlagwort GSA

Quelle GSBL.STAR=1 or (GSBL.STAR=2 and ZGGVSN) or ZSTD or SEEG1272_08 or VK or ENTBES or KONBFR or ERPG or IONISE or TRGS900 or ENTNEU or TRGS910 or SKL.LIEFERANT=33 or SKL.LIEFERANT=82 or SKL.LIEFERANT=99 or SKL.LIEFERANT=199 or SKL.LIEFERANT=200 or SKL.LIEFERANT=265 or SKL.LIEFERANT= 516 or SKL.REGW=18 or SKL.REGW=32 or SKL.REGW=33 or SKL.REGW=35 or SKL.REGW=37 or SKL.REGW=41 or SKL.REGW=48 or SKL.REGW=50 or SKL.REGW=52 or SKL.REGW=273 or SKL.REGW=294 or SKL.REGW=352 or SKL.REGW=354 or SKL.REGW=355 or SKL.REGW=359 or SKL.REGW=370 or SKL.REGW=372

Hierarchie

- ▸ ■ IDENTMERKMALE
- ▸ ■ RECHTSEIGENSCHAFTEN
- ▸ ■ RECHTSEIGENSCHAFTEN (Selbsteinstufungen)
- ▸ ■ STOFFEIGENSCHAFTEN: VERWENDUNG / VERPACKUNG / VORKOMMEN
- ▸ ■ STOFFEIGENSCHAFTEN: VERHALTEN / GEFAHREN
- ▸ ■ UMWELT- UND VERBRAUCHERSCHUTZ: GESUNDHEITS-GEFAHREN
- ▸ ■ UMWELT- UND VERBRAUCHERSCHUTZ: ERSTE HILFE
- ▸ ■ UMWELT- UND VERBRAUCHERSCHUTZ: ENTSORGUNG
- ▸ ARBEITSSCHUTZ / ARBEITSHYGIENE
- ▸ TECHNISCHE SCHUTZMASSNAHMEN
- ▾ ■ ERSTEINSATZ: GEFAHREN
  - ☑ Gefahrendiamant (NFPA-Code) ✎
  - See/Schifffahrt
  - Brand- und technische Gefahren
  - ☑ Hinweise bei Brand/Freisetzung ✎
- ▾ ■ ERSTEINSATZ: MASSNAHMEN
  - ▸ ■ Brand- u. Explosionsbekämpfung
  - ▸ Brand- und Explosionsschutz
  - ▸ ■ Einsatzhinweise bei Freisetzung
  - ▸ Einsatzhinweise zur Bekämpfung auf dem Wasser
  - ▸ Umweltbezogene Schutzmaßnahmen
- ▸ ■ PHYSIKALISCH-CHEMISCHE DATEN
- ▸ UMWELTVERHALTEN
- ▸ ÖKOTOXIKOLOGIE
- ▸ ■ TOXIKOLOGIE

Abb. 8 Auswahloberfläche für das Ranking (Schritt 1)

4　Ausblick

ChemInfo ist ein lebendiges System und unterliegt stetigen Veränderungen und Erweiterungen. Aufgrund der allgemeinen Bestrebungen, insbesondere Umwelt-Daten unkompliziert verfügbar zu machen, wird auch die ChemInfo-Produktwelt in den kommenden Jahren wachsen. Aktuell werden neu gesammelte Monitoring-Datensätze von Bioziden in der Umwelt in ChemInfo aufgenommen. Außerdem sind Endpunkte wie der EC10 (10 % Effekt-Konzentration) und NOEC (No Observed Effect Concentration) aus der europäischen Umweltrisikobewertung im Rahmen der Arzneimittel-Zulassung öffentlich zugänglich. Sie werden vom Umweltbundesamt in der ZERDA-Datenbank gesammelt [6], welche als Teil der „Arzneimittel in der Umwelt" aktuell ebenfalls vollständig in die ChemInfo-Datenbank integriert wird.

Für die Aufnahme neuartiger Datensätze wird das ChemInfo-Datenmodell unkompliziert angepasst. Mitunter werden auch technische Anforderungen identifiziert, die das System nicht abdecken kann. Insbesondere die Arbeit mit wissenschaftlichen Quellen und Zitaten erhält mit der verstärkten Aufnahme von Forschungsdaten zunehmend Bedeutung. Dafür wird aktuell die Verwaltung von Literaturangaben grundlegend erweitert, indem die Verknüpfung von Sachinformationen mit Quellen vereinfacht wird. Außerdem soll es zukünftig leichter möglich sein, identische Zitate, die aus verschiedenen Studien in ChemInfo mehrfach übernommen wurden, zu vereinigen, wobei

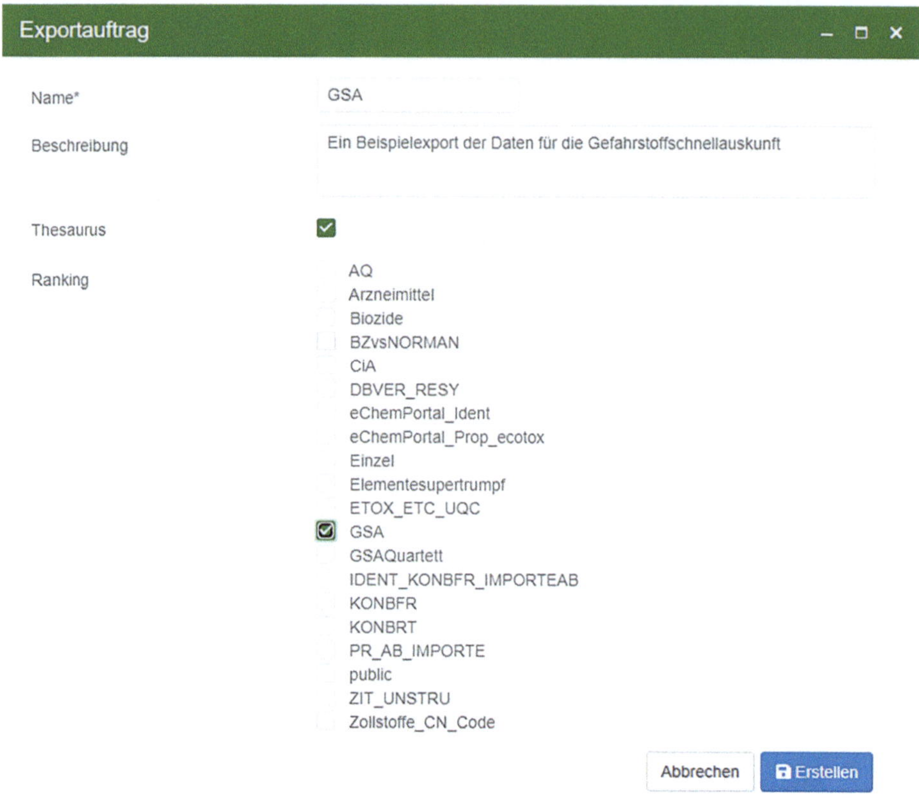

Abb. 9 Export von Stoffdaten mit zuvor erstelltem Ranking (Schritt 2)

die Referenzen der einzelnen Zitate auf das zusammengeführte Zitat übertragen werden sollen. Dafür muss unter anderem in der ChemInfo-Administration erstmals ein Freigaberecht für Zitatzusammenführungen etabliert werden.

ChemInfo umfasst aktuell über 300.000 verschiedene Stoffdossiers, die in der Redaktion im Rahmen der Datenpflege bearbeitet werden können. Um die Arbeit an bestimmten Stoffen zu erleichtern und Teams bei der Strukturierung ihrer Daten zu unterstützen, wird aktuell die Funktion der Stoff-Favoritenliste von ChemInfo weiterentwickelt. Damit können im Redaktionsbereich Stofflisten erstellt und bearbeitet sowie zwischen Nutzenden geteilt werden und die Zugehörigkeit von Stoffen zu den verschiedenen Listen direkt im Stoffdossier angezeigt werden. Um die Zusammenstellung von Favoritenlisten komfortabel zu gestalten, wird eine neue Import-Schnittstelle angelegt, mit der favorisierte Stoffe aus ChemInfo direkt in eine Liste verlinkt werden können. Damit wird die Datenarbeit in ChemInfo attraktiver gestaltet, um auch in Zukunft eine hohe Datenqualität und -aktualität zu gewährleisten. Beides ist die Grundlage für den langfristigen Nutzen jeder Datenbank und auch für ChemInfo zentral.

Literatur

1. ChemInfo-Recherche. (2025). Startseite: https://recherche.chemikalieninfo.de/
2. Wachsmuth, M., & Knetsch, G. (2021). Vom chemischen Stoffdatenpool „GSBL" zum anwendungsorientierten Chemikalieninformationssystem „ChemInfo". In U. Freitag, F. Fuchs-Kittowski, A. Abecker, & F. Hosenfeld (Hrsg.), *Umweltinformationssysteme – Wie verändert die Digitalisierung unsere Gesellschaft? Tagungsband des 27. Workshops des Arbeitskreises „Umweltinformationssysteme" der Fachgruppe „Informatik im Umweltschutz" der Gesellschaft für Informatik (GI) 2020* (S. 229–239). Springer Vieweg. https://doi.org/10.1007/978-3-658-30889-6
3. Weber, B., Herzberg, M., & Wachsmuth, M. (2022). Gefahrstoffinformationen an Ort und Stelle: Die Gefahrstoffschnellauskunft in Zeiten der Digitalisierung. In F. Fuchs-Kittowski, A. Abecker, & F. Hosenfeld (Hrsg.), *Umweltinformationssysteme – Wie trägt die Digitalisierung zur Nachhaltigkeit bei? Tagungsband des 28. Workshops des Arbeitskreises „Umweltinformationssysteme" der Fachgruppe „Informatik im Umweltschutz" der Gesellschaft für Informatik (GI) 2021* (S. 43–49). Wiesbaden: Springer Vieweg. https://doi.org/10.1007/978-3-658-35685-9
4. Portal des Informationssystems Chemikalien des Bundes und der Länder „ChemInfo". (2025). https://chemikalieninfo.de/
5. Backhaus, J., Schmitz, D., Wachsmuth, M., & Goertz, R. (2025). Neueinstufung ausgewählter Gefahrstoffe hinsichtlich der für den Brandfall empfohlenen Löschschäume. In F. Fuchs-Kittowski, A. Abecker, F. Hosenfeld, A. Reineke, M. Möller (Hrsg.), *Umweltinformationssysteme – Digitalisierung für eine nachhaltige Planetare Zukunft. Tagungsband des 31. Workshops der Fachgruppe „Umweltinformationssysteme" der Gesellschaft für Informatik (GI) 2024* (S. 137–157). Springer Vieweg. https://doi.org/10.1007/978-3-658-46394-6
6. Speichert, G., & Hein, A. (2023). The ZERDA-Database – a collection of environmental risk assessment data for pharmaceuticals. (Dublin, 03.05.2023) (Poster).

Aufbau eines Geologischen Anzeige- und Managementsystems (GAMS) in Schleswig-Holstein

Friedhelm Hosenfeld⬛, Jan Willer, Laura Dzieran⬛ und Johannes Tiffert

Zusammenfassung

Das 2020 in Kraft getretene Geologiedatengesetz (GeolDG) erlegt einerseits den ausführenden Unternehmen und beauftragenden Personen bzw. Institutionen weitreichende Pflichten zur Anzeige von geologischen Untersuchungen und zur Übermittlung der dabei erzeugten Daten auf, verlangt andererseits aber auch von den zuständigen Behörden die Entgegennahme, Verarbeitung, Prüfung und Veröffentlichung der geologischen Untersuchungsdaten mit weitreichenden Anforderungen in Hinblick auf Art, Umfang und Fristen. Zur Bewältigung der aus dem GeolDG resultierenden Aufgaben konzipierte die zuständige Behörde in Schleswig-Holstein, das Landesamt für Umwelt (LfU), ein **G**eologisches **A**nzeige- und **M**anagementsystem (GAMS), das die Verwaltung und Bearbeitung der geologischen Anzeigen und übermittelten Daten auf Basis aktueller Softwarekomponenten gemäß der IT-Strategie des Landes

F. Hosenfeld (✉) · J. Tiffert
Institut für Digitale Systemanalyse & Landschaftsdiagnose (DigSyLand),
Zum Dorfteich 6, 24975 Husby, Deutschland
E-Mail: hosenfeld@digsyland.de

J. Tiffert
E-Mail: tiffert@digsyland.de

J. Willer · L. Dzieran
Landesamt für Umwelt Schleswig-Holstein, Hamburger Chaussee 25, 24220 Flintbek,
Deutschland
E-Mail: jan.willer@lfu.landsh.de

L. Dzieran
E-Mail: laura.dzieran@lfu.landsh.de

© Der/die Autor(en), exklusiv lizenziert an Springer Fachmedien Wiesbaden GmbH, ein Teil von Springer Nature 2026
F. Fuchs-Kittowski et al. (Hrsg.), *Umweltinformationssysteme – Digitale Innovationen für eine nachhaltige Zukunft*, https://doi.org/10.1007/978-3-658-50065-8_2

geeignet unterstützen soll. Das präsentierte, aktuell in Entwicklung befindliche System basiert auf der Datenanalyse- und Business Intelligence-Plattform Disy Cadenza Workbooks, in die eine Fachanwendung zur Steuerung der Bearbeitungsprozesse und zum Management der Anzeigen und Untersuchungsdaten integriert wird. Besondere Herausforderungen bestehen in der geplanten Umsetzung zahlreicher Schnittstellen zu für den Bearbeitungsprozess wichtigen Komponenten und externen Systemen, wie die Online-Plattform zur **A**nzeige **G**eologischer **U**ntersuchungen in Norddeutschland (AGU) des Niedersächsischen Landesamts für Bergbau, Energie und Geologie (LBEG), über die die Anzeigen erfasst werden, aber auch die Landesamts-internen Fachdatenbanken sowie das Umweltportal Schleswig-Holstein, das zentrale Identity Management der Landesbehörden und die E-Akte zur revisionssicheren Ablage von Dokumenten. Konzipiert sind verschiedene Dashboards in Cadenza Workbooks, die einen komfortablen Überblick über anstehende Aktivitäten bieten und die Steuerung der Anzeigenbearbeitung ermöglichen.

Schlüsselwörter

Geologische Untersuchungen · Geologiedatengesetz · Datenmanagementsystem · Cadenza Workbooks · Integriertes Datenmanagement

1   Einleitung

Das 2020 in Kraft getretene Geologiedatengesetz (GeolDG, [1, 2]) erfordert von dem Landesamt für Umwelt (LfU) als zuständiger Landesbehörde für Schleswig-Holstein die Entgegennahme, Prüfung und Veröffentlichung von Anzeigen geologischer Untersuchungen innerhalb vorgegebener Fristen. Zudem ist eine Kennzeichnung der im Anschluss an die Untersuchungen übermittelten geologischen Daten hinsichtlich ihres Schutzbedarfs nach verschiedenen Kategorien für die öffentliche Bereitstellung vorzunehmen und zu veröffentlichen.

Das Geologiedatengesetz geht in Hinblick auf Verfügbarmachung von Daten dabei entscheidend über andere bestehende gesetzliche Regelungen durch Umweltinformations- und Informationszugangsgesetze hinaus, da nicht nur staatliche Daten betroffen sind, sondern die Veröffentlichung von privatwirtschaftlich erhobenen Daten vorgeschrieben ist: Beauftragte und Beauftragende von geologischen Untersuchungen müssen diese vor Durchführung anzeigen und danach die Untersuchungsdaten übermitteln [1].

Das Ziel ist es, geologische Daten dauerhaft zu sichern und öffentlich bereitzustellen, um den nachhaltigen Umgang mit dem geologischen Untergrund zu gewährleisten [1].

Mit der öffentlichen Bereitstellung der geologischen Daten adressiert das GeolDG ein breites Spektrum von Anwendungsfeldern, Daten sollen genutzt werden:

- zur Aufsuchung und Gewinnung von Bodenschätzen und für weitere Nutzungen des geologischen Untergrunds,
- zur Erkennung, Untersuchung und Bewertung geogener und anthropogener Risiken,
- in der Wasserwirtschaft, der Land- und Forstwirtschaft, der Bauwirtschaft und bei der Planung großer Infrastrukturprojekte
- sowie für das Standortauswahlverfahren nach dem Standortauswahlgesetz (Gesetz zur Suche und Auswahl eines Standortes für ein Endlager für hochradioaktive Abfälle).

Um eine gesetzeskonforme Verarbeitung der Anzeigen und Dateneingänge in dem engen vorgegebenen Zeitrahmen gewährleisten zu können, ist eine durchgehende digitale Datenverarbeitung und Dokumentation von der Anzeige einer geologischen Untersuchung bis zur Übernahme der zugehörigen Fach- und Bewertungsdaten und deren Kategorisierung, verbunden mit einer automatisierten Bekanntmachung des Kategorisierungsbescheids und der öffentlichen Bereitstellung der Nachweisdaten dieser Untersuchung erforderlich.

Daraus ergab sich für das LfU die Notwendigkeit zur Entwicklung einer Fachanwendung, die die Fachverantwortlichen bei der Erfüllung dieser Aufgaben geeignet unterstützt.

In dem vorliegenden Beitrag wird das **G**eologische **A**nzeige- und **M**anagementsystem (GAMS) vorgestellt, dessen Entwicklung aufgrund der genannten Aufgabenstellung initiiert wurde. In Abschn. 2 werden Ausgangslage und Anforderungen an das GAMS vorgestellt, gefolgt von Abschn. 3, der sich der Architektur des GAMS mit den eingesetzten Basiskomponenten (Abschn. 3.1), der Rolle von Cadenza Workbooks (Abschn. 3.2) sowie der PHP-Fachanwendung zur Steuerung der Management-Prozesse (Abschn. 3.3) widmet. Abschn. 4 stellt die Entwicklungsschritte und den aktuellen Umsetzungsstand vor. Den Abschluss bildet Abschn. 5 mit Zusammenfassung und Ausblick.

2　Ausgangslage und Anforderungen

2.1　Rahmenbedingungen

Die grundsätzlichen Rahmenbedingungen zur Konzeption und Umsetzung des Managementsystems ergeben sich einerseits aus der Übermittlung der geologischen Anzeigen und andererseits aus der zu nutzenden IT-Infrastruktur:

Das Landesamt für Bergbau, Energie und Geologie (LBEG) des Landes Niedersachsen (https://www.lbeg.niedersachsen.de/) stellt die Online-Anwendung *Anzeige Geologischer Untersuchungen* (AGU) zur Verfügung, um den anzeigepflichtigen Stellen (z. B. Auftraggeber von geologischen Untersuchungen und Bohrfirmen) die Erfassung und Übermittlung der Anzeigen nach § 14 GeolDG [1] zu ermöglichen (AGU: https://nibis.lbeg.de/agu/startseite).

Neben Niedersachsen, Bremen, Hamburg und der BGR (Bundesanstalt für Geowissenschaften und Rohstoffe) nutzt auch Schleswig-Holstein dieses Online-Angebot für Anzeigepflichtige. Die Management-Anwendung GAMS muss daher die mit der AGU erfassten Anzeige-Daten und Untersuchungs-Dateien entgegennehmen und weiterverarbeiten.

Die IT-Rahmenbedingungen leiten sich ab aus den zu verwendenden Standardkomponenten der Zentralen Betriebsinfrastruktur (ZeBIS, siehe auch [3]) und der IT-Strategie des Ministeriums für Energiewende, Klimaschutz, Umwelt und Natur Schleswig-Holstein (MEKUN) zur Zentralisierung von Fachverfahren und zum weitgehenden Einsatz von Open Source-Technologie in Schleswig-Holstein. Während GAMS in der ZeBIS-Umgebung im zentralen Rechenzentrum des Landes umgesetzt wird, müssen zusätzlich lokale IT-Strukturen im LfU angebunden werden.

2.2 Anforderungen an das geologische Managementsystem

Mit GAMS sollen zwei Aufgabenbereiche abgedeckt werden (Abb. 1):

- Management von *Untersuchungsanzeigen*
- Management von *Untersuchungsergebnissen*

Gemäß Geologiedatengesetz (GeolDG) müssen Untersuchungsanzeigen spätestens 14 Tage vor Beginn einer geologischen Untersuchung erfolgen. Mit einer Anzeige werden die entsprechenden Angaben zu der geplanten Untersuchung übermittelt, sodass das

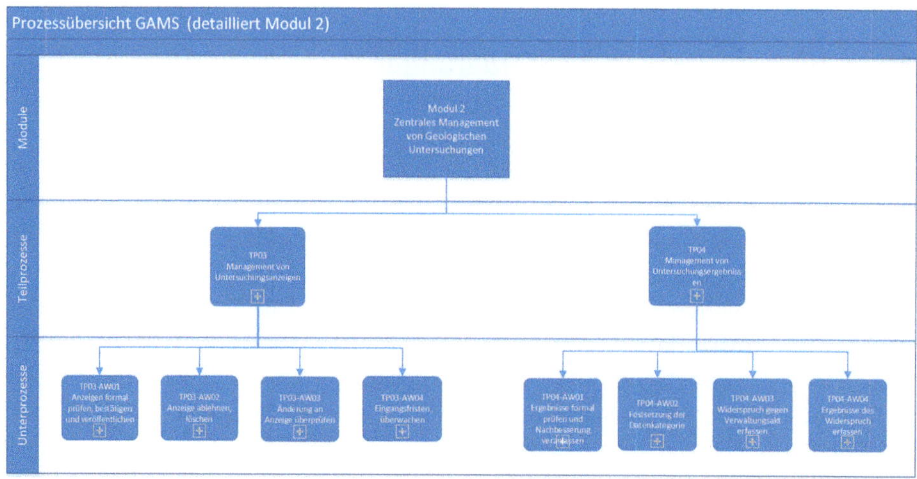

Abb. 1 Überblick über die von GAMS zu unterstützenden Prozesse (Quelle: GAMS-Pflichtenheft)

Management der Anzeigen im Wesentlichen das Einlesen der Anzeigen mit strukturierter, auswertbarer Ablage der Angaben (*Nachweisdaten*), die Unterstützung bei der Prüfung der Anzeigen sowie die Überwachung der anschließenden Übermittlungsfristen umfasst.

Nach dem Abschluss der geologischen Untersuchungen sind als Untersuchungsergebnisse einerseits *Fachdaten* und andererseits *Bewertungsdaten* innerhalb bestimmter Fristen an den Geologischen Dienst im LfU zu übermitteln. Daraus ergeben sich für das Management dieser Untersuchungsergebnisse Anforderungen zur Verwaltung dieser Daten und zur Unterstützung bei der Prüfung der Daten. Dazu zählt insbesondere die Kategorisierung der Daten, die vom LfU vorgenommen und von GAMS in geeigneter Weise unterstützt werden soll: Alle übermittelten Daten müssen entsprechend dem Geologiedatengesetz Kategorien zugewiesen werden. Die Kategorisierung muss in einem Verwaltungsakt revisionssicher dokumentiert werden und neben den Anzeigenden auch der Öffentlichkeit fristgerecht zugänglich gemacht werden.

Zu den übergreifenden Anforderungen zählen daher die Überwachung der relevanten Fristen, aber auch die Bereitstellung eines Nachrichtenportals, in dem die Kommunikation mit den Anzeigepflichtigen nachvollziehbar abgebildet wird sowie eine Schnittstelle zur E-Akte zur revisionssicheren Ablage des Verwaltungsaktes.

Über ein Nutzenden- und Rechtemanagement müssen die Zuständigkeitsbereiche adäquat abgebildet werden, um alle Datenschutz- und Datensicherheitsbelange gewährleisten zu können.

Um die fachliche Begutachtung der Anzeigen und Untersuchungsdaten optimal durchführen zu können, werden umfassende, individuell anpassbare Auswertungen der Daten benötigt. Das umfasst Kartendarstellungen sowie die Auswahl, Analyse und Weiterbearbeitung von auf der Karte ausgewählten Anzeige-Datensätzen. Die Auswertungskriterien und die Zusammenstellung der Ergebnisdarstellungen als Tabellen, Karten und Diagramme sowie Berichte sollen durch die Fachverantwortlichen bedarfsgerecht selbst angepasst werden können.

2.3 Vorläuferlösungen

Für die Entwicklung von GAMS kann auf einzelnen Elementen aufgebaut werden, die bereits im Rahmen von Vorläuferlösungen umgesetzt wurden:

Norddeutsche Bohranzeige. Einerseits wurde vom LBEG bereits als Vorläufer zur AGU das Fachverfahren *Norddeutsche Bohranzeige* zur Erfassung von Bohranzeigen und zur Weiterleitung der für Schleswig-Holstein relevanten Anzeigen an das LfU eingesetzt.

Andererseits wurde schon 2018 im Auftrag des LfU von DigSyLand eine PHP-Anwendung entwickelt, die die vom LBEG übermittelten Bohranzeigen im XML-Format einliest, analysiert und in die Oracle-Fachdatenbank im LfU überträgt. Der Einleseprozess wurde mit Einführung der AGU-Anwendung an den erweiterten Datenumfang und an das aktuelle Übermittlungsformat bereits angepasst, sodass ein großer Teil der automatischen Einlese- und Prüfmechanismen der Anzeigen-Stammdaten im Rahmen des GAMS nachgenutzt werden kann.

OGC-Dienste im Umweltportal. Bereits jetzt werden auf Grundlage des GeolDG WMS-/WFS-Dienste bereitgestellt, sodass beispielsweise im Umweltportal des Landes Schleswig-Holstein Kartendarstellungen der Bohrungen sowie die Metadaten dazu abgerufen werden können [4]. Für die Aktualisierung dieser Dienste ist jedoch noch erheblicher manueller Aufwand erforderlich, der mit der Einführung von GAMS vermieden werden soll.

3 Architektur des GAMS

3.1 Überblick über die Basiskomponenten

Auf Basis der Anforderungen des Geologiedatengesetzes (GeolDG) wurde vom LfU in Zusammenarbeit mit dem MEKUN eine umfassende Konzeption des Managementsystems in einem detaillierten Pflichtenheft dokumentiert, das die fachlichen Bedarfe einschließlich der Abläufe und technischen Vorgaben festlegt.

Das System sollte innerhalb der Zentralen Betriebsinfrastruktur des Umweltressorts (ZeBIS, siehe auch [3]) im Rechenzentrum TDC (Twin Data Center) des Landes-IT-Dienstleisters Dataport (https://www.dataport.de) platziert werden und auch auf den dort bereitgestellten Standardkomponenten soweit wie möglich aufbauen. Dazu zählen zentrale PostgreSQL-Datenbankserver mit PostGIS, auf denen für GAMS die GD-Datenbank (Geologische Dienste-Datenbank) zur Verwaltung aller Daten einschließlich der Geodaten eingerichtet wird, sowie das ETL-Werkzeug FME (Feature Manipulation Engine, https://fme.safe.com/) zur Übertragung von Daten und Dateien zwischen den beteiligten Plattformen (Abb. 2). Der Einsatz bestimmter Fachanwendungen erfordert weiter den Betrieb eines Oracle-RDBMS innerhalb des LfU, sodass Daten aus der GD-Datenbank nach Oracle sowie Dateien mit FME-ETL-Prozessen ins LfU überführt werden müssen.

Zu den weiteren ZeBIS-Komponenten gehört eine Data Warehouse-Datenbank (DWH), die unter anderem als Datenquelle für OGC-Dienste dient, die mit der GDI-Software deegree (https://www.deegree.org/) umgesetzt werden. Auch die im Rahmen von GAMS geplanten WMS- und WFS-Dienste sollen mit deegree auf diese Weise realisiert werden.

Das Kern-Managementsystem besteht aus einer PHP-Fachanwendung, die in die Plattform Disy Cadenza Workbooks [5] integriert ist. Beide Komponenten werden in den nachfolgenden Abschnitten detailliert erläutert (siehe Abschn. 3.2 und 3.3).

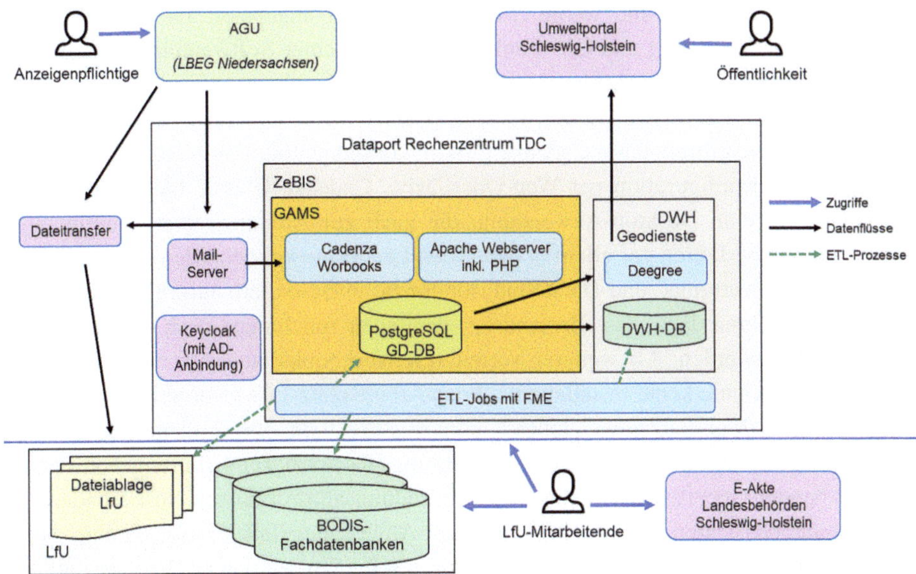

Abb. 2 Vereinfachte Skizze der Architektur, in die GAMS eingebettet ist, mit den wichtigsten Komponenten

Innerhalb des Rechenzentrums TDC werden weitere Basisdienste wie ein Mailservice sowie Keycloak (https://www.keycloak.org/) als zentrales Identitäts- und Zugriffsmanagement-Tool mit Anbindung an das Active Directory (AD) der Landesbehörden für ein Single Sign-On der Anwendenden bereitgestellt (Abb. 2).

Außerhalb des TDC wird das Umweltportal Schleswig-Holstein (https://umweltportal.schleswig-holstein.de/) betrieben, das einerseits das Metainformationssystem für alle Umweltdaten bildet, andererseits über ein WebGIS aber auch alle Geodaten auf der Basis der durch deegree angebotenen OGC-Dienste für die Öffentlichkeit zugänglich macht, darunter auch bereits die Bohrungsdaten [4].

3.2 Navigation, Auswertungen und WebGIS mit Disy Cadenza Workbooks

Im schleswig-holsteinischen Umweltressort wird für verschiedene Aufgaben und Fragestellungen bereits die Plattform Disy Cadenza [5] eingesetzt. Hierzu gehören auf Cadenza basierende Fachinformationssysteme sowie karten- und sachdatenbasierte Auskunfts- und Auswertungssysteme in der ZeBIS-Umgebung.

Disy Cadenza wird von der Firma Disy seit vielen Jahren im Auftrag einer Kooperation zahlreicher Bundesländer und anderer Partner weiterentwickelt und an aktuelle Anforderungen und technische Möglichkeiten angepasst. Es vereint flexible Auswertungen, Reporting und GIS-Funktionalitäten in einer Softwareplattform, die insbesondere für Umweltdaten optimiert ist [5].

Die aktuelle Plattform Cadenza *Workbooks* setzt im Unterschied zum bisherigen – immer noch weitverbreiteten – Cadenza *Classic* konsequent auf Web-Technik mit datenbank-basierter Konfiguration per Web-Oberfläche. Cadenza Classic bietet neben einer Web-Plattform eine Desktop-Anwendung, die auch zur Administration benötigt wird, und ist seit vielen Jahren vor allem in deutschen Landesumweltbehörden im Einsatz. Die flexibleren Auswertungs- und Darstellungsoptionen, insbesondere aufgrund der Dashboard-Technik, führen dazu, dass Bestandsanwendungen zunehmend nach Cadenza Workbooks migriert werden. Als weiterer Vorteil von Workbooks ist durch den Verzicht auf die Desktop-Variante keine Installation auf den Arbeitsplatz-PCs erforderlich.

Ergänzende Web-Fachanwendungen können direkt in die Cadenza-Bedienungsoberfläche integriert werden, um die Auswertungsplattform zur Erfüllung von darüber hinausgehenden spezifischen fachlichen Anwendungsanforderungen, insbesondere zur Bearbeitung von Daten, zu erweitern. Je nach Anwendungsfall können parametrisierte Aufrufe zur Einbettung einer Fachanwendung als PopUp, als neuer Browser-Tab oder direkt im Cadenza-Tab eingesetzt werden.

3.3   Integrierte PHP-Fachanwendung zur Steuerung der Management-Prozesse

Während Cadenza Workbooks als umfassender Baukasten zum flexiblen Zusammenstellen von Auswertungen und GIS-Funktionen angesehen werden kann, wird für GAMS ergänzend eine Komponente benötigt, die komplexere Eingabefunktionalitäten, aber auch individuell für das Anzeigenmanagement entwickelte Prozesssteuerungen umsetzen kann. Diese Fachanwendung wird mit der Skriptsprache PHP (https://www.php.net/) implementiert, mit der auch kurzfristig flexible Anpassungen an fachliche Anforderungen realisierbar sind.

Die Kombination von Cadenza mit einer integrierten PHP-Fachanwendung zur Ergänzung anwendungsfallspezifischer Funktionen hat sich im Umweltressort Schleswig-Holstein unter anderem bereits im Bereich Geologie und Boden als bewährte Lösung erwiesen, z. B. mit der Entwicklung einer Beratungsdatenbank Boden und Geologie [6] und einem Geotopkataster [7] sowie mit weiteren Web-Anwendungen für andere Abteilungen des LfU wie einer Naturschutz-Maßnahmendatenbank [8], einem Schutzgebietskataster und einer Moordatenbank [9] zur behördeninternen Aufgabenunterstützung. Für das Bundesland Sachsen wurden nach demselben Prinzip im Internet verfügbare Anwendungen beispielsweise für das WRRL-Maßnahmenmanagement [10] und das Abfallentsorgungsanlagenkataster [11] entwickelt. Letzteres bereits auf der Basis von Cadenza Workbooks, aber noch unter Verwendung des Cadenza Classic-Fachanwendungsrahmens.

Die PHP-Fachanwendung für GAMS wird auf Basis eines von DigSyLand entwickelten Frameworks umgesetzt, das Grundfunktionalitäten in Hinblick auf Datensicherheit, Katalogbearbeitung, Eingabevalidierung und konfigurierbare Erfassungsmasken bereitstellt.

GAMS hat insbesondere eine innovative Bedeutung, weil die Management-Anwendung eine der ersten Fachanwendungen ist, die über die Web API Workbooks direkt in Cadenza Workbooks integriert wird, da bisher immer der Fachanwendungsrahmen von Cadenza Classic als API sowie die Cadenza-Benutzerverwaltung genutzt wurden. Daher mussten mit der Anbindung über die Web API Workbooks sowie mit der OpenID-Connect-Schnittstelle zu Keycloak als zentralem Identity Provider für GAMS wesentliche Neuentwicklungen geschaffen werden.

4   Entwicklungsschritte und Umsetzungen

4.1   PHP-Fachanwendung mit Schnittstellen zu Cadenza Workbooks und zum Identity Management mit Keycloak

Im ersten Entwicklungsschritt wurde eine Basis-Fachanwendung mit Grundfunktionen mit PHP implementiert. Diese verfügt über einen konfigurierbaren Eingabe- und Anzeigemaskengenerator (Abb. 3) sowie Validierungs- und andere Eingabeunterstützungsfunktionen und die Verwaltung von Katalogen.

Die entscheidende Basis für GAMS wurde mit der Umsetzung der Anbindung an die zentrale Benutzerverwaltung und die Einbindung in Cadenza Workbooks über die Web API Workbooks geschaffen. Dabei fungiert Keycloak als zentrales Identity Management, an das bei Bedarf wiederum weitere Benutzerverwaltungen wie Active Directory als Quellsysteme angebunden sein können (Abb. 1). In Keycloak werden die Zugangskennungen und die zugeordneten Nutzendengruppen verwaltet, die wiederum in den angebundenen Client-Anwendungen wie Cadenza Workbooks und der GAMS-Fachanwendung mit Zugangsrechten verknüpft werden. Zur Anmeldung und Authentifizierung wird das OpenID Connect-Verfahren (OIDC) verwendet, das von Cadenza Workbooks als favorisierte Authentifizierungsmethode unterstützt wird. Im Rahmen der GAMS-Fachanwendung wurde eine entsprechende OIDC-Anbindung an Keycloak in PHP entwickelt, die sich in Hinblick auf die Konfiguration stark an der Workbooks-Implementierung orientiert, um den Konfigurationsaufwand auch zukünftig zu minimieren. Auch aus diesem Grund wurde die Verwendung existierender PHP-Dritt-Bibliotheken mit OIDC-Unterstützung nach vorheriger Prüfung auf Eignung verworfen.

Auf Basis dieser Anbindung, die ein Single Sign-On (SSO) von Cadenza Workbooks und der Fachanwendung realisiert, konnte die Fachanwendung in das Cadenza GAMS-Repository eingebunden werden, um einerseits den Aufruf der Fachanwendung aus Cadenza-Dashboards in verschiedenen Varianten gemäß Anforderungen zu realisieren und um andererseits aus der Fachanwendung wiederum in Cadenza-Arbeitsmappen zu

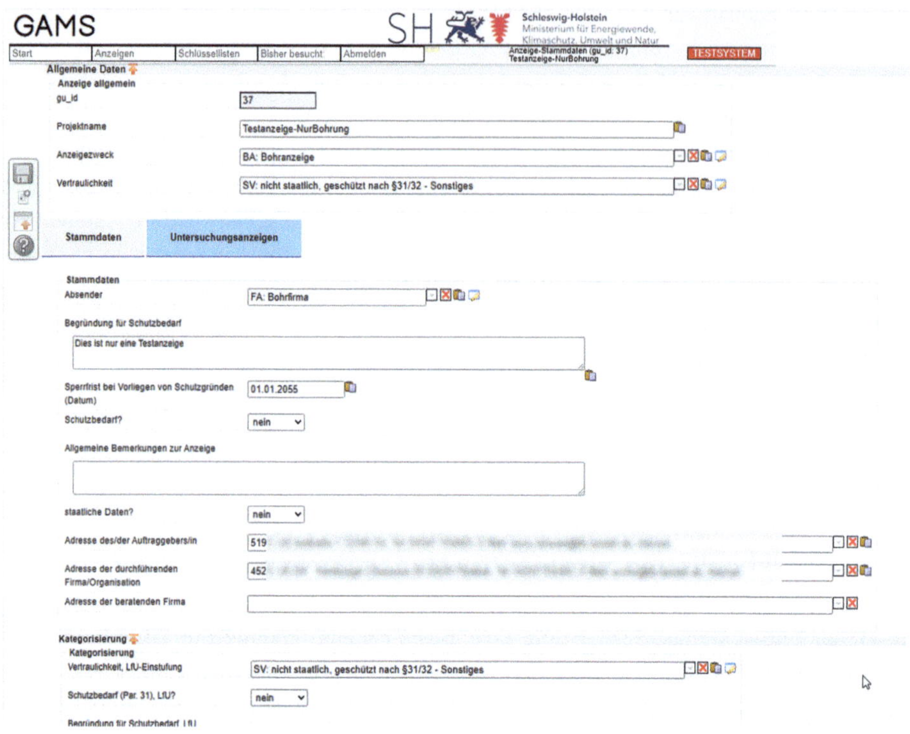

Abb. 3 Eingabe- und Prüfmaske zur Kategorisierung von Untersuchungsanzeigen im aktuellen Prototyp der PHP-Managementanwendung (Testdatenauszug)

verzweigen (Abb. 4). Auf diese Weise kann Cadenza zur Navigation im Datenbestand genutzt werden, mit der Möglichkeit, direkt aus den Auswertungssichten in die Bearbeitung der Anzeigen einzusteigen.

4.2 Datenmodellierung

Das Datenmodell der GD-Datenbank bildet eine wesentliche Grundlage des GAMS.
Zu berücksichtigen sind dabei die beiden wesentlichen Datenbereiche:

- Die mit den Anzeigen übermittelten *Nachweisdaten* (Anzeige-Stammdaten), die angeben, welche Art der geologischen Untersuchung wann und wo durchgeführt wurde, einschließlich der GIS-Geometrien des Untersuchungsortes (Punkte, Linien, Polygone). Für diese von der AGU-Anwendung übermittelten Daten orientiert sich das Datenmodell stark an der AGU-XML-Datenstruktur, um die Zuordnung zu erleichtern.

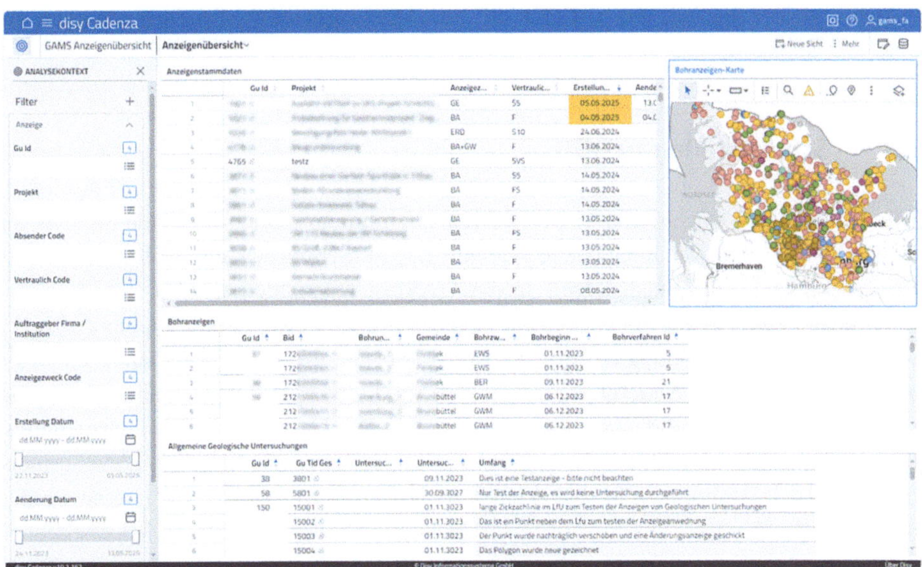

Abb. 4 Dashboard im GAMS-Prototyp mit Auswahl und Visualisierung der Nachweisdaten mit Möglichkeit, in die Fachanwendung zu verzweigen (Testdatenauszug)

- Die geologischen *Fach- und Bewertungsdaten* (Ergebnisdaten der geologischen Untersuchungen): Diese Daten werden in Dateiform übermittelt und enthalten die geologischen Informationen und werden nach der Datenübermittlung und der anschließenden Prüfung im GAMS per ETL-Prozess an die Fachsysteme im LfU übergeben (Abb. 2). Innerhalb des GAMS-Datenmodells ist hier insbesondere die inhaltliche Zuordnung und Kategorisierung (Fachdaten oder Bewertungsdaten, Schutzbedarf) zu berücksichtigen, und welche Dateien wann übermittelt wurden.

Neben diesen Datenbereichen werden sonstige Metadaten zur Datenübermittlung, Prüfung, Löschung und Veröffentlichung einschließlich der Kommunikation über das Nachrichtenportal sowie Checklisten zur Prüfung von Untersuchungsdaten geeignet im Datenmodell abgebildet. Katalogtabellen dienen zur Sicherstellung der Konsistenz und Einheitlichkeit. Dies umfasst auch die Textbausteine für das Nachrichtenportal.

Für die wichtigste Datengruppe der geologischen Bohrungen existiert mit dem SEP3 Aufschluss [12] ein gut dokumentiertes relationales Datenmodell, das von den Staatlichen Geologischen Diensten (SGD) gepflegt und von etablierter Standardsoftware unterstützt wird. Diese Daten werden in der Regel über Dateien im Microsoft Access-Format als Austauschformat übermittelt. Für GAMS ist die Überführung dieser Daten in einem ETL-Job per FME in ein geeignetes Datenmodell geplant, das von GAMS sowie in den Fachdatenbanken des LfU für die Anzeigenbearbeitung und Auswertungen genutzt werden kann.

4.3 Schnittstellen zu AGU

Für das Auslesen der aus AGU per E-Mail übermittelten Nachweisdaten werden die in der Vorläufer-Anwendung (siehe Abschn. 2.3) zum Einlesen der Bohranzeigen bereits entwickelten Routinen derzeit an das GAMS-Datenmodell und die aktuellen Anforderungen zum Anzeigenmanagement angepasst. Die in XML übermittelten Anzeigen werden von der Anwendung auf formale Konsistenz geprüft, mit den vorhandenen Daten abgeglichen (z. B. bei Änderungsanzeigen) und in die PostgreSQL-Datenbank überführt (Abb. 2). Dies schließt die Übernahme der übermittelten Geometrien des Untersuchungsgebiets ein, sodass eine räumliche Prüfung durch die Fachzuständigen im GAMS ermöglicht wird (z. B. Bohrungen in sogenannten Risikogebieten). Nach dem Einlesen werden nachfolgende Prozesse, wie E-Mail-Benachrichtigungen der zuständigen Mitarbeitenden im LfU sowie der Anzeigenden, über das in der PHP-Fachanwendung umgesetzte Nachrichtenportal automatisch angestoßen.

Für die Übernahme der Dateien mit den Untersuchungsdaten ist eine gesicherte Dateiübertragung vom LBEG in den Rechenzentrumsbereich des GAMS geplant, sodass eine Analyse der übermittelten Dateien mit Unterstützung der fachlichen Prüfung durch die PHP-Fachanwendung stattfinden kann. Schließlich werden die Dateien mit den Untersuchungsdaten per ETL-Prozess in das interne LfU-Netz zum Verbleib übertragen (Abb. 2).

4.4 Auswertungs-Dashboards

Geplant ist ein Auswertungs- und Berichtssystem mit Kartendarstellungen der relevanten Nachweis- und Untersuchungsdaten, in denen verschiedene Filterungen und Selektionen nach unterschiedlichen Kriterien möglich sind. Die in Cadenza Workbooks umgesetzten Dashboards bieten die wesentlichen Informationen in geeigneter Darstellungsform auf einen Blick an, sodass beispielsweise in Abhängigkeit der Bearbeitungsfristen die vordringlich zu bearbeitenden Datensätze hervorgehoben werden mit der Möglichkeit, diese direkt in der GAMS-Fachanwendung zur Bearbeitung aufzurufen (Abb. 4).

4.5 Weitere aktuelle Entwicklungsschritte

Aktuell in der Entwicklung befindet sich die Vervollständigung der Eingabe- und Bearbeitungsmasken der GAMS-Fachanwendung, insbesondere um Funktionalitäten zur Realisierung der Anzeigenmanagement-Workflows. Dazu zählt die automatische Prüfung der Anzeigendaten (Prüfung auf Risikokulissen auf Basis der Geometrien, unrealistische Tiefen, etc.) sowie die Unterstützung der manuellen Bearbeitungsschritte zur formalen Prüfung, Bestätigung und Veröffentlichung einschließlich der Möglichkeit, Angaben von den Anzeigenden nachzufordern.

Vorgesehen ist im Rahmen des Prüfprozesses vor der Veröffentlichung im Internet eine interne Bereitstellung der Daten über einen internen kennwortgeschützten WMS-Dienst, der im LfU von weiteren Fachverantwortlichen zur Einbindung in Desktop-GIS und andere Fachverfahren genutzt werden kann. Bei positiver Prüfung werden die Daten im Internet mit dem OGC-Dienste-Framework deegree über WMS-/WFS-Dienste veröffentlicht, die auch direkt im Umweltportal erreichbar sind. Dazu werden die Daten mit ETL-Prozessen per FME in die Datenbank des Data Warehouse (DWH) des Umweltressorts übertragen, das als Pool öffentlich verfügbarer Umweltdaten aufgebaut wird (Abb. 2).

Die Fachanwendung wird die gesetzlich vorgeschriebene Einstufung der Untersuchungsdaten und die Festsetzung der Datenkategorie durch die Bereitstellung von Bearbeitungsmasken und Checklisten geeignet unterstützen.

Zu den im Internet bereitgestellten Informationen zählen auch die Kategorisierungsbescheide, die aus der Fachanwendung heraus als barrierefreie PDF-Dateien erzeugt werden. Der Kategorisierungsbescheid dokumentiert die übermittelten und geprüften Nachweisdaten sowie die Auflistung der übermittelten Daten mit Kategorisierung als *Nachweisdaten, Fachdaten* oder *Bewertungsdaten* einschließlich weiterer Kennzeichnungen wie z. B. ob es sich um staatliche Daten handelt oder Schutzgründe vorliegen, die einer Veröffentlichung entgegenstehen mit entsprechenden Begründungen. Da die Kategorisierungsbescheide als Teil des behördlichen Verwaltungsaktes öffentlich bereitgestellt werden, war es eine essenzielle Anforderung, die entsprechenden PDF-Dateien barrierefrei zu erstellen. Weil verfügbare PDF-Tools diese Anforderung nicht in dem geforderten Maß erfüllen konnten, wurde die Erstellung des barrierefreien PDF-Kategorisierungsbescheids im Rahmen der PHP-Fachanwendung selbst entwickelt.

Dazu ist auch geplant, diese zu dem entsprechenden behördlichen Verwaltungsakt gehörenden Dateien revisionssicher in der E-Akte des Landes zu hinterlegen (Abb. 1). Aktuell wird geprüft, in welcher Form die Schnittstellen der E-Akte aus GAMS genutzt werden können.

5   Zusammenfassung und Ausblick

Das Geologische Anzeige- und Managementsystem (GAMS) ist darauf ausgelegt, den Geologischen Dienst (GD) im Landesamt für Umwelt in Schleswig-Holstein als zuständige Behörde bei der Verwaltung der Anzeigen und geologischen Untersuchungsdaten effizient zu unterstützen.

Durch den automatischen Import in die GD-Datenbank mit Strukturierung der mitgelieferten Metadaten und grundlegenden Konsistenzchecks wird die fachliche Prüfung

für die Fachzuständigen erleichtert, die zudem durch maßgeschneiderte Auswertungsmöglichkeiten in Cadenza Workbooks unterstützt werden.

Sowohl zentral kuratierte Dashboards mit Tabellen, Diagrammen und Kartendarstellungen als auch durch die Bearbeitenden selbst angepasste Sichten und Auswertungen ermöglichen flexible Reaktionen auf aktuelle Anforderungen.

Mit der Geologischer Dienst-Datenbank (GD-Datenbank) steht so eine einheitliche
Datenbasis behördenintern zur Verfügung, die zur Erfüllung der Verpflichtungen des
Geologiedatengesetzes (GeolDG) erforderlich ist.

Die vom Rahmenkonzept des Umweltressorts vorgesehenen IT-Komponenten in der
Zentralen Betriebsinfrastruktur (ZeBIS) können in GAMS geeignet kombiniert werden,
sodass GAMS als gutes Anwendungsbeispiel des Rahmenkonzepts angesehen werden
kann.

Neben dem 2025 in ZeBIS neu eingeführten Cadenza Workbooks mit integrierter
Fachanwendung und Keycloak-Anbindung zählt dazu die Bereitstellung von WMS-/
WFS-Diensten auf Basis von deegree, das zudem eine Integration in das Umweltportal
Schleswig-Holstein ermöglicht.

Aktuell werden auf Basis des abgestimmten Datenmodells der GD-Datenbank die
Eingabe- und Steuerungsmasken der Fachanwendung entwickelt sowie die Dashboards
in Cadenza Workbooks eingerichtet. Parallel dazu werden die Schnittstellen und technischen Aspekte der Datenwege, insbesondere in Hinblick auf die Rahmenbedingungen
im sicheren Rechenzentrumsbetrieb, abgestimmt. Dazu zählt auch die Anbindung an die
E-Akte der Landesbehörden. Für Sommer 2025 ist die erste Installation auf der Testplatt-
form in der ZeBIS-Umgebung im Rechenzentrum mit Anbindung der Basiskomponenten
geplant. Die Produktivsetzung ist für Ende 2025 vorgesehen.

Literatur

1. GeolDG (2020). *Gesetz zur staatlichen geologischen Landesaufnahme sowie zur Übermittlung, Sicherung und öffentlichen Bereitstellung geologischer Daten und zur Zurver-
   fügungstellung geologischer Daten zur Erfüllung öffentlicher Aufgaben (Geologiedatengesetz
   – GeolDG) – Geologiedatengesetz vom 19. Juni 2020* (BGBl. I S. 1387). https://www.gesetze-
   im-internet.de/geoldg/
2. Reiche, S., Schröder, L. A., & Hermann, D. (2023). The collection, digitisation, interpretation
   and publication of geological data in the German site selection procedure – status and challenges. In C. Dietl, M. Becker, S. Hellebrandt, F. Czerwinski, T. Oesch, & T. Weyand (Hrsg.),
   *Interdisciplinary Research Symposium on the Safety of Nuclear Disposal Practices safeND
   2023, Berlin, 13–15 September 2023, Safety of Nuclear Waste Disposal, Bd. 2, (S. 141–141),
   https://doi.org/10.5194/sand-2-141-2023
3. Hosenfeld, F., Rinker, A., Langner, K., & Krüger, K. (2022). Schutzgebietskataster Schleswig-Holstein als behördeninterne Web-Anwendung. In F. Fuchs-Kittowski, A. Abecker, &
   F. Hosenfeld (Hrsg.), *Umweltinformationssysteme – Wie trägt die Digitalisierung zur Nachhaltigkeit bei?* Tagungsband des 28. Workshops „Umweltinformationssysteme (UIS2021)" des
   Arbeitskreises „Umweltinformationssysteme" der Fachgruppe „Informatik im Umweltschutz"

der Gesellschaft für Informatik (GI), (S. 3–29). Springer Vieweg. https://doi.org/10.1007/978-3-658-35685-9_1

4. LfU (2024). Bohrungen in Schleswig-Holstein. Metadatensatz im Umweltportal Schleswig-Holstein. https://umweltportal.schleswig-holstein.de/trefferanzeige?docuuid=ffa99fdc-8548-41fd-b10a-a165ff905aee

5. Disy Informationssysteme GmbH (2024). Software für Datenanalyse und Business Intelligence. https://www.disy.net/de/produkte/cadenza/datenanalyse-software/

6. Hosenfeld, F., Bäzner, K., Nitschke, M., & König, B. (2017). Beratungsdatenbank Geologie und Boden in Schleswig-Holstein. In U. Freitag, F. Fuchs-Kittowski, F. Hosenfeld, A. Abecker, & D. Wikarski (Hrsg.),*Umweltinformationssysteme 2017*, Tagungsband des 24. Workshops „Umweltinformationssysteme 2017 – Vernetzte Umweltdaten (UIS 2017)" des Arbeitskreises „Umweltinformationssysteme" der Fachgruppe „Informatik im Umweltschutz" der Gesellschaft für Informatik (GI) (S. 70–77). Brandenburg an der Havel. https://ceur-ws.org/Vol-1919/paper6.pdf

7. Hosenfeld, F., Tiffert, J., Zunke, M., Krienke, K., & Willer, J. (2021). Neuentwicklung einer Intranet-Web-Anwendung für das Geotopkataster Schleswig-Holstein. In U. Freitag, F. Fuchs-Kittowski, A. Abecker, & F. Hosenfeld (Hrsg.), *Umweltinformationssysteme – Wie verändert die Digitalisierung unsere Gesellschaft?* Tagungsband des 27. Workshops „Umweltinformationssysteme (UIS2020)" des Arbeitskreises „Umweltinformationssysteme" der Fachgruppe „Informatik im Umweltschutz" der Gesellschaft für Informatik (GI) (S. 13–27). Springer Vieweg. https://doi.org/10.1007/978-3-658-30889-6_2

8. Hosenfeld, F., Kleinbub, J., Krüger, K., Kumer, D., Langner, K., & Rinker, A. (2012). Development of a Database Supporting the Management of Nature Conservation Measures in Schleswig-Holstein. In H.-K. Arndt, G. Knetsch, & W. Pillmann (Hrsg.), *Light up the Ideas of Environmental Informatics*, (S. 623–629). http://enviroinfo.eu/sites/default/files/pdfs/vol7793/0623.pdf

9. Hosenfeld, F., Tiffert, J., Jugelt, M,, Brettschneider, A., & Krummheuer, Y. (2024). Moordatenbank Schleswig-Holstein. In F. Fuchs-Kittowski, A. Abecker, F. Hosenfeld, A. Reineke, & C. Jolk (Hrsg.), *Umweltinformationssysteme – Digitalisierung im Zeichen des Klimawandels und der Energiewende.* Tagungsband des 30. Workshops „Umweltinformationssysteme (UIS2023)" des Arbeitskreises „Umweltinformationssysteme" der Fachgruppe „Informatik im Umweltschutz" der Gesellschaft für Informatik (GI), (S. 12–138). Springer Vieweg, Wiesbaden, https://doi.org/10.1007/978-3-658-43735-0_9

10. Hosenfeld, F., Dimmer, R. & Mattes, C. (2022). Web-Anwendung zum Datenmanagement von WRRL-Maßnahmen in Sachsen. In F. Fuchs-Kittowski, A. Abecker, F. Hosenfeld, H. Ortleb, & M. Klafft (Hrsg.), *Umweltinformationssysteme – Vielfalt, Offenheit, Komplexität. UIS 2022* (S. 187–200). Springer Vieweg. https://doi.org/10.1007/978-3-658-39796-8_12

11. Hosenfeld, F., Tiffert, J., Zentner, A., Thamke, I., & Guth, J. (2025). Neuentwicklung des Abfallentsorgungsanlagenkatasters in Sachsen ABENSA. In F. Fuchs-Kittowski, A. Abecker, F. Hosenfeld, A. Reineke, & M. Möller (Hrsg.), *Umweltinformationssysteme – Digitalisierung für eine nachhaltige Planetare Zukunft.* Tagungsband des 31. Workshops „Umweltinformationssysteme (UIS2024)" der Fachgruppe „Umweltinformationssysteme" der Gesellschaft für Informatik (GI). Springer Vieweg.

12. LBEG (2025). SEP 3 – Die Schnittstelle zur Bohrdatenbank Niedersachsens. Landesamt für Bergbau, Energie und Geologie Niedersachsen. https://www.lbeg.niedersachsen.de/karten_daten_publikationen/bohrdatenbank/sep_3/sep-3-die-schnittstelle-zur-bohrdatenbank-niedersachsens-724.html

Eine Datenplattform zum Austausch von Starkregenvorsorgedaten

Das FloReST Geo Data Warehouse

Julian Janßen und Andreas Abecker®

Zusammenfassung

Die FloReST-Toolbox stellt eine Reihe von Methoden und Werkzeugen bereit, die dabei helfen sollen, für die Erstellung von kommunalen Starkregenvorsorgekonzepten und die damit verbundene Ausweisung von Notabflusswegen möglichst korrekt und effizient Fließwege im Fall von Starkregenereignissen zu prognostizieren. Dies umfasst auch Methoden und Werkzeuge zur hochgenauen Erfassung von Geländemodellen und Geländemerkmalen, die zur Bestimmung dieser Fließwege benötigt werden. Das FloReST Geo Data Warehouse (FloReST GDW) stellt Mechanismen zur Verfügung, (i) um die dabei entstehenden (Geo)Daten(produkte) abzuspeichern, (ii) sie für verschiedene Bedarfsträger zugreifbar und nutzbar zu machen sowie zu visualisieren und schließlich (iii) den verschiedenen Akteuren bei der Starkregenvorsorge zur Verfügung zu stellen. Dadurch kann das FloReST GDW als Datenplattform zum Austausch von Daten zur Erstellung und Verwendung von Starkregenvorsorgekonzepten genutzt werden, mit deren Hilfe die verschiedenen Akteure – wie die kommunale oder Kreisverwaltung, die kommunale Politik, Ingenieurbüros und betroffene Bürger:innen – miteinander kommunizieren und kooperieren können. Perspektivisch

J. Janßen · A. Abecker (✉)
Disy Informationssysteme GmbH, Ludwig-Erhard-Allee 6, 76131 Karlsruhe, Germany
E-Mail: Andreas.Abecker@disy.net

J. Janßen
E-Mail: Julian.Janssen@disy.net

© Der/die Autor(en), exklusiv lizenziert an Springer Fachmedien Wiesbaden GmbH, ein Teil von Springer Nature 2026
F. Fuchs-Kittowski et al. (Hrsg.), *Umweltinformationssysteme – Digitale Innovationen für eine nachhaltige Zukunft*, https://doi.org/10.1007/978-3-658-50065-8_3

sehen die Autoren eine solche Plattform auch als gemeindeübergreifend verwendbar und schlagen eine „Datenplattform Wasserextreme" auf Landesebene vor, über die zum Beispiel auch benachbarte Gemeinden mit dem Land oder untereinander kommunizieren können, über die man auch Feuerwehr, THW, Polizei oder Ehrenamtliche in die Vorsorge, akute Krisenantwort und Nachsorge von Katastrophenereignissen einbinden könnte.

Schlüsselwörter

Starkregen · Starkregenvorsorgekonzept · Fließwege · Notabflusswege · Geo Data Warehouse · Datenplattform · 2,5D-Visualisierung

1   Motivation

In den letzten Jahren haben Extremwetterereignisse wie Starkregen nicht nur global zugenommen, sondern auch in Deutschland. Sowohl die Häufigkeit als auch die Heftigkeit der Extremereignisse sind offenbar im Wachstum begriffen. Bei Starkregenereignissen können lokal begrenzte, sehr hohe Niederschlagsmengen in kürzester Zeit zu Sturzfluten mit weitreichenden Schäden führen. Nicht selten treten solche Sturzfluten auch fernab jeglicher Gewässer auf und folgen als wilder Oberflächenabfluss dem Geländeverlauf. Die bestehenden Entwässerungsinfrastrukturen sind bei diesen pluvialen Ereignissen häufig – auch planmäßig – überlastet [1]. Starker Geröll- und Sedimentaustrag aus Außengebieten kann die Problematik in Siedlungsgebieten zusätzlich verstärken [2]. Um solchen Wasserextremereignissen zu begegnen, sind eine angepasste, wassersensible Siedlungsentwicklung und ein effektives Starkregenrisikomanagement erforderlich. Insbesondere wenn ein Überflutungsschutz nur noch begrenzt möglich ist, müssen Maßnahmen zur Schadensbegrenzung zum Tragen kommen. Zentrales Element dafür sind Notabflusswege, über welche die Wassermassen im Starkregenfall möglichst schadlos durch Siedlungsgebiete abgeleitet werden. Bei der Ermittlung von Notabflusswegen ist zu berücksichtigen, dass selbst kleinste Kanten relevant sind, weil sie eine wasserlenkende Wirkung entfalten können. In der Praxis mangelt es jedoch häufig an der detailgenauen Ermittlung solcher Geländemerkmale [1].

Vor diesem Hintergrund entwickelte das BMBF-Forschungsvorhaben „Urban Flood Resilience – Smart Tools (FloReST)" verschiedene Lösungen, die eine hochaufgelöste Fließwegermittlung im Starkregenfall und die Bewertung der daraus resultierenden Gefährdung urbaner Infrastrukturen ermöglichen sollen [3, 4]. Verschiedene Werkzeuge zur kleinskaligen Erfassung örtlicher Oberflächenstrukturen wurden entwickelt und prototypisch getestet. Mit solchen detaillierten Datengrundlagen können Planer:innen

Notabflusswege ausweisen und ggf. Maßnahmen definieren, damit das Wasser im Katastrophenfall diese Notabflusswege auch nimmt. Diese Tools richten sich primär an lokale Akteure der Starkregenvorsorge wie Ingenieur-/Planungsbüros und Kommunen.

Um einerseits die Ergebnisse der Erhebungs- und Berechnungsmethoden für solche Endanwender:innen nutzbar zu machen und um andererseits Daten und Datenprodukte innerhalb des Starkregenvorsorgeprozesses zwischen verschiedenen Akteuren austauschen zu können, wurde das FloReST Geo Data Warehouse (FloReST GDW) entwickelt. Dieses gewährleistet eine zentrale Datenhaltung aller planungsrelevanten Beobachtungen und Erkenntnisse und soll die nachhaltige Bewirtschaftung dieser Datenbasis durch alle beteiligten Akteure unterstützen. Das FloReST GDW ist Gegenstand dieses Beitrags. Die anderen Elemente der FloReST-Toolbox werden nur insoweit erläutert, als es für das Verständnis der Gesamtzusammenhänge erforderlich ist.

Der Beitrag ist wie folgt gegliedert: Im nachfolgenden Abschn. 2 werden der allgemeine Stand von Wissenschaft und Praxis zum Thema diskutiert sowie mit disy Cadenza das der Systemimplementierung zugrunde liegende Softwarewerkzeug vorgestellt. In Abschn. 3 werden alle Lösungselemente und deren grobes Zusammenspiel innerhalb der FloReST-Toolbox beschrieben, also die Methoden und Werkzeuge, die im FloReST-Gesamtprojekt entwickelt wurden und von zukünftigen Anwender:innen verwendet werden können. Zu all diesen Elementen existieren sogenannte Leitfäden, die – insbesondere für die Kommunalverwaltung – beschreiben, wie und wofür das entsprechende FloReST-Lösungselement genutzt werden kann. In Abschn. 4 wird die Architektur des FloReST GDW präsentiert und es wird illustriert, wie dieses als Datenplattform für Starkregeninformationen in der Praxis zum Einsatz kommen kann. In Abschn. 5 werden die konkreten Inhalte des FloReST GDW und beispielhafte Auswertungen und Visualisierungen gezeigt. Dieser Abschnitt bezieht sich auf den beispielhaft im Forschungsprojekt entwickelten Prototypen. Dieser ist weitgehend mit den technischen Möglichkeiten der existierenden Software disy Cadenza umsetzbar; jedoch wurde im Vorhaben auch eine prototypische Umsetzung von 2,5D-Visualisierungen entwickelt, die etwas eingehender beleuchtet wird. Ein solcher Forschungsprototyp zeigt technische Möglichkeiten auf; für die praktische Nutzung müssen aber noch verschiedene organisatorische Festlegungen und Entscheidungen getroffen werden: wer hostet welche Software wo und für wen, woher kommen Daten, wer darf was sehen und bearbeiten usw. Im Disy-Teilprojekt von FloReST ist während des Forschungsvorhabens im Diskurs mit den Pilotkommunen die Überzeugung entstanden, dass solche organisatorischen Rahmenbedingungen für den Praxiseinsatz vieler konzeptionell guter Forschungsergebnisse eine wesentliche Barriere darstellen können. Deshalb wird in Abschn. 6 diskutiert, unter welchen Bedingungen hier eine größere Breitenwirkung erzielt werden könnte. In Abschn. 7 wird der Beitrag zusammengefasst und einige abschließende Bemerkungen werden gemacht.

2   Stand von Wissenschaft und Praxis

2.1   Datenaustausch für die Starkregenvorsorge

Der vorliegende Beitrag soll sich auf das Thema des *Datenaustausches* zwischen Akteuren der Starkregenvorsorge konzentrieren. Daher wird an dieser Stelle der Stand von Wissenschaft und Praxis hinsichtlich des übergreifenden Projektthemas von FloReST, nämlich der *Erstellung* von Starkregenvorsorgekonzepten und *Datenerhebung* zu diesem Zweck, nicht im Detail ausgeführt. Hier sei auf die Literatur zur Antragstellung verwiesen, wie zum Beispiel [1, 2, 5–10] sowie auf die publizierten Projektergebnisse der anderen FloReST-Projektpartner, zum Beispiel [4, 11–16].

Der Datenaustausch zwischen Akteuren der Starkregenvorsorge und des Starkregenmanagements ist eher ein praktisches als ein wissenschaftliches Problem. Daher befasst sich die Wissenschaft kaum mit diesem Thema, sondern mehr mit klassischen hydrologischen Fragestellungen wie der Starkregenmodellierung oder -vorhersage. Dass eine beliebige Vertiefung dieser wissenschaftlichen Themen nicht notwendigerweise die öffentliche Sicherheit erhöht, wird von Cook in seinem Editorial zum Journal of Flood Risk Management diskutiert [17]. Er verlangt, aus der Perspektive Australiens, eine verstärkte Beschäftigung der wissenschaftlichen Gemeinde mit sozio-politischen Fragen, um wirksamere Hochwasserschutzmaßnahmen in Zeiten des Klimawandels umsetzen zu können. Auch aus deutscher Sicht erscheinen diese Forderungen nachvollziehbar. Es gibt hier aus Sicht der Autoren nicht nur gesellschaftlichen und politischen Informations- und Klärungsbedarf sowie die Notwendigkeit eines gewissen Erwartungsmanagements zu Fragen von Zuständigkeiten (privat oder verschiedene föderale Ebenen) und der Kostenverteilung (Bürger, Gemeinde, Land, Bund, Versicherungen) für Fragen des Schutzes vor Naturgefahren und zum Umgang mit ihnen (akut und Nachsorge). Die Autoren sehen zusätzlich und unterstützend auch die Notwendigkeit, die Verwaltungseffizienz zu erhöhen. Dies hat nicht nur mit funktionierenden und beschleunigten Verfahren und Prozessen zu tun; sondern dafür sollte aus Sicht der Autoren zunächst eine umfassende Datenbasis geschaffen und der effektive Datenaustausch zwischen allen Handelnden und Betroffenen gewährleistet werden.

Die Forschung sagt zu solchen Fragestellungen wenig. Mit dem Fokus auf Fließgewässer wurde vor Jahren das Konzept des Flussgebietsinformationsmanagementsystems (River Basin Information Management System) vorgeschlagen [18], dem sich auch die Autoren des vorliegenden Beitrags verbunden fühlen. Aus softwaretechnischer Sicht geht es dabei im Wesentlichen um gängige GIS- bzw. GDI-Funktionalitäten mit der Verknüpfung von Geodaten und Echtzeitpegeldaten.

In der Praxis existieren bereits vielfältige Datenbereitstellungen für Bürger:innen durch staatliche Stellen, wie insbesondere die „Hinweiskarten Starkregengefahren" der Bundesländer, die als WMS für die meisten Bundesländer bei den jeweiligen Landesbehörden oder beim BKG vorliegen (siehe https://gdz.bkg.bund.de/index.php/default/ wms-hinweiskarte-starkregengefahren-wms-starkregen.html   oder   als   Beispiel   für

Nordrhein-Westfalen auch https://geoportal.de/map.html?map=tk_04-starkregengefahrenhinweise-nrw). Dies sind in der Regel auf 1 m-Raster gerechnete Gefahrenkarten, die für mehrere Arten von Starkregenereignissen (selten, außergewöhnlich, extrem; gemessen in Liter Niederschlag pro Quadratmeter und Stunde) die Fließwege, Überflutungshöhen, Fließrichtung und Fließgeschwindigkeiten ausweisen, manchmal auch Senken und potenzielle Aufstaubereiche oder auch bodenkundlich identifizierte wassersensible Bereiche (z. B. Umweltatlas Bayern: https://www.lfu.bayern.de/wasser/starkregen_und_sturzfluten/hinweiskarte/index.htm).

Viele Kommunen machen die im Rahmen der Starkregenvorsorge für die Kommune von Ingenieurbüros erstellten Gefahrenkarten als PDF oder als WMS im Netz verfügbar. Diese Bereitstellungen sind in aller Regel einfache, unidirektionale Mitteilungen von der Verwaltung an die Bürger:innen. Es werden zumeist von Menschen zu konsumierende Karten bereitgestellt, keine Rohdaten. Es gibt keine Feedback- oder Kommunikationsmechanismen, wenn beispielsweise Betroffene ihre eigenen Beobachtungen oder Anmerkungen kommunizieren wollten. Die Daten sind in der Regel recht langlebig, weil die Vorsorgekonzepte nur im Abstand von mehreren Jahren aktualisiert werden. Die Gefahrenkarten werden häufig von erläuternden und ergänzenden Dokumenten für Betroffene begleitet, die zum Beispiel Möglichkeiten zur privaten Vorsorge beschreiben. Allerdings sind sie im Allgemeinen nicht mit aktuellen (Echtzeit-)Daten verknüpft, wie z. B. Wetterprognosen oder Pegelständen von Fließgewässern (und damit auch Hinweise auf fluviale Hochwassergefahren, die ja teilweise gemeinsam mit den pluvialen Gefahren eintreten), die an anderer Stelle durchaus vorliegen. Außergewöhnlich gut ist aus Sicht der Autoren der Webauftritt des Kreises Viersen (https://www.kreis-viersen.de/themen/klima/klimafolgenanpassung/starkregenrisikomanagement#). Dieser umfasst neben vielfältigen (a) Hintergrund- und (b) Eigenvorsorgeinformationen sowie (c) Risikoanalysen für relevante Orte wie Straßen, Unterführungen und Tiefgaragen oder vulnerable Einrichtungen, auch (d) für verschiedene Starkregenszenarien eine animierte Gefahrenkarte der Firma HydroTec Ingenieurgesellschaft für Wasser und Umwelt mbH, mit der Möglichkeit, Wasserstände an jedem Ort des kartierten Areals und zu jedem Zeitpunkt im Verlauf eines simulierten Starkregenereignisses abzufragen.

Sehr interessant aus Sicht der Autoren des vorliegenden Beitrages ist außerdem die Initiative www.starkregengefahr.de der Firma geomer GmbH. Geomer erstellt selber als kommerzieller Anbieter Starkregengefahrenkarten und bietet auf dieser Plattform sowohl Kommunen als auch Bürger:innen an, eigene Karten oder Erfahrungen zu teilen. Außer vielen nützlichen Links und Hintergrundinformationen, auch zu Echtzeit-Angeboten (DWD-Warnungen, Wetterradar, …), gibt es die Möglichkeit, dass Betroffene nicht nur Schäden dokumentieren, sondern auch wirksame Vorsorgemaßnahmen mit anderen teilen.

Dies ist aus Sicht der Autoren ein potenziell nützliches Angebot und ein sinnvoller erster Schritt zu mehr datengestütztem Handeln in der Starkregenvorsorge. Es betrifft aber primär die Schnittstelle zwischen Kommune und Bürgern und umfasst natürlich überwiegend öffentlich zugängliche bzw. veröffentlichbare Daten. Sollte es beispielsweise um sensible Inhalte gehen (z. B. weil Gefährdungen auch Immobilienpreise beeinflussen), um sehr technische Inhalte (wie Punktwolken von Befliegungen), um noch unfertige Eingangsdaten (wie z. B. noch nicht verifizierte Bürgermeldungen) oder um Zwischenergebnisse eines Planungsprozesses (wie vorgeschlagene Maßnahmen, über die die Politik noch zu entscheiden hat), wären noch weitere Mechanismen zur Steuerung des Datenflusses und für die Kontrolle von Datensichtbarkeit und -zugriff sinnvoll. Dennoch wäre es unbedingt nützlich, wenn auch all solche Informationen elektronisch zwischen den Akteuren der Starkregenvorsorge ausgetauscht und nachhaltig genutzt würden. Auch das Einbinden weiterer Akteure erschiene angebracht. Beim geomer-Portal kommunizieren Verwaltung und Bürger:innen – immerhin bidirektional, also schon ein Fortschritt gegenüber den meisten Web-Angeboten. Warum sollten aber nicht auf der gleichen Datenbasis und mit ähnlichen Mechanismen auch die Verwaltung mit dem beauftragten Ingenieurbüro kommunizieren, die Verwaltung mit ihrer eigenen politischen Entscheidungsebene, die Verwaltung mit Feuerwehr und Rettungskräften oder eine Kommune mit ihren „hydrologischen Nachbarkommunen"? Wir schlagen also konzeptionell einen deutlichen Ausbau des geomer-Ansatzes vor, der dann auch gewissen technologische Anforderungen mit sich brächte (umfassenderes Datenmodell, erweiterte Data Governance, …). Dabei würde sich dann auch die Frage stellen, ob eine solche Datenaustauschplattform tatsächlich als privatwirtschaftliche Initiative entstehen muss und als Instrument der Daseinsvorsorge nicht zumindest auf Landesebene durch die Verwaltung initiiert und vorangetrieben werden sollte.

2.2   Disy Cadenza

Zum besseren Verständnis der nachfolgenden Darstellungen wird eine Einführung zum verwendeten Basiswerkzeug Cadenza gegeben. Cadenza ist die Disy „Plattform für Business & Location Intelligence". Es ist dabei nicht das Ziel, das Werkzeug in jedem Detail vorzustellen. Dazu sei auf die entsprechende Dokumentation verwiesen (https://www. disy.net/de/produkte/cadenza/datenanalyse-software/).

Cadenza-basierte Lösungen können GUI-seitig wie GIS-Lösungen bzw. wie geodatenbasierte Dashboards präsentiert werden. Cadenza kann über OGC-Standard-konforme Schnittstellen in bestehende Geodateninfrastrukturen (GDI) eingebettet bzw. mit diesen interoperabel gemacht werden. Abb. 1 illustriert die Struktur Cadenza-basierter Systeme. Man startet beim Aufbau mit häufig bereits vorliegenden (Geo-) Datenbeständen, die als (Geo-)Datenbank, Dateien, Webdienste oder GIS-Serverdienste integriert werden können. Cadenza besitzt Schnittstellen für die gängigen Geodatenformate. Im Fall von FloReST kann man sich als einfache Eingangsdaten zum Beispiel Katasterdaten zum Gebäudebestand, Geobasisdaten des Landes, Luftbilder oder OSM-Karten mit Points-of-Interest vorstellen, die per WMS eingebunden werden könnten.

In Anwendungsfällen kommt es weiterhin häufig vor, dass bestimmte Eingangsdaten für Weiterverarbeitungszwecke oder zur effizienteren Auswertung in einer harmonisierten zentralen Datenhaltung (Geo Data Warehouse, Data Marts) physisch zusammengeführt

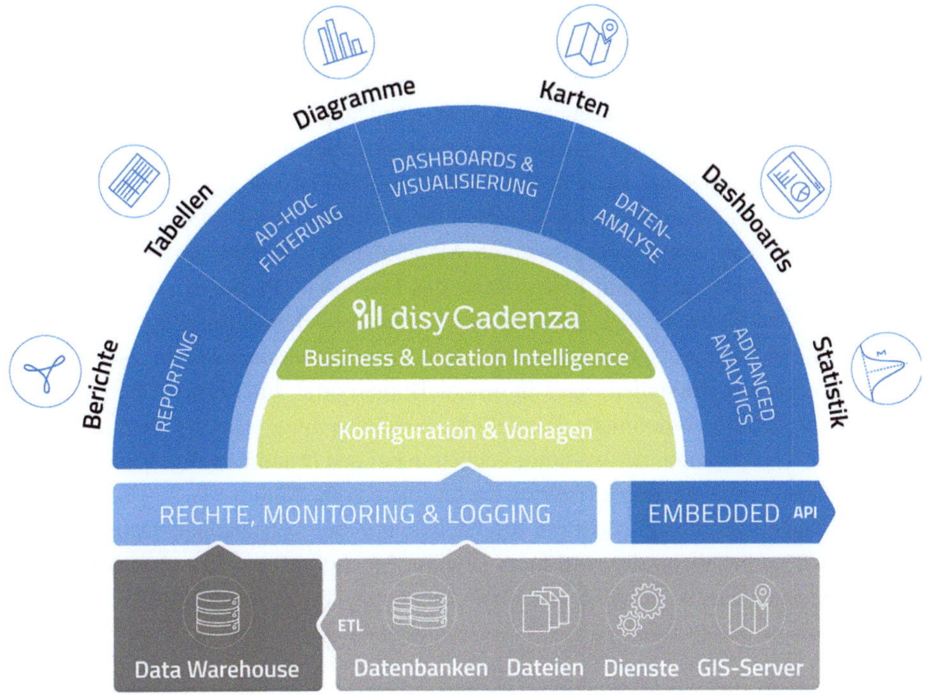

Abb. 1 Struktur von Cadenza-basierten Systemen

werden. Dazu werden ggf. auch aufgabenspezifische ETL-Prozesse (Extract-Transform-Load Prozesse) benötigt. ETL-Prozesse dienen beim Data Warehousing dazu, Daten aus Bestandssystemen zu extrahieren, bei Bedarf syntaktisch oder semantisch für die Nutzung im Data Warehouse zu transformieren oder zu harmonisieren und dann in eine für die Zielanwendung effizienzoptimierte Datenhaltung zu laden [19, 20]. Auf den integrierten Datenquellen setzt Cadenza auf. Zentrales Element ist ein Repository-System, das es ermöglicht, oberhalb der physischen Datenhaltung eine fachliche Abstraktionsebene einzuziehen. Hier werden Datenquellen und Objekttypen in einem auswertungsorientierten Fachdatenschema modelliert, in dem auch zusätzliche zusammengesetzte Datentypen definiert werden können. Zur Umsetzung von Data-Governance-Mechanismen gibt es einerseits detaillierte Möglichkeiten für die Beschreibung von Rollen und Rechten und andererseits Monitoring- und Logging-Mechanismen. Unter Berücksichtigung der Data-Governance-Festlegungen (wer darf was sehen und manipulieren) können GUI-Darstellungen und PDF-Reports zur Datenanalyse erstellt werden. Darstellungs- und Verarbeitungsmöglichkeiten sind hier insbesondere Tabellen, Diagramme, (Fach-)Karten sowie „klassische" Business-Intelligence-Funktionen (wie Filter-, Drill-down, Drill-through, Aggregationen und Kennzahlenberechnungen) und GIS-Funktionen (wie Verschneidungen, Entfernungsanalysen, Isochronen etc.). Verschiedene (interaktive) Darstellungen und Analysen von Daten können in Dashboards zusammengeführt oder als

PDF-Reports exportiert werden. Durch die Nutzung von Drittsoftware zur Datenanalyse, z. B. von KI-Algorithmen, sind fortgeschrittene Verarbeitungen möglich. Über die Cadenza Embedding-API sowie die Cadenza Analytics-API können Cadenza-Funktionen und andere Softwaresysteme zusammenarbeiten (Nutzung von Cadenza-Funktionen, -Ergebnissen oder -Darstellungen in anderen Softwaresystemen und umgekehrt).

Ein Cadenza Dashboard bezieht sich immer in allen Darstellungsteilen auf die aktuelle Datenselektion. Diese kann entweder bei der Definition des Dashboards vorgegeben oder interaktiv von den Nutzenden durch Manipulation von Filterattributen verändert werden (Filtereinstellungen am linken Rand des Fensters). Die Frage, welchen Nutzergruppen welche Daten sichtbar gemacht werden und welches Ausmaß an Interaktivität möglich ist, ist beim Aufsetzen eines operativen Systems zu beantworten. So kann man sich beispielsweise vorstellen, dass in einem Bürgerportal zur Vereinfachung der Benutzung nur statisch vordefinierte Darstellungen sichtbar sind, während Fachleute in der Verwaltung deutlich mehr Auswahlmöglichkeiten bei den Datenfilterungen oder auch bei den Dashboard-Inhalten selbst (welche Karten, Analysen, Kennwerte, …) haben könnten. Auch kann man sensible oder nur mit Fachkenntnissen verständliche Daten den Spezialist:innen vorbehalten oder man kann gewisse Inhalte nur den Bewohnern anzeigen. Das Werkzeug bietet viele Möglichkeiten, Benutzungsfunktionalitäten, GUI-Elemente oder Datenbankinhalte anzubieten oder einzuschränken.

3   FloReST: Gesamtansatz und Werkzeugüberblick

Bevor Inhalte und Funktionalitäten des FloReST Geo Data Warehouse vorgestellt werden, wird die Gesamtheit der untersuchten bzw. (weiter-)entwickelten Methoden und Werkzeuge im Zusammenhang beleuchtet. Dies erleichtert das Verständnis der Rolle des GDW. Abb. 2 zeigt die im Gesamtvorhaben FloReST verwendeten Methoden und Werkzeuge zur hochgenauen Geländeaufnahme (grün unterlegt) und zur – häufig darauf basierenden – Bestimmung von Fließwegen im (Stark)Regenfall (blau unterlegt).

Gängige Vermessungsmethoden sind (i) die klassische tachymetrische Vermessung, (ii) das terrestrische und (iii) das flugzeuggetragene Laserscanning. Innovative Methoden, die im Vorhaben FloReST untersucht wurden, sind (a) das mobile Laserscanning und (b) die Drohnenvermessung (Structure from Motion: aus 2D-Bildsequenzen entstehen 3D-Strukturen). Mit solchen Methoden werden digitale Geländemodelle verschiedener Auflösung erzeugt.

Auf der Basis der so erfassten Geländemodelle können mit simulationsbasierten Methoden die im Starkregenfall zu erwartenden Fließwege berechnet werden. State-of-the-Art Ansätze sind hier (i) die GIS-gestützte Analyse, welche Fließwege ausschließlich anhand topografischer Gegebenheiten berechnet (belastungsunabhängige Methode), (ii) die hydrologische Modellierung, welche (belastungsabhängig) die Abflussbildung simuliert und (iii) die (ebenfalls belastungsabhängige) hydraulische 2D-Modellierung zur Simulation des Oberflächenabflusses.

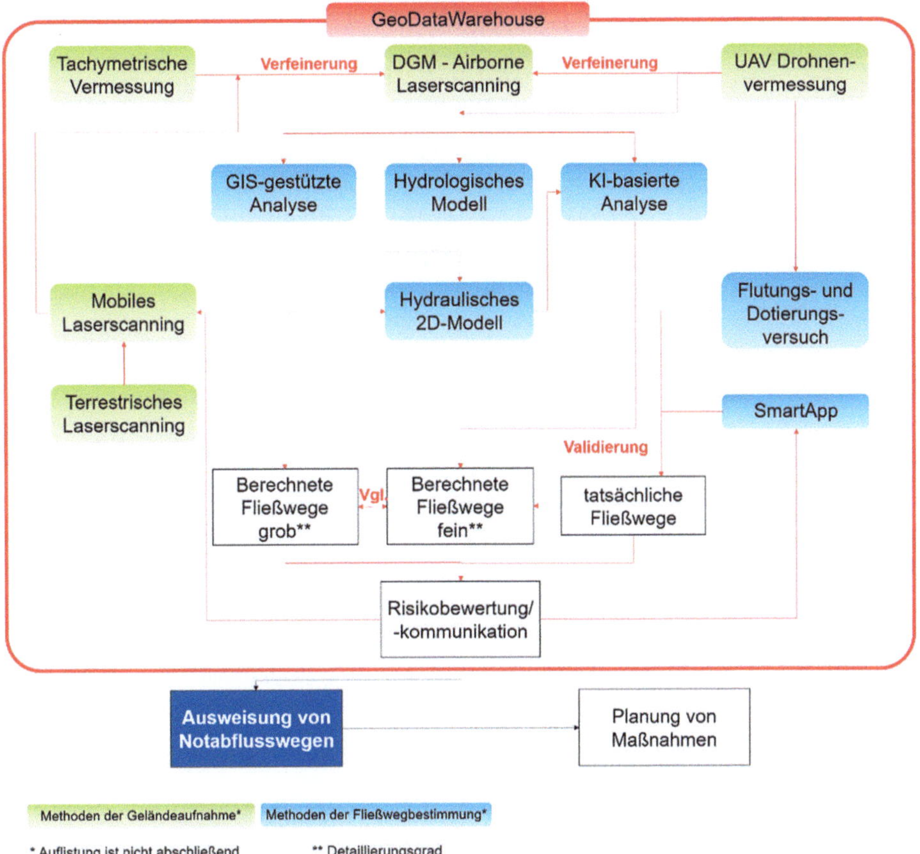

Abb. 2 In FloReST genutzte bzw. entwickelte Methoden und Werkzeuge

Über diese State-of-the-Art Methoden hinaus wurden in FloReST auch weitere, ergänzende Methoden zur Datenerhebung bzw. Fließwegbestimmung entwickelt. (a) Es wurden Flutungs- und Dotierungsversuche mit thermaler Markiertechnik zur (belastungsabhängigen) Bestimmung *tatsächlicher* Fließwege durchgeführt (Drohne mit Wärmebildkamera beobachtet ablaufendes Wasser mit Temperaturunterschied zur Umgebung). (b) Es wurde untersucht, ob sich (zur Beschleunigung des Verfahrens) das „Wissen" der modellbasierten Simulation durch Trainieren von KI-Modellen in Neuronale Netze einspeisen lässt, um hoch aufgelöste Vorhersagen von Fließwegen ohne explizite physikalisch fundierte Simulation erstellen zu können. (c) Es wurde eine mobile App entwickelt (FloReST Smart App), mit welcher Bürger:innen, aber auch Einsatzkräfte oder Interviewer im Dialog mit Ortskundigen, starkregenbezogene Beobachtungen, Erinnerungen oder Erkenntnisse georeferenziert und ggf. auch mit Multimedia-Daten (insbes. Fotos) dokumentiert und melden können. Dies kann sowohl aktuell oder bei früheren Ereignissen beobachtete Geländemerkmale als auch beobachtete Wasserstände, Abflusshindernisse etc. beinhalten.

All diese Methoden sammeln, erfassen oder berechnen Daten und Informationen über Fließwege und mögliche Gefährdungen. Auf dieser Basis können Notabflusswege ausgewiesen und Vorsorgemaßnahmen definiert werden. So zeigt sich zum Beispiel, dass eine auf einem 25 cm-Raster gerechnete Simulation der Wirklichkeit näherkommt als die gängigen Ansätze auf 1 m-Raster, sodass die untersuchten hochgenauen Geländeaufnahmen durchaus nützlich sind. Das FloReST Geo Data Warehouse kann Eingangs- und Ausgangsdaten aller FloReST-Module aufnehmen, speichern und an Dritte weitergeben, ggf. auch modifizieren oder harmonisieren. Es muss außerdem Daten von dritter Seite aufnehmen, wie insbesondere die Geobasisdaten der Landesverwaltung.

4   Rolle und Aufbau des FloReST Geo Data Warehouse

Um die Datenlogistik für alle Prozesse zu optimieren, wurde eine zentrale Datenplattform für Wasserextreme prototypisch umgesetzt. Diese führt im Sinne eines Geo Data Warehouse [19] die Datensätze aus unterschiedlichen Quellen zusammen, unterstützt Mechanismen zur Harmonisierung sowie Qualitätssicherung von (Geo-) Daten (z. B. zum Herstellen einer einheitlichen Georeferenzierung) und zur benutzerspezifischen Bereitstellung der Daten. Das FloReST Geo Data Warehouse mit den Inhalten aus dem FuE-Projekt und von dritter Seite soll somit als zentrale Datendrehscheibe für die Kommune dienen. Diese sammelt und speichert thematisch relevante Daten für die kommunalen Aufgaben im Bereich Starkregenvorsorge und stellt sie für verschiedene an der Aufgabe beteiligte Akteure bereit.

Abb. 3 zeigt die Grobstruktur des FloReST GDW. Hier sind die Akteure unterteilt in Datenlieferanten (links) und Datenkonsumenten (rechts). Dabei können die meisten Akteure auch in beiden Rollen auftreten. Im praktischen Einsatz sind auch weitere Akteure vorstellbar, wie z. B. Datenlieferanten aus der Meteorologie, Konsumenten im Bereich

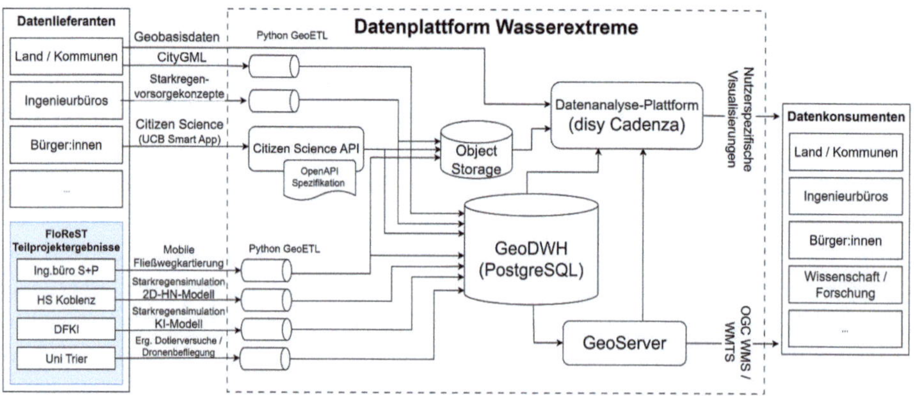

Abb. 3 Softwarearchitektur des FloReST Geo Data Warehouse

der Einsatzkräfte (Feuerwehr, Rettungsdienst), beauftragte Handwerksbetriebe zur Umsetzung von Vorsorgemaßnahmen u. a. m.

Die Datenhaltung wurde mit einer PostgreSQL Geodatenbank realisiert. Ergänzend können große Medienobjekte, wie z. B. Videos aus der Citizen Science App oder die PDF-Dokumente aus Ortsbegehungen in einem S. 3-kompatiblen Object Storage abgelegt werden (konkret wurde MinIO eingesetzt). Über einen GeoServer werden OGC-Standard-kompatible WMS-/ WMTS-Dienste bereitgestellt. Benutzerspezifische Visualisierungen werden mittels disy Cadenza in einer interaktiven Webanwendung umgesetzt. Hier werden auch User Login, Zugriffskontrolle etc. realisiert.

Python Geo-ETL-Skripte sowie eine für die FloReST Smart App [23] geschaffene REST-API (als OpenAPI-Spezifikation beschrieben) nehmen die Daten auf bzw. bereiten sie für die Nutzung spezifisch auf. Dabei werden zum Beispiel Informationen aus PDF-Dateien extrahiert (Erzeugung strukturiert abgelegter Datenbankinhalte aus gescannten PDF-Dokumenten manuell erstellter Begehungsprotokolle von Ortsterminen des Ingenieurbüros). Es werden Geodaten verschnitten sowie unterschiedliche Dateiformate integriert und gespeichert. Auch einige komplexere Verarbeitungen sind notwendig, damit alle unterschiedlichen (Geo-)Informationsprodukte gut gemeinsam genutzt und ausgewertet werden können. So wurden zum Beispiel die dynamischen Abläufe der Starkregensimulation der Hochschule Koblenz so in Momentaufnahmen zerlegt, dass diese einzeln in der PostgreSQL-DB abgespeichert und gemeinsam mit den anderen Sach- und Geodaten verarbeitet werden können. Auch wurden aus diesen Simulationsläufen für jedes Gebäude die Gefährdungsparameter (Wasserhöhe, Wassergeschwindigkeit) extrahiert, um diese explizit beim Gebäude abzuspeichern, was dann Darstellungen und Auswertungen mit gebäudespezifischer Risikobewertung (wie später in Abb. 7, 8 und 9 zu sehen) vereinfacht.

Das im Rahmen des FloReST-Forschungsprojektes erstellt GDW umfasst unter anderem folgende Inhalte (in einem operativen Einsatz könnten hier natürlich zusätzliche Datenquellen vorliegen oder auch FloReST-Forschungsdaten fehlen) für die im Projekt assoziierten Pilotkommunen, die Verbandsgemeinde Altenahr sowie die Städte Mendig, Trier und Linz am Rhein:

- Daten von Ortsbegehungen durch den FloReST-Projektpartner Ingenieurbüro Siekmann & Partner (beobachtete Missstände, vorgeschlagene Sofortmaßnahmen, ...);
- Daten aus Starkregenvorsorgekonzepten, die vom Ingenieurbüro Siekmann & Partner vor Projektbeginn bereits erstellt worden waren (vorgeschlagene Maßnahmen, dafür erhältliche Fördermöglichkeiten, Kosten-Nutzen-Betrachtungen, ...);
- Starkregensimulationen der Hochschule Koblenz mit den dort auftretenden Fließwegen und einem daraus abgeleiteten Gefährdungsindex für Gebäude;
- analog hierzu die vom FloReST-Projektpartner DFKI Kaiserslautern mit Machine-Learning vorhergesagten Fließwege;
- Meldungen aus der FloReST Smart App, die vom Projektpartner Umwelt-Campus Birkenfeld erstellt wurde;

- Darstellungen der Fließspuren aus den Dotierversuchen des FloReST-Projektpartners Universität Trier;
- Hintergrund- und ergänzende Daten des Landes und aus offenen Quellen, wie z. B. Geobasisdaten (Topographie, administrative Grenzen, Gewässernetz, …), Hochwassergefährdungskarten, Naturschutzgebiete, Rutschungsgefährdungen, Luftbilder, Adressdaten (Points-of-Interest) zu kritischen Infrastrukturen, besonders zu schützenden Einrichtungen u. a. m.

Die Daten werden so aufbereitet, dass sie möglichst gut miteinander verarbeitet werden können. Bezüge zwischen Objekten können sich entweder durch den Ortsbezug rein geographisch ergeben oder werden bei Bedarf beim Einlesen als Teil der ETL-Prozesse explizit hergestellt (durch Fremdschlüssel, explizite Relationen etc.).

5   Datenvisualisierungen

Mithilfe von disy Cadenza wurden in FloReST verschiedene Visualisierungen der Projektergebnisse exemplarisch umgesetzt. In einem operativen Betrieb werden für verschiedene Akteure (Verwaltung, Politik, Ehrenamtliche, Ingenieurbüros, Bevölkerung) mithilfe des Rollen- und Rechtemanagements von Cadenza unterschiedliche Freigaben der Daten realisiert und zielgruppenspezifische interaktive Sichten und Visualisierungen implementiert. Je nach Anwendungsfall und Zielgruppe können solche Visualisierungen (i) der Datenanalyse in Verwaltung oder Ingenieurbüro dienen, (ii) zur Information der politischen Entscheidungsträger genutzt werden oder (iii) die Kommunikation der Gefährdungslage an die breite Bevölkerung unterstützen. Außer diesen interaktiven Visualisierungen sind in einer praktischen Nutzung auch Export- und Downloaddienste für Rohdaten wichtig.

Beispielhaft für die Visualisierungs- und Auswertungsmöglichkeiten des FloReST GDW werden in den folgenden Bildschirmabzügen verschiedene Inhalte und Darstellungsmöglichkeiten gezeigt.

Beim FloReST-Projektpartner Umwelt-Campus Birkenfeld wurde die FloReST Smart App entwickelt, eine mobile App zur Erfassung von starkregenrelevanten Beobachtungen und Phänomenen vor Ort. Mit dieser können georeferenziert bspw. Problemstellen dokumentiert (auch fotografisch) und gemeldet werden [12, 23]. Für die FloReST Smart App wurde ein eigenes, einfaches Back-End implementiert. Darüber hinaus werden die Daten aber auch über eine REST-API ins FloReST GDW übertragen, sodass sie dort in Dashboards visualisiert und ausgewertet werden können oder bspw. einem beauftragten Ingenieurbüro zur Berücksichtigung bei der Erstellung eines Vorsorgekonzepts, Mitarbeitern des Bauhofs zur Behebung, Mitgliedern des Gemeinderats zur Diskussion des weiteren Umgangs oder betroffenen Bürger:innen zum Aufzeigen eines Missstands weitergegeben werden können.

Abb. 4 zeigt ein Dashboard mit einer Übersicht von in der FloReST Smart App gesammelten Bürgermeldungen, in der Karte verortet, durch einen Farbcode nach Klassen geordnet (wie z. B. Engstellen oder Ansammlungen von Treibgut/ Treibholz), mit demselben Farbcode in einer Kuchengrafik nach Häufigkeit des Meldungstyps ausgewertet und in der Tabelle im Detail inspizierbar. Der Analysekontext am linken Bildschirmrand ermöglicht die Filterung nach räumlichen Kriterien (Meldung innerhalb eines in der Karte aufgezogenen Polygons), nach der Art des Missstands oder nach dem Meldungsdatum. Es kann zu alternativen Sichten mit Meldungsdetails (inkl. Fotos) oder mit einer Heatmap-Darstellung umgeschaltet werden.

Außer der „naheliegenden" Nutzung als klassischer „Mängelmelder" (Bürger:innen melden ad-hoc vor Ort beobachtete Missstände) sind noch mehrere andere nützliche Verwendungen der Smart App vorstellbar: (a) Man könnte nach einem Starkregenereignis Beschädigungen, besondere Problemstellen etc. dokumentieren. (b) Man könnte im Interview mit früher betroffenen Bürger:innen „historische" Wahrnehmungen aufzeichnen. (c) Städtische Mitarbeitende könnten die App im Außendienst mit sich führen. Hier ist dann eine Weiterentwicklung in Richtung „Mobile Workforce Management" vorstellbar: Gemeldete Problemstellen werden als „Ticket" dem Bauhof auf das Tablet zur Behebung übersandt; dieser erledigt die notwendigen Arbeiten und dokumentiert sie im System; die Erledigt-Meldung wird wiederum auf dem Bürgerportal kommuniziert. (d) Die Freiwillige Feuerwehr oder andere könnten in einem „Mapathon" z. B. an einem Wochenende gezielt Problemstellen erfassen. (e) Auch während eines Einsatzes können die Rettungskräfte wichtige Aspekte zur Einsatzkoordination, -dokumentation oder -nachsorge direkt vor Ort elektronisch eingeben und direkt an die Einsatzzentrale weiterleiten.

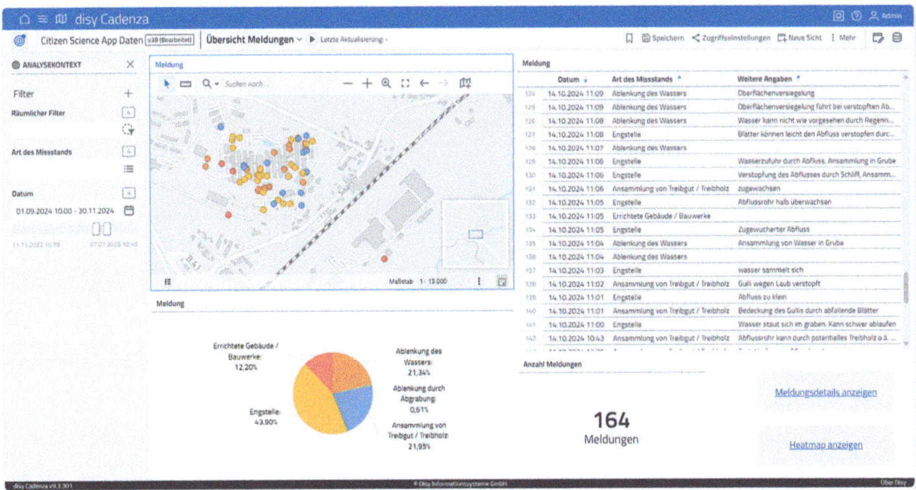

Abb. 4 Verwaltung von Meldungen der FloReST Smart App

Abb. 5 listet verschiedene vorgeschlagene Maßnahmen eines vom FloReST Projektpartner Ingenieurbüro Siekmann & Partner erstellten Starkregenvorsorgekonzepts auf. In der Karte werden die Maßnahmen räumlich verortet; beim Herauszoomen zeigt eine Glyphe die Anzahl von Maßnahmen in einem Gebiet an und kodiert in den Farben des umgebenden Rings die Anzahl der verschiedenen Empfehlungen pro Maßnahmentyp. Rechts im Bild ist eine tabellarische Darstellung dieser Maßnahmengruppen mit der Häufigkeit des Auftretens.

Abb. 6 zeigt die Liste der im Starkregenvorsorgekonzept vorgeschlagenen Maßnahmen, mit einer Aufwand-Nutzen-Kennzahl bewertet und automatisch nach diesem Wert eingefärbt, sodass sich die empfehlenswertesten Maßnahmen leicht erkennen lassen. Hier wurde als Darstellung eine Pivot-Tabelle gewählt, zuerst nach Gemeinden und ihren Teilen geordnet. Auch hier sieht man links im Analysekontext die Filtermöglichkeiten, um alle in der Datenbank des Demonstrationssystems gespeicherten Maßnahmen einzugrenzen, bspw. mit einem räumlichen Filter, für eine administrative Einheit, nach Maßnahmengruppe oder Maßnahmenkategorie.

Abb. 7 illustriert, wie sich in Cadenza verschiedene Betrachtungsdimensionen dynamisch gemeinsam präsentieren bzw. analysieren lassen. Hier wird in einer Karte einerseits das Ergebnis der Starkregensimulation dargestellt (Fließwege), und andererseits werden die Gebäude nach ihrer Gefährdungsklassifikation eingefärbt. Außerdem zeigt das Dashboard noch Zusammenfassungen desselben Inhalts in zwei alternativen Visualisierungen: Die Anzahl der jeweils in einer Gefährdungsklasse betroffenen Gebäude wird oben rechts als Kuchengrafik und unten rechts tabellarisch aufgeführt. Dazwischen findet sich als Kennzahl die Gesamtanzahl der betrachteten Gebäude. Auch dieses Dashboard kann im Analysekontext links gefiltert werden nach betrachtetem Starkregenszenario, gezeigter Gemeinde oder betrachteten Gebäudegefährdungskategorien.

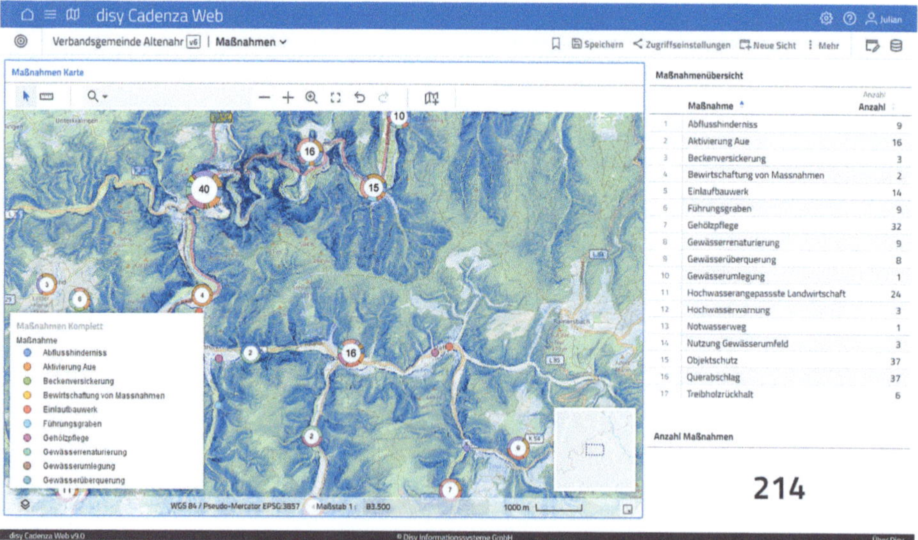

Abb. 5 Räumliche Verortung von vorgeschlagenen Vorsorgemaßnahmen

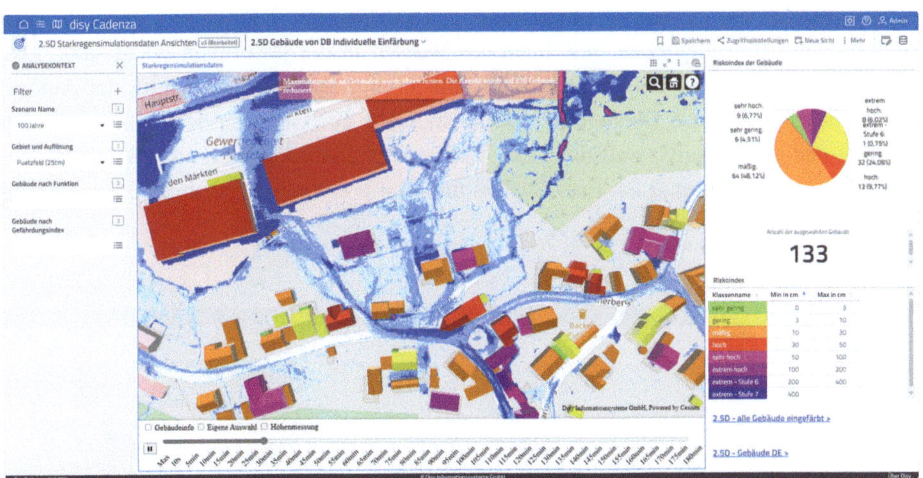

Abb. 6 Priorisierung vorgeschlagener Maßnahmen durch Verrechnung von Aufwand und erwartetem Nutzen; automatische Einfärbung nach Werteklasse des Bewertungsindex

Abb. 7 Kombination von Starkregensimulation und Gebäudegefährdungsindex

Am unteren Bildrand kann man erkennen, dass hier die dynamische Fließwegsimulation in Standbilder zu disktreten Zeitpunkten im Abstand von jeweils 5 min umgesetzt wurde, um mit den 2D-Vektordaten besser verrechnet werden zu können. An dem Schiebebalken unten kann man entweder einen bestimmten Zeitpunkt der Simulation anwählen oder durch automatisches Abspielen aller Einzelbilder hintereinander die Dynamik des simulierten Geschehens durch eine Art „Zeichentrick-Effekt" wahrnehmen.

In Abb. 8 hat das Dashboard die gleiche Grundstruktur wie zuvor, jedoch zeigt die Visualisierung das Ergebnis der Starkregensimulation nicht mehr in einer flachen Karte, sondern in einem 3D-Geländeprofil. Auch die Gebäude werden nicht nur als Umriss angezeigt, sondern als LoD2 3D-Darstellung. Gerade bei einem großen aufgespannten Geländeausschnitt kann man so sehr gut die Entstehung der Fließwege und ggf. auch kritischer Entwicklungen (wo sehr schnell viele kleine Wasserströmungen zu einer größeren zusammenfließen) erkennen.

Die Darstellung in Abb. 9 soll die Folgen des Starkregens an einzelnen Gebäuden noch anschaulicher visualisieren. Auch hier werden die Gebäude in vereinfachter LoD2-Klötzchendarstellung angezeigt, während die durch die Starkregensimulation vorhergesagte Höhe des Wassers am Gebäude durch eine halbtransparente Wasserfläche dargestellt wird. Bei den Auswertungen kommt eine Balkengrafik hinzu, die die Anzahl der in die verschiedenen Gefährdungsklassen eingeordneten Gebäude auch mit der Gebäudenutzung (Wohngebäude, wirtschaftlich genutztes Gebäude, Garage, …) verbindet. Die Grafik veranschaulicht somit in einer einzigen Darstellung die Starkregensimulation und die abgeleitete Gefährdungsklasse sowie als Hintergrundinformation die LoD2-Gebäudemodelle mit den Gebäudenutzungen.

Hier lässt sich auch gut erkennen, dass für diese prototypischen Visualisierungsexperimente keine echte 3D-Darstellung gewählt wurde. Die halbtransparente Darstellung zeigt für jedes Haus, wie hoch das Wasser an der jeweiligen Wand steht. Dies ist offensichtlich keine naturalistische Visualisierung, aber nach Meinung der Autoren bereits instruktiv. Diese Darstellung wurde einerseits aus Gründen der Laufzeiteffizienz gewählt und andererseits, weil die ganze Logik der Cadenza-Karten und -Berechnungen inhärent zweidimensional ist. Es sollte die minimal notwendige graphische Erweiterung

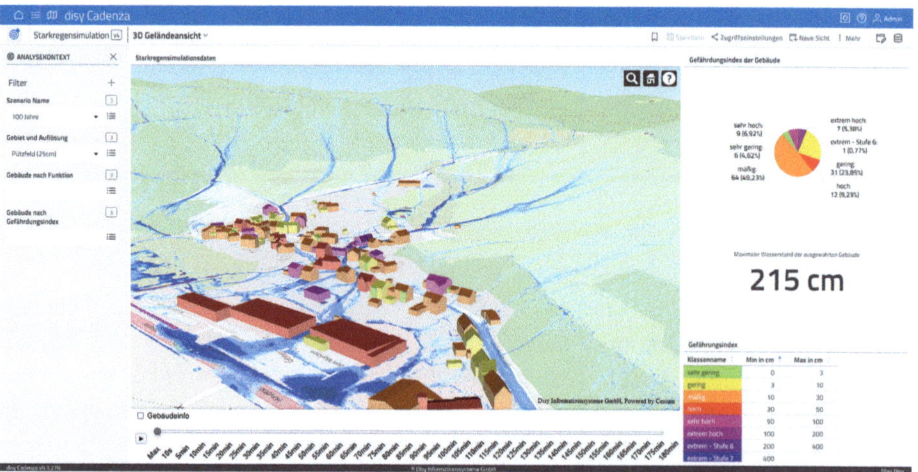

Abb. 8 Darstellung von Starkregensimulation, Gebäudeform und 3D-Geländeprofil

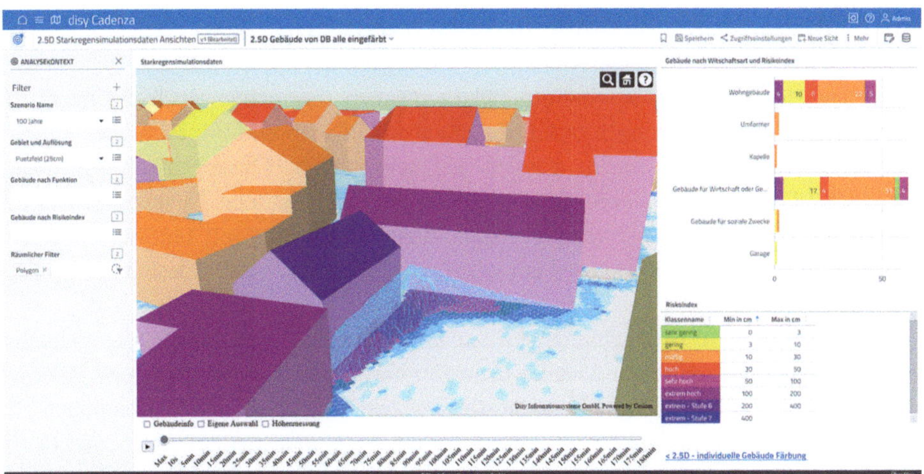

Abb. 9 2,5D-Darstellung der simulierten Wasserstände an Gebäuden; die dynamische Entwicklung der Simulation kann im Zeitverlauf beobachtet werden

gefunden werden, um das betrachtete Phänomen gut repräsentieren [21]. Das Ergebnis ist vermutlich keine endgültig perfekte Darstellung, aber mit überschaubarem Aufwand umsetzbar und bereits nützlich.

Insgesamt sollen die Bildschirmabzüge mit den konkreten Beispieldaten aus den FloReST-Untersuchungsgebieten zeigen, dass sich (i) durch die flexiblen Darstellungsmöglichkeiten von Cadenza, (ii) durch die tiefe Integration der im Data Warehouse aufgenommenen Daten auf der Datenbankebene und (iii) durch die interaktiven Dashboards, insbesondere die Filterbarkeit, sehr viele GUI-Möglichkeiten eröffnen. Für bestimmte Nutzergruppen und Anwendungsfragestellungen können gezielt Informationsprodukte vorbereitet oder auch ad hoc komplexe Analysen durchgeführt werden. Die Ergebnisse können in der Regel als Rohdaten und/oder als Bild exportiert werden. Ähnlich wie die Bildschirmdarstellungen können auch PDF-Reports für bestimmte Zwecke (Berichtspflichten, Informationsupdates an Politik oder Bürger, Lageaktualisierungen…) vorkonfiguriert werden. Diese können auf Abruf, periodisch (wöchentlich, monatlich, …) oder beim Eintreten definierter Ereignisse (wie Schwellwertüberschreitungen) automatisch erzeugt oder auch elektronisch versandt werden. Für eine operative Nutzung sind die entsprechenden lokalen Inhalte einzuspielen, Accounts mit Rollen und Rechten zu definieren, gemeindespezifische Darstellungen zu konfigurieren usw. Die im Forschungsprojekt erfassten Inhalte und erstellten Dashboards haben nur einen technischen Demonstrationscharakter und sollten nicht als fachlich belastbare Darstellungen betrachtet werden.

6   Anwendung als Datenaustauschplattform

Im Verlauf des FloReST-Forschungsprojektes ergaben sich einige Beobachtungen, Erkenntnisse, Schlussfolgerungen und Empfehlungen zum möglichen praktischen Einsatz von Methoden und Werkzeugen wie den hier entwickelten. Diese Schlussfolgerungen sind nach Meinung der Autoren nicht untypisch für viele ähnliche Themenfelder in der Daseinsvorsorge durch die öffentliche Verwaltung, wenn man mit innovativen datenbasierten Ansätzen eine Breitenwirkung erzielen möchte. Sie werden deshalb etwas ausführlicher diskutiert.

Eine erste zentrale Beobachtung ist die, dass u. E. das Zusammenspiel der föderalen Zuständigkeiten in Deutschland häufig nicht zielführend für eine effiziente und effektive Problemlösung ist. Zuständige Ebene für die Starkregenvorsorge sind die Kommunen. Es gibt in Deutschland rund 11.000 Kommunen. Nur etwas mehr als 80 davon sind Großstädte mit mehr als 100.000 Einwohnern. Nur bei diesen (bestenfalls) würden die Autoren das fachliche und technische Know-How, die notwendigen Organisationsstrukturen und die Finanzkraft erwarten, um ein komplexes IT-Tool anzuschaffen und zu betreiben, wie es hier mit der FloReST-Plattform dargestellt wurde. Betrachtet man weiterhin die Tatsache, dass Starkregenvorsorgekonzepte, sofern es keine Katastrophenereignisse gibt, maximal alle 5 Jahre überprüft und aktualisiert werden, ist es völlig abwegig zu glauben, dass sich eine Kommune zu diesem Zweck eine komplexe Software anschaffen könnte. Ähnlich schätzen wir auch die Lage zu Themen ein wie klimaangepassten Stadtumbau („Schwammstadt"), umweltfreundlichere Verkehrsplanung, Resilienz gegen Niedrigwasser und Dürre u. a.m. In vielen Fällen gibt es bereits hoch interessante Lösungsansätze aus der Forschung, aber gerade für selten eintretende Ereignisse oder Maßnahmen ist es unrealistisch, dass lokale Akteure hier in großem Stil komplexe Softwareunterstützung realisieren könnten.

Wenn es tatsächlich zu einem Starkregenereignis von katastrophalem Ausmaß kommt, sind innerhalb der Bundesländer als untere Katastrophenschutzbehörden die Landkreise und kreisfreien Städte gefragt. Zentrale Akteure im Katastrophenfall sind dann aber auch die Feuerwehren, THW, Polizei, Rettungsdienste und ggf. auch Freiwillige, also zahlreiche andere und zusätzliche Stellen. Wenn es im Nachgang zu einem Ereignis um das Sammeln von Beobachtungen und Erkenntnissen geht, um diese in die Starkregenmanagementpläne zurück zu speisen, wären wieder die lokalen Behörden zuständig, aber eigentlich auch alle Betroffenen und Beteiligten als die eigentlichen Wissensträger.

Die Kommunen lassen Starkregenvorsorgekonzepte (wie bspw. auch Hochwassermanagementkonzepte) i. d. R. durch spezialisierte Ingenieurbüros erstellen. Die Übergabe der Ergebnisse erfolgt häufig noch in Form von Papier- oder als PDF-Dokumenten, manchmal auch in Form von (Geo-)Datenprodukten. Es ist offensichtlich, dass man durch die standardmäßige Übergabe elektronischer Quelldaten (Geodaten) die Nachnutzung deutlich erleichtern würde (sofern dafür auch Werkzeuge und Know-How vorhanden sind).

Aus solchen Überlegungen und unserer fachlich-technischen Sicht heraus (die keine politischen, verwaltungsorganisatorischen oder rechtlichen Aspekte berücksichtigt) wären folgende Vorschläge für eine zielführendere Arbeitsweise naheliegend:

- Von den Bundesländern betrieben, aber zwischen den Bundesländern interoperabel, sollte es jeweils zentrale Daten- und Diensteplattformen für Wasserextremereignisse geben (mindestens fluviales und pluviales Hochwasser, langfristig vermutlich auch für Niedrigwasser und Dürre), die alle für die Behandlung des Phänomens relevanten Daten von den Beteiligten einsammelt und für die Bedarfsträger zur Verfügung stellen. Hier könnten dann bspw. die Kommunen Accounts besitzen, aber auch Landkreise, Ingenieurbüros u. a. m.

- Wenn wir davon ausgehen, dass Ingenieurbüros als spezialisierte Dienstleister weiterhin eine sehr wichtige Rolle bei der Lageanalyse und der Erstellung von Vorsorgekonzepten spielen, sollten diese ihre Eingangsdaten aus dem zentralen Datenpool erhalten und vielleicht auch ihre Ergebnisse an die zentrale Datenplattform übersenden. Mindestens sollten aber Vorsorgekonzepte den Auftraggebern nicht nur auf Papier übermittelt werden, sondern auch elektronisch. Und dies im Idealfall nicht nur als PDF, sondern in einer maschinenverarbeitbaren, strukturierten Form. Dazu schlagen wir vor, ein Referenzdatenschema/ Datenmodellstandard zu etablieren, das für den Datenaustausch zwischen Kommunen, Ingenieurbüros usw. vereinheitlicht werden sollte. Hier wäre es auch wünschenswert, die vorgeschlagenen Maßnahmen direkt in ein Vorgangsbearbeitungssystem übernehmen zu können, mit dem man die Umsetzung planen, dokumentieren und überprüfen kann – sodass das Vorsorgekonzept nicht als passives Dokument vorliegt, sondern kontinuierlich bearbeitet und aktualisiert werden kann.

- Auch für die Kommunikation zwischen Datenplattformen für Wasserextremereignisse und Datenerhebungs- oder -sammelwerkzeugen wie der FloReST Smart App schlagen wir eine Standardisierung vor. Es sollte ein Kommunikationsprotokoll zwischen Mängelmeldern und Back-Ends geben, das domänenspezifische Objektarten für Starkregenvorsorge definiert.

- Da man davon ausgehen kann, dass nicht alle deutschen Bundesländer entsprechende Daten- und Diensteplattformen vom gleichen Dienstleister realisieren lassen, sollte zumindest bei der Auswahl der verwendeten Werkzeuge sichergestellt sein, dass ausreichende Import–Export-Mechanismen sowie Interoperabilitätsmechanismen vorhanden sind, sodass verschiedene Softwarewerkzeuge bzw. Datenportale der Verwaltung komfortabel kommunizieren bzw. interagieren können. In disy Cadenza gibt es beispielsweise folgende Mechanismen zu diesem Zweck:
  - Datenaustausch über OGC-Schnittstellen
  - GUI-Interoperabilität durch Einbettbarkeit externer Fenster in Cadenza-Dashboards und umgekehrt
  - Programmatische Interoperabilität durch Cadenza-API bzw. Cadenza Analytics-Schnittstelle

Mit solchen technischen Rahmenbedingungen könnte unseres Erachtens ein Ökosystem behördlicher Datenplattformen für die effiziente und nachhaltige Datennutzung entstehen.

7 Zusammenfassung

Es wurde die FloReST-Toolbox grob umrissen, die eine Reihe von Werkzeugen und Methoden anbietet, um Fließwege und Gefährdungen im Fall von Starkregenereignissen besser einschätzen zu können. Die Ergebnisse dieser Methoden und Werkzeuge, zusammen mit Daten Dritter, befüllen das FloReST Geo Data Warehouse. Dieses ermöglicht die Speicherung, Analyse und Bereitstellung von Daten für die Beteiligten und Betroffenen der Starkregenvorsorge. Die Inhalte, der technische Aufbau und die beispielhaften Visualisierungs- und Analysemöglichkeiten des FloReST GDW wurden ausführlich beschrieben. Es folgten Überlegungen zu einer tragfähigen Organisation von Datensammlung, -speicherung und -austausch für Starkregen, die aber auch für andere Phänomene der Daseinsvorsorge gültig sein dürften. Einige technische Vorschläge ergänzten die organisatorische Sicht. Aus unserer Perspektive könnte eine technische Plattform wie die hier beschriebene zusammen mit organisatorischen Rahmenbedingungen, wie hier vorgeschlagen, Effizienz und Effektivität der Katastrophenvorsorge deutlich erhöhen. Interessanterweise geht das Land Rheinland-Pfalz im Zuge der Aufarbeitung der katastrophalen Starkregenereignisse im Ahrtal im Jahr 2021 zurzeit bereits Schritte in eine sehr ähnliche Richtung [22].

Danksagung Die vorgestellten Inhalte sind Ergebnisse des Verbundprojekts „FloReST – Urban Flood Resilience – Smart Tools", das vom Bundesministerium für Bildung und Forschung (BMBF) im Rahmen der Fördermaßnahme „Wasserextremereignisse (WaX)" finanziell unterstützt wurde. Die Autoren danken allen Projektpartnern für die gute Zusammenarbeit und die synergetische Projektabwicklung und insbesondere dem Projektleitungsteam am Lehrstuhl von Prof. Dr.-Ing. Lothar Kirschbauer an der Hochschule Koblenz für das angenehme und effiziente Projektmanagement. Ferner hat Frau Vera Kozel mit ihrer Master-Thesis sehr wesentlich zur Konzeption und Umsetzung der 2,5D- und 3D-Darstellungen in Cadenza beigetragen.

Literatur

1. Siekmann, T. (2014). *Bestimmung und Bewertung urbaner Risiken durch pluviale Überflutungen zur risikoorientierten Anpassung an Wandeleffekte*. Dissertation, RWTH Aachen. Aachen: Gesellschaft zur Förderung der Siedlungswasserwirtschaft an der RWTH Aachen e. V., Aachener Schriften zur Stadtentwässerung, Bd. 20. ISBN 978-3-938996-76-8
2. DWA. (2016). *Risikomanagement in der kommunalen Überflutungsvorsorge für Entwässerungssysteme bei Starkregen*. Deutsche Vereinigung für Wasserwirtschaft, Abwasser und Abfall e. V. ISBN 978-3-88721-393-0

3. FloReST. (2024). FloReST – Urban Flood Resilience – Smart Tools. https://www.hs-koblenz. de/bauingenieurwesen/forschung-projekte/laufende-projekte/florest-urban-flood-resilience-smart-tools/florest-urban-flood-resilience-smart-tools

4. Stratmann, G., Kirschbauer, L., Hörter, L., Charfuelan, M., Natarajan, D., Abecker, A., Janßen, J., Kruse, J.-H., Röder, I., Azvedo, J., Fischer-Stabel, P., Hoffmann, J., Nau, S., Bartsch, J., Jackel. M., & Schütz, T. (2025). Smarte Tools zur Resilienzsteigerung in der Starkregenvorsorge durch intelligente Bestimmung von Notabflusswegen und innovative Risikokommunikation. *HyWa – Fachzeitschrift Hydrologie und Wasserbewirtschaftung. Bundesanstalt für Gewässerkunde.* In Vorbereitung.

5. IBH & MUEEF. (2019). *Notabflusswege für Sturzfluten durch die Bebauung – Eine Arbeitshilfe für Ingenieure und Kommunen.* Informations- und Beratungszentrum Hochwasservorsorge Rheinland-Pfalz und Ministerium für Umwelt, Energie, Ernährung und Forsten Rheinland-Pfalz. https://ibh.rlp-umwelt.de/servlet/is/2024/

6. Mandlburger, G., Höfle, B., Briese, C., Ressl, C., Otepka, J., Hollaus, M., & Pfeifer, N. (2009). Topographische Daten aus Laserscanning als Grundlage für Hydrologie und Wasserwirtschaft. *Österreichische Wasser- und Abfallwirtschaft, 61,* 89–97. https://link.springer.com/content/pdf/10.1007/s00506-009-0095-3.pdf

7. McDonald, W. (2019). Drones in urban stormwater management: A review and future perspectives. *Urban Water Journal, 16*(7), 505–518. https://www.tandfonline.com/doi/full/10.1080/15 73062X.2019.1687745

8. Aicardi, I., Chiabrando, F., Lingua, A. M., Noardo, F., Piras, M., & Vigna, B. (2016). A methodology for acquisition and processing of thermal data acquired by UAVs: A test about subfluvial springs' investigations. *Geomatics, Natural Hazards and Risk, 8*(1), 5–17. https://doi.or g/10.1080/19475705.2016.1225229

9. Löwe, R., Böhm, J., Jensen, D. G., Leandro, J., & Rasmussen, S. H. (2021). U-FLOOD – Topographic deep learning for predicting urban pluvial flood water depth. *Journal of Hydrology, 603*: 126898, Dec. 2021. https://doi.org/10.1016/j.jhydrol.2021.126898

10. Guo, Z., Leitão, J. P., Simões, N. E., & V. Moosavi (2021). Data-driven flood emulation: Speeding up urban flood predictions by deep convolutional neural networks. *Journal of Flood Risk Management, 14*(1): Article e12684. https://doi.org/10.1111/jfr3.12684

11. Bartsch, J., & Schuetz, T. (2023). Mapping surface flow pathways in urban areas using UAV-based thermal imaging in combination with flooding experiments. In: *EGU General Assembly 2023, Vienna, Austria* (EGU23-13431). https://doi.org/10.5194/egusphere-egu23-13431

12. Fischer-Stabel, P., & Nau, S. (2024). Leveraging citizen science for flood hazard management: Harnessing local knowledge and experience. In: *EGU General Assembly 2024, Vienna, Austria* (EGU24-1526). https://doi.org/10.5194/egusphere-egu24-1526

13. Fischer-Stabel, P., Abler, S., & Theis, V. (2024). Improving awareness of flash-flood risks by simulating disasters through mixed reality tools. In *INTERPRAEVENT 2024 – Conference Proceedings, Vienna, Austria* (S. 164 – 166). ISBN (print) 978-3-901164-32-3. https://www.interpraevent.at/en/proceeding/proceedings-ip-2024

14. Fischer-Stabel, P., Hoffmann, J., & Azvedo, J. (2025). StoryMaps: Advancing public awareness, preparedness, and resilience to flood risks. In: *EGU General Assembly 2025, Vienna, Austria* (EGU25-5958). https://doi.org/10.5194/egusphere-egu25-5958

15. Jackel, M., & Schuetz, T. (2023). Hydrologic modelling of seasonal runoff generation during heavy rainfall: Effect of decentralized water retention measures at a flood-prone site in Trier (Germany) – A study concept. In: *EGU General Assembly 2023, Vienna, Austria* (EGU23-677). https://doi.org/10.5194/egusphere-egu23-677

16. Stratmann, G., Kirschbauer, L., & Hörter, L. (2024). Grid-based 2D hydrodynamic modelling for heavy rainfall prevention: Impact of geospatial resolution and the assessment of urban infrastructure vulnerability to flash floods. In: *EGU General Assembly 2024, Vienna, Austria* (EGU24-1950). https://doi.org/10.5194/egusphere-egu24-1950

17. Cook, B. (2024). Flood risk management of the future: A warning from a land down under. *Journal of Flood Risk Management 17*(1). https://onlinelibrary.wiley.com/doi/10.1111/jfr3.12985

18. Zander, F., & Kralisch, S. (2016). River basin information system: Open environmental data management for research and decision making. *ISPRS International Journal of Geo-Information, 5*(7), 123. https://doi.org/10.3390/ijgi5070123

19. Schrauth, S., Nedkov, R., Heidmann, C., Kazakos, W., & Abecker, A. (2017). Werkzeugunterstützung für ETL-Prozesse mit Geodaten. In: U. Freitag, F. Fuchs-Kittowski, F. Hosenfeld, A. Abecker, & D. Wikarski (Hrsg.), *Umweltinformationssysteme 2017 – Vernetzte Umweltdaten (UIS 2017)* (S. 208–228). CEUR Proceedings, Bd. 1919. https://ceur-ws.org/Vol-1919

20. Schrauth, S., Nedkov, R., Heidmann, C., Kazakos, W., & Abecker, A. (2017): Software support for spatial ETL processes. In: B. Otjacques, P. Hitzelberger, S. Naumann, S., & V. Wohlgemuth (Hrsg.): *From Science to Society: The Bridge provided by Environmental Informatics – Adjunct Proceedings of the 31st EnviroInfo Conference* (S. 195–203). Shaker-Verlag. ISBN 978-3-8440-5495-8

21. Kozel, V. (2024). *Integration und Visualisierung multipler Daten für die raum-zeitliche Analyse von Starkregenereignissen.* Masterarbeit. Fakultät für Bauingenieur-, Geo- und Umweltwissenschaften, Karlsruher Institut für Technologie.

22. MKUEM (2024). *Rheinland-Pfalz erweitert seine Modellgrundlagen für Wassergefahren.* Ministerium für Klimaschutz, Umwelt, Energie und Mobilität Rheinland-Pfalz. https://hochwassermanagement.rlp.de/unsere-themen/was-macht-das-land/f-e-projekt-hydrozwilling-rheinland-pfalz

23. Hoffmann, J., Nau, S., Abler, S., Theis, V., Fischer-Stabel, P., Janssen, J., & Abecker, A. (2025). Enhancement of the database of trouble spots in heavy rainfall events for flood prevention: Citizen science and key data analysis for residents and authorities. *Natural Hazards and Earth System Sciences.* In Vorbereitung.

Umgang mit heterogenen Daten in der Wasserwirtschaft

Linked Data Event Streams (LDES) als Lösungsansatz?

Stephan Hofmann

Zusammenfassung

Die digitale Transformation der Wasserwirtschaft führt zu einer wachsenden Heterogenität von Datenquellen, Formaten und Aktualisierungsfrequenzen. Unterschiedliche institutionelle Zuständigkeiten, technische Standards und fachliche Begriffswelten erschweren die nahtlose Integration von Datenströmen über Behördengrenzen, Disziplinen oder gar Mitgliedsstaaten der EU hinweg. Diese Fragmentierung steht der schnellen Entwicklung innovativer Anwendungen wie Verfahren der künstlichen Intelligenz oder Digitaler Zwillinge entgegen. Linked Data Event Streams (LDES) bieten einen vielversprechenden Ansatz, um dieser Heterogenität zu begegnen. Durch die konsequente Nutzung von Linked Data-Prinzipien ermöglichen LDES die standardisierte, semantisch angereicherte und versionierte Bereitstellung von dynamischen Daten. Die Datenquellen bleiben dabei in dezentraler Zuständigkeit, während von datenvermittelnden Stellen gezielt Teilmengen abgerufen werden können – sei es nach Zeit, Raum oder thematischen Kriterien. Diese werden dann in geeigneten Kommunikationsformaten den eigentlichen Bedarfsträgern Use-Case spezifisch bereitgestellt. Somit wird nicht nur der Aufwand für Datenharmonisierung und das Übertragungsvolumen der Datenpakete verringert, sondern auch die Interoperabilität über verschiedene Sektoren hinweg erhöht. Im Beitrag wird aufgezeigt, welche Rolle LDES als neue Herangehensweise für zukünftige effiziente Datenflüsse spielen

S. Hofmann (✉)
Bundesanstalt für Gewässerkunde, Referat M4 – Geodatenzentrum, WasserBLIcK, GRDC, Am Mainzer Tor 1, 56068 Koblenz, Deutschland
E-Mail: hofmann@bafg.de

© Der/die Autor(en), exklusiv lizenziert an Springer Fachmedien Wiesbaden GmbH, ein Teil von Springer Nature 2026
F. Fuchs-Kittowski et al. (Hrsg.), *Umweltinformationssysteme – Digitale Innovationen für eine nachhaltige Zukunft,* https://doi.org/10.1007/978-3-658-50065-8_4

können – insbesondere im Wasserbereich, wo Echtzeitdaten, Zeitreihen und verknüpfte Infrastrukturdaten zunehmend gefordert sind. Konkrete Anwendungsbeispiele, methodische Überlegungen und offene Herausforderungen werden diskutiert.

Schlüsselwörter

Linked Data Event Streams (LDES) · Datenheterogenität · Wasserwirtschaft · Semantische Interoperabilität · Versionierung

1   Einleitung

Der Bedarf an präzisen, aktuellen und interoperablen Daten ist im Bereich der Wasserwirtschaft in den vergangenen Jahren stark gewachsen, um gesellschaftliche Herausforderungen – wie den Klimawandel, den Hochwasserschutz oder den nachhaltigen Umgang mit Wasserressourcen – besser zu bewältigen [1]. Ein verantwortungsvolles Datenmanagement gemäß den „FAIR"-Prinzipien (Findable, Accessible, Interoperable, Reusable) ist geboten (https://www.go-fair.org/fair-principles/).

Der Zugang zu den Daten der öffentlichen Verwaltung fördert Transparenz, Innovation und effiziente Zusammenarbeit [2]. Neue Lösungsansätze, digitale Dienstleistungen und Geschäftsmodelle können darauf aufbauend entstehen [3]. Das erlangte Wissen wird weiterverbreitet und mündet dann in Handlungen, um wiederum die lebenswichtige Ressource Wasser noch besser zu verstehen, zu schützen und zu bewirtschaften [4]. Auch eine standardisierte Bereitstellung darf nicht mit übermäßigen Kosten einhergehen [5]. Ohne weitere technologische Maßnahmen kann zudem die Situation eintreten, dass dynamische oder sich häufig ändernde Datenbestände nur unzureichend synchronisierbar sind und zu Redundanz oder Aktualitätsverlust führen.

In diesem Beitrag wird als Lösung eine dezentrale Vorgehensweise vorgestellt, die verlinkte Daten über Event Streams bereitstellt. Im Abschn. 2 wird die Relevanz des Ansatzes im Wasserbereich erläutert. Abschn. 3 beleuchtet die technologischen Grundlagen, darunter Modell, Architektur und fragmentierten Datenfluss. In Abschn. 4 wird eine konkrete Beispielanwendung aus dem Bereich Wasserqualität präsentiert. Abschn. 5 führt eine methodische Szenarienanalyse durch und vergleicht wesentliche Eigenschaften des Verfahrens mit einem bestehenden Standard. Abschn. 6 diskutiert die Herausforderungen bei der Umsetzung. Abschließend fasst Abschn. 7 die Ergebnisse zusammen.

2   Hintergrund: Warum sind LDES im Wasserbereich relevant?

Linked Data Event Streams (LDES) [6] bieten vor dem Hintergrund der eingangs genannten Herausforderungen eine zukunftsweisende Lösung. Sie ermöglichen eine kontinuierliche, eventbasierte Veröffentlichung von verlinkten Daten [7] und deren Veränderungen. Es handelt sich dabei um Daten, die eindeutig per Uniform Resource

Identifier (URI) [8] identifiziert und direkt per HTTP abrufbar sind. Über URIs sind sie wiederum mit anderen Daten verknüpft. Sie sind in standardisiertem Format, dem Resource Description Framework (RDF) [9], beschrieben und damit maschinenlesbar. RDF sieht die Beschreibung von Daten in der einfachsten Form als Tripel (Subjekt-Prädikat-Objekt) vor. Da sie mittels SPARQL Protocol and RDF Query Language (SPARQL) [10] abfragbar sind, wird durch sie das Internet zur Datenbank. Eine sorgfältige Abstimmung der Datenveröffentlichung auf die Aktualisierungsfrequenz stärkt in diesem Zusammenhang das Vertrauen der nachnutzenden Stellen und fördert die Wiederverwendung der Daten [11].

Dies ist besonders relevant für den Wasserbereich, wo sowohl raum- als auch zeitabhängige Daten – etwa Pegelstände, Messreihen oder Ereignisdaten – präzise erfasst und ggf. auch rückwirkend korrigiert werden müssen.

3   Technologische Grundlagen: Modell, Architektur und Funktionsweise von LDES

3.1   Modell

LDES verfolgen einen dezentralen Ansatz: Datenquellen publizieren Event-Streams, die ausschließlich erweiterbare Sammlungen von unveränderlichen Objekten enthalten. Auf diesen Sammlungen wiederum können Abfragen formuliert werden. Räumliche, zeitliche und thematische Teilzugriffe werden über die sogenannte Fragmentierung ermöglicht. Im Kontext von LDES wird damit die gezielte Aufteilung eines kontinuierlichen Datenstroms in kleinere, logisch strukturierte Teilmengen bezeichnet. Es kann sich dabei um z. B. alle Beobachtungen eines bestimmten Zeitraums, eines bestimmten Parameters (z. B. Temperatur) oder eines Flussabschnitts handeln. Jedes Fragment ist über eine eindeutige URI erreichbar und enthält Metadaten gemäß Tree-Spezifikation [12], die seine Position im Stream beschreiben.

3.2   Architektur

Die LDES-Architektur verfolgt das Ziel, Daten auffindbar, zugänglich und wiederverwendbar zu machen. LDES implementieren das Publish–Find–Bind-Muster, das z. B. im Kontext statischer Geodatendienste des Open Geospatial Consortium (OGC) wie WMS/WFS bekannt ist [13], auf der Ebene von Linked Data und Event-Streaming.

- *Publish:* Daten werden als semantisch beschriebene Event-Streams veröffentlicht – fragmentiert, versioniert und maschinenlesbar für das Internet of Things (IoT).
- *Find:* Tree-Metadaten ermöglichen es Clients, gezielt z. B. relevante Fragmente zu finden.
- *Bind:* Clients können selektiv LDES-Ressourcen wie z. B. Fragmente abrufen und in eigene Systeme integrieren – z. B. für Monitoring, Visualisierung oder Analyse.

Eine zentrale Katalogsuche ist in diesem Zusammenspiel nicht zwingend erforderlich, da die Metadaten integraler Bestandteil der Streams sind. Auf dem Weg der Daten zu den nachnutzenden Stellen können Datenmittler im technischen Sinn, sogenannte Broker, eingebaut werden. Sie übernehmen die Rolle eines Event-Busses und bieten neben dem Datenzugang die Auswahl und Integration von Daten an, indem sie Metadaten bereitstellen, Filter wie z. B. Messstationsnamen, Bundesland oder Gewässer ermöglichen und Zugriffsrechte verwalten. Ein Beispiel für einen ähnlichen Ansatz im Wasserbereich ist das Projekt „EDIS – Echtzeitdateninfrastruktur für PEGELONLINE", betrieben vom ITZBund in Deutschland [14].

Eine LDES-datenanbietende Stelle wird somit von der Befassung mit allen möglichen Bedarfen der Nachnutzenden befreit. Sie stellt lediglich eine minimale Basis-API für neue oder modifizierte Daten bereit. Es ist nun Aufgabe des Brokers in seiner Rolle als LDES-Client, die verfügbaren LDES-Streams zu indexieren und spezifische APIs wie z. B. für statische Geodatendienste anzubieten, die in Anwendungen Dritter eingebunden werden können.

3.3   Datenfluss

Im Folgenden soll ein typischer Datenfluss anhand von neuen Daten von der Datenquelle bis zur nachnutzenden Anwendung auf Client-Seite im Überblick beschrieben werden. Als ausgedachtes Beispiel dienen neue Pegeldaten zum Wasserstand. Im ersten Schritt werden die Daten am Sensor erfasst, z. B. alle 5 min am Rhein bei Koblenz. Die Daten werden lokal gespeichert oder direkt in eine Datenbank (z. B. PostgreSQL) übertragen. Im nächsten Schritt werden die Daten in RDF/LDES-kompatible Form transformiert. Die Rohdaten (z. B. Zeitstempel, Messwert, Station-ID) werden über einen Extract, Transform, Load – Prozess (ETL) [15] oder RML-Mapping [16] in das RDF-Format mit semantischer Beschreibung gemäß SOSA-Ontologie (Sensor, Observation, Sample, and Actuator) [17] überführt.

Danach erfolgt die Veröffentlichung in LDES, indem der neue RDF-Eintrag als neues Event einer LDES-Instanz hinzugefügt wird, zusammen mit Versionierungsmetadaten und Einteilung in das passende Fragment (wie z. B. „Juni 2025 – Rhein – Pegeldaten"). Anschließend erkennt der Broker den neuen Eintrag, z. B. durch aktives Abfragen des LDES-Servers. Er aktualisiert sein Verzeichnis der verfügbaren Streams, sodass die nachgelagerten Clients erkennen können, welche neuen Fragmente verfügbar und welche Daten darin enthalten sind (z. B. Pegel, Ort, Zeitraum). Der nächste Schritt sieht vor, dass eine Client-Anwendung eine konkrete Anfrage an den Broker stellt, um z. B. alle Wasserstandsmessungen für Koblenz am 17. Juni 2025 abzurufen. Der Broker liefert die URIs der passenden Fragmente, ggf. direkt die Daten im RDF-Format und Metadaten über deren Gültigkeit oder Aktualität. Ein Client kann diese Metadaten interpretieren und automatisch zu den nächsten relevanten Fragmenten navigieren – entlang einer Zeitachse oder nach thematischen Kriterien. Die Anwendung lädt nur die benötigten Fragmente und extrahiert die Daten, um sie je nach Anwendungsfall im Weiteren beispielsweise zu visualisieren oder in Modelle einzuspeisen.

4 Beispielanwendung aus dem Wasserbereich

Im LDES Registry Dashboard (https://imec-int.github.io/ldes-registry/dashboard.html) sind verfügbare LDES mit Metadaten, Einstiegspunkt und Tree-Struktur dokumentiert. Somit sind sie maschinenlesbar und durchsuchbar. Dort ist der LDES-Zugangspunkt zur Wasserqualität der Stadt Brügge (Belgien) registriert (https://waterkwaliteit-brugge-ldes. kindflower-25e41809.westeurope.azurecontainerapps.io/Waterkwaliteit). Der Eintrag ist Teil der offenen Dateninfrastruktur von Informatie Vlaanderen (https://www.vlaande-ren.be/digitaal-vlaanderen/onze-diensten-en-platformen/open-data). Der LDES-Stream enthält Messdaten zur Wasserqualität aus dem städtischen Oberflächenwassernetz von Brügge. Zu einem Datensatz gehören u. a. Messstelle, -zeitpunkt, -parameter und -wert sowie Sensor und Versionierungsinformationen. Die Wasserqualitätsüberwachung in Echtzeit ist Teil des Projekts „Internet of Water Flanders", das mit dem Mülheim Water Award 2024 ausgezeichnet wurde [18]. Die Daten sind auch über das zentrale hydrologische Informationsportal der flämischen Verwaltung einsehbar (https://waterinfo. vlaanderen.be/). Die Besonderheit dieses Projekts liegt in der Anbindung eines lernenden Vorhersagemodells, das auf den LDES-Datenströmen basiert [19].

5 Methodische Überlegungen: Szenarienanalyse und Vergleich zur SensorThings API

5.1 Szenarienanalyse für LDES

Eine mögliche Einführung von LDES im Wasserbereich sollte methodisch begleitet werden, um Nutzen, Umsetzbarkeit und Skalierbarkeit der Technologie unter verschiedenen Randbedingungen systematisch zu bewerten. Im Rahmen einer Szenarienanalyse werden daher zwei unterschiedliche Entwicklungspfade dargestellt. Zwei Aspekte können dabei den Erfolg von LDES im Wasserbereich maßgeblich bestimmen:

- Grad der Zusammenarbeit, z. B. durch Förderprogramme und Einbettung von Datenaspekten in fachliche oder politische Strategien sowie semantische Standardisierungsbemühungen.
- Technologische Reife der Dateninfrastruktur in Bezug auf Sensor-Netzwerkdichte und Datenqualität sowie Automatisierung über ETL-Prozesse bzw. RML-Mapping vor dem Hintergrund der Verfügbarkeit von LDES-Servern und Broker-Diensten.

Wir skizzieren die beiden Szenarien hinsichtlich ihrer wesentlichen Charakteristika, Vorteile, Risiken, Chancen und Strategien zu ihrer Umsetzung:

1. Szenario Im 1. Szenario liegen lokale Implementierungen auf Behördenebene mit vergleichsweise niedriger technischer Reife vor. Eine Zusammenarbeit mit anderen zuständigen Stellen ist nur rudimentär ausgeprägt. In diesem Szenario werden LDES von einzelnen Wasserbehörden genutzt, um spezifische Datenströme (z. B. regionale Pegelstände) bereitzustellen. Die Sensor-Netzwerkdichte fällt gering aus. Die Daten weisen Lücken auf und sind nur syntaktisch, also bzgl. Datentyp- und Format-Konformität, qualitätsgesichert. Die Übersetzung der Datenstrukturen erfolgt manuell. Lediglich wenige LDES-Server Instanzen sind in Betrieb. Broker sind nicht verfügbar.

- *Vorteile:* Es kann von einer hohen Anpassungsfähigkeit ausgegangen werden. Aufgrund geringer Abhängigkeiten und damit niedriger Einstiegshürden wird das Verfahren mit ersten Ergebnissen schnell vorzeigbar.
- *Risiken:* Es wird je Behörde eine semantische Insellösung entwickelt, die sich durch eine fehlende Interoperabilität z. B. auf nationaler oder EU-Ebene auszeichnet. Zu einem späteren Zeitpunkt ist ein hoher Anpassungsbedarf für Integration des gewachsenen Systems zu erwarten: Aufwand und Kosten für die Umsetzung der vorhandenen Daten können dann unverhältnismäßig hoch ausfallen.
- *Chancen:* offene Standards bieten die Möglichkeit, auch ohne vertieftes Know-how in einer lebendigen Community Erfahrungen zu sammeln und Ausgangspunkte für erste Pilotprojekte herauszuarbeiten.
- *Strategien:* In einer gut abgegrenzten Umgebung können erste Schritte mit Testdaten (z. B. Pegeldaten mit RML-Mapping) durchgeführt werden. Der Aufbau einer Minimal-LDES-Instanz bei einer zuständigen Stelle kann ohne operative Störungen gestartet werden.

2. Szenario Das 2. Szenario stellt eine nationale Implementierung auf hohem technischem Niveau dar. Durch intensive Abstimmungsbemühungen in organisatorischen Regelstrukturen oder im Rahmen von Förderprogrammen ist es gelungen, mit Prozessveränderungen substanzielle Mehrwerte oder Einsparungen zu ermöglichen. Ein professionelles Datenmanagement ist fester Bestandteil fachlich oder politisch begründeter Strategien. Die verschiedenen Verwaltungsebenen arbeiten eng zusammen. Nachnutzbare Datenprojekte können mit bewährten Herangehensweisen schnell auf Bedarfe und Anforderungen eingehen. Semantische Standardisierungen führen zu einem gemeinsamen Verständnis der verfügbaren Daten. Es herrscht Klarheit bzgl. der Datenlagen. Dieses Szenario umfasst den Aufbau einer deutschlandweiten LDES-basierten Dateninfrastruktur, in der Datenquellen verschiedener Verwaltungsebenen integriert sind. Es liegen dichte Sensor-Netzwerke vor. Neben der syntaktischen Qualität ist auch die semantische Datenqualität gegeben: die Daten sind richtig beschrieben, eindeutig interpretierbar und sinnvoll verknüpft – sowohl für Maschinen als auch für Menschen. Die Automatisierung über ETL-Prozesse bzw. die Wiederverwendung von RML-Mappings aus zentralen

Mapping-Repositories ist Standard. Es wird angenommen, dass zahlreiche LDES-Server sowie vermittelnde Broker-Instanzen im Betrieb sind.

- *Vorteile:* Einheitliche Datenmodelle helfen, die nötige Client-Logik zum Nachnutzen der Streams einfach zu halten. Zudem können generische Werkzeuge für Visualisierungen und Analysen eingesetzt werden. Die autonomen Streams nutzen abgestimmte Vokabulare und sind so umfassend vernetzt.
- *Risiken:* Hoher Koordinierungsaufwand kann entstehen, um abweichende Begriffsverwendungen zu verhindern. Um Sicherheitsrisiken zu minimieren, sind ergänzende Investitionen in die Infrastruktur nötig. Das Zusammenspiel der verschiedenen Standards erfordert klare Dokumentation und stetig aktualisiertes Know-how.
- *Chancen:* Echtzeit-Anwendungen mit messbaren Erfolgen beispielsweise in den Bereichen Hochwasser und Trockenheit können zur Förderung gemeinsamer Standards weiter beitragen. Automatisierte Prozesse im Zusammenhang mit Künstlicher Intelligenz (KI) und Digitalen Zwillingen können unterstützt werden.
- *Strategien:* Einrichtung zusammenführender LDES-Knoten mit kontinuierlichem Monitoring hält die Wartung übersichtlich. Die Vertestung der Daten in Verfahren zur Simulation und Risikoabschätzung bringt eine kontinuierliche Rückmeldung über weitere Verbesserungsmöglichkeiten. Eine freiwillige Beschränkung z. B. auf ein „Minimal-LDES-Profil für Umweltdaten", das bestimmte Properties und Klassen verbindlich macht, erleichtert das gemeinsame Verständnis der Begriffswelten.

Szenario-Überprüfung Zur Szenario-Überprüfung und Einordnung können beispielsweise folgende Indikatoren verwendet werden:

- Anteil der Messstationen mit LDES-Anbindung
- Anzahl kollaborativ betriebener Broker-Registries
- Anzahl frei verfügbarer RML-Mappings
- Publizierte Use-Cases (z. B. Einsatz in Echtzeit-Anwendungen)

Diese Indikatoren könnten regelmäßig erhoben und in einem Dashboard festgehalten werden. So wäre es möglich, die Ist-Werte mit den angenommenen Ausprägungen der Szenarien (z. B. „technologische Reife hoch" vs. „niedrig") abzugleichen und ein Reife- bzw. Kollaborations-Profil des Einsatzes von LDES zu entwerfen.

5.2 Vergleich zur SensorThings API

Mit der SensorThings API (STA) (https://www.ogc.org/standards/sensorthings/) liegt bereits ein etablierter OGC-Standard für Sensor- und Beobachtungsdaten vor. STA und LDES stellen Sensordaten auf unterschiedliche Art bereit. Anhand von Tab. 1 soll anhand ausgewählter Kriterien ein erster Vergleich ermöglicht werden.

Tab. 1 Vergleich SensorThings API (STA) mit Linked Data Event Streams (LDES)

Kriterium	STA	LDES
Datenmodell	Festes Modell mit vordefinierten Ressourcen: Thing, Sensor, Observation, FeatureOfInterest, Erweiterungen z. B. über Properties möglich	Flexibles RDF-Modell, beliebige Ontologien
Versionierung	Keine native Versionierung	Native Objektversionierung und Event-Historie über Kontextzuordnung
Semantik	JSON-basierend, mit JSON-LD-Option	Voll RDF/Linked Data fähig
Abfrage	OData [20]	SPARQL (inkl. GeoSPARQL [21])
Interoperabilität	Hohe Interoperabilität im IoT-Bereich, auch bei Erweiterung [22]	Höchste Interoperabilität im Linked Data-Umfeld
Einsatzbereiche	Echtzeit-Sensornetze z. B. integriert in Leitsysteme, einfach zu verstehende Daten	historisierte, versionierte Events, semantisch verknüpfte Datendomänen, hohe Relevanz von gemeinsamem Begriffsverständnis in komplexen Umweltmodellzusammensetzungen

Wenn die Verfahren LDES und STA zusammengelegt werden, ist auch ein hybrider Entwurf der Systemlandschaft denkbar, um die Vorteile von semantischer Tiefe und IoT-Effizienz miteinander zu verbinden. Bei Bedarf einer durchstandardisierten Schnittstelle mit zunächst möglichst wenigen Freiräumen für Modellierungsentscheidungen erscheint der STA-Standard als passender. Die Stärken von LDES hingegen können sich besonders in einem offenen, semantisch gesicherten Zusammenspiel auch von historischen Datenquellen entfalten, in das mehrere Datendomänen (z. B. aufgrund möglicher Nutzungskonflikte Verkehr und Umwelt [23]) eingespeist werden sollen.

6 Herausforderungen und aktuelle Entwicklungen

Die Einführung von LDES bringt zahlreiche Chancen mit sich, geht jedoch auch mit einer Reihe technischer, organisatorischer, regulatorischer und strategischer Herausforderungen einher, die im Folgenden dargestellt werden sollen.

6.1 Technische Herausforderungen

Zum Beherrschen der eingesetzten Technologien im Zusammenhang mit LDES sind zunächst Zeitaufwände für das Einrichten der server-seitigen Infrastruktur zu berücksichtigen [24]. Auch der client-seitige effiziente Abruf mittels SPARQL kann sich herausfordernd gestalten [25]. Es müssen effiziente Strategien zur Fragmentierung und Indizierung entwickelt werden, um die Leistungsfähigkeit von LDES-Feeds zu gewährleisten. Zudem werden z. B. ETL-Werkzeuge benötigt, um die Daten aus den bestehenden Datenhaltungen entsprechend den LDES-Anforderungen umzuformen und mit den gewünschten semantischen Verknüpfungen zu versehen.

6.2 Organisatorische Herausforderungen

Die Implementierung von LDES erfordert eine koordinierte Vorgehensweise zwischen verschiedenen föderalen Ebenen, um Redundanzen und Inkompatibilitäten zu vermeiden. Im Wasserbereich können z. B. über die Bund/Länder-Arbeitsgemeinschaft Wasser (LAWA) die nötigen Übereinkünfte getroffen werden (https://www.lawa.de/). Es müssen ggf. Absprachen zum Einsatz von Ontologien für Fachbegriffswelten getroffen werden, um ein gemeinsames Begriffsverständnis und damit echte Interoperabilität zwischen unterschiedlichen Datenquellen und -nutzern sicherzustellen. Diese können in Best-Practice-Dokumenten festgehalten werden. Auch für LDES-basierte Infrastrukturen ist der Rückgriff auf vorhandene organisatorische Regelstrukturen, wie beispielsweise auch im Rahmen von GDI-DE vorhanden [26], notwendig, um Zuständigkeiten, Verantwortlichkeiten und Zugriffsrechte klar definieren zu können.

6.3 Regulatorische Herausforderungen

Die Einhaltung von Datenschutzbestimmungen, insbesondere bei personenbezogenen Umwelt- oder Infrastrukturdaten (z. B. Standortinformationen), muss wie in anderen Verfahren gewährleistet bleiben [5]. Zudem müssen die zuständigen Stellen weiterhin die Kontrolle über die Nutzung und Verbreitung ihrer Daten behalten, auch wenn diese z. B. auf europäischer Ebene zusammengeführt werden. Dies kann bedeuten, dass das eigentliche LDES-Verfahren um zusätzliche administrative Schnittstellen bzw. Konventionen erweitert werden muss, um dieser Anforderung gerecht zu werden. Die Implementierung von LDES muss sich zudem je nach Anwendungsfall in die bestehenden Datensammlungen auf Basis aktuell gültiger Rechtsgrundlagen einfügen und mit den Vorschriften wie der High-Value-Datasets-Verordnung (HVD-DVO) vereinbar sein [27].

6.4 Strategische Herausforderungen

Die Akzeptanz und der Einsatz der Technologie durch datenhaltende Stellen kann erreicht werden, wenn der Zugang dazu möglichst einfach ausgestaltet wird. Bewährte Vorgehensweisen [28] müssen auf die unterschiedlichen Gegebenheiten der Verwaltungsebenen hin konkretisiert werden. Die Durchführung von Pilotprojekten ist essenziell, um den praktischen Nutzen von LDES nachweisen zu können. Auch der Aufbau von Schulungs- und Unterstützungsangeboten, direkt oder im Selbststudium [29], ist nötig, um den breiten Einsatz einer neuen Technologie wie LDES zu ermöglichen. Dies gilt sowohl für die eigentlichen datenbereitstellenden Stellen als auch für das benötigte IT-Personal.

6.5   Fazit und Handlungsempfehlungen

Um Erfahrungen zur Skalierbarkeit und Praxistauglichkeit sammeln zu können, ist es hilfreich, eigene LDES-Pilotprojekte beispielsweise räumlich abgegrenzt in ausgewählten Flussgebieten durchzuführen bzw. zu begleiten, um den Nutzen an realen Bedarfen festmachen zu können. Der Einsatz von LDES sollte systematisch gegenüber etablierten APIs wie STA bewertet werden, z. B. unter Verwendung der oben beschriebenen Indikatoren zur Szenarioanalyse. Klare Kriterienkataloge für die Anwendung von LDES sind vorher aufzustellen. Ein an der Nachnutzung orientiertes Konzept zur Integration von Daten des Bundes und der Bundesländer ist in diesem Zusammenhang ggf. erforderlich. Dabei ist die Abstimmung mit bestehenden Vokabularen aus dem Umweltbereich sicherzustellen. Praxisnahe Workshops sowie Online-Kurse erleichtern den Einstieg in den Technologie-Stack. Es ist zu erwarten, dass ein einfacherer Umgang mit den komplexen Funktionen der KI zukünftig vermehrt Einzug hält in die Aufgabenerledigung der Verwaltung [30]. In diesem Kontext kann ein höheres Wertschöpfungspotenzial durch Prozessveränderungen realisiert werden, wenn ein konsolidiertes Management der eigenen Daten, die über Fachverfahren hinweg verknüpft sind, etabliert ist. Semantisch abgestimmte Datengrundlagen können in Kombination mit KI-Technologien die Grundlage für bessere Entscheidungen bilden und helfen, ein gemeinsames Verständnis der Daten auch über Sprachgrenzen hinweg leichter zu erreichen.

Belastbare Prüfpfade mit vollständiger Historie, welche beteiligte Stelle wann welche Information publiziert hat, lassen den Einsatz von LDES auch in anspruchsvollen Anwendungen von komplexen Digitalen Zwillingen durch diese exakten Zeit- und Prozess-Informationen möglich erscheinen. Die Beschränkungsmöglichkeit auf ausschließlich neue Informationen unterstützt die effiziente Kopplung von Digitalen Zwillingen an unmittelbar verfügbare Zustandsänderungen der physischen Gegenstücke. Andererseits können Soll-Zustands-Aktualisierungen an das physische System zurückübermittelt werden, wodurch ein geschlossener Kontroll- und Regelkreis entstehen kann [31].

7   Abschließende Bewertung

LDES bieten die Chance für eine datenbereitstellende Stelle, einen einzigen API-Einstiegspunkt für alle semantischen Event-Daten zu realisieren, im Folgenden Single Data Offer genannt: statt verschiedener Endpunkte für jeden Datentyp lässt sich ein einzelnes

Angebot umsetzen. Die Client-Seite kann unter demselben API-Dach nicht nur von Echt-zeit-Events, sondern auch von flankierenden Back-Fills, also dem Nachladen bzw. Auf-füllen von verpassten historischen Daten, und Snapshots, kompletten Abbildern zu einem bestimmten Zeitpunkt, profitieren. Im Unterschied zu klassischen REST-APIs entfällt mit dem Single Data Offer also das Springen zwischen URLs von Endpunkten. Der Ein-satz des LDES-Verfahrens muss sich messen lassen an der Hebung von Wertschöpfungs-potenzialen und der Beschleunigung der Nachnutzung von Daten. Das Anwendungs-gebiet scheint in anspruchsvollen Anwendungsszenarien inkl. Absicherung [32] zu lie-gen, die hohe Qualitätsanforderungen an die Daten und ihr Umfeld stellen. Dann könnte vor dem Hintergrund bereits etablierter webbasierter Datenaustauschtechnologien der nötigen Ressourceneinsatz zum Aufbau einer LDES-Infrastruktur nachvollziehbar be-gründet werden.

LDES und STA ergänzen sich perfekt: STA für den Daten-Input, LDES für die se-mantische Aufbereitung und weitere Distribution. Wer auf wirklich semantisch inter-operable, historisierte und verteilte Datendienste bauen will, findet in LDES den Single Data Offer seiner Wahl.

Literatur

1. Europäische Union. (2025). European Water Resilience Strategy. https://environment.ec.europa.eu/publications/european-water-resilience-strategy_en
2. BfG. (2025). Strategie BfG 2030 – Vision, Mission und strategische Ziele. https://doi.bafg.de/BfG/2022/Strategie_2030_BfG.pdf
3. Europäische Union. (2025). *European Water Resilience Strategy: Digitalisation for Better Water Management.* https://circabc.europa.eu/ui/group/9ab5926d-bed4-4322-9aa7-9964bbe8312d/library/d97b786e-65d4-4f14-8cf5-48efb5fead46/details
4. UNESCO. (2022). *IHP-IX Strategic Plan: Priority area 3: Bridging the data-knowledge gap.* https://unesdoc.unesco.org/in/documentViewer.xhtml?v=2.1.196&id=p%3A%3Ausmarc-def_0000381318&file=/in/rest/annotationSVC/DownloadWatermarkedAttachment/attach_im-port_9aabb773-6ee5-4fd1-b6a4-6b3a55a7766a%3F_%3D381318eng.pdf&locale=en&mul-ti=true&ark=/ark%3A/48223/pf0000381318/PDF/381318eng.pdf#page=28
5. European Union. (2007). *Richtlinie 2007/2/EG zur Schaffung einer Geodateninfrastruktur in der Europäischen Gemeinschaft (INSPIRE).* https://eur-lex.europa.eu/legal-content/DE/AUTO/?uri=celex:32007L0002
6. Colpaert, P. (2025). *Linked Data Event Streams.* https://semiceu.github.io/LinkedDataEventS-treams/
7. Berners-Lee, T. (2009). *Linked Data.* https://www.w3.org/DesignIssues/LinkedData.html
8. Berners-Lee, T., Fielding, R., & Masinter, L. (2005). *Uniform Resource Identifier (URI): Generic Syntax.* https://www.rfc-editor.org/rfc/rfc3986
9. Cyganiak, R., Wood, D., & Lanthaler, M. (2014). *RDF 1.1 Concepts and Abstract Syntax.* https://www.w3.org/TR/rdf11-concepts/
10. Garlik, S. H., & Seaborne, A. (2013). SPARQL 1.1 Query Language. https://www.w3.org/TR/sparql11-query/

11. Farias Lóscio, B., Burle, C., & Calegari, N. (2017). Data on the Web Best Practices: Best Practice 21: Provide data up to date. https://www.w3.org/TR/dwbp/#AccessUptoDate

12. Colpaert, P. (2025). *The TREE hypermedia specification.* https://treecg.github.io/specification/

13. AK Architektur der GDI-DE. (2023). *Architektur der GDI-DE – Technik.* https://www.gdi-de.org/download/Architektur_GDI-DE_Technik.pdf

14. ITZBund. (2025). *EDIS: Upgrade für PEGELONLINE.* https://www.itzbund.de/DE/itloesungen/egovernment/echtzeitdateninfrastruktur/edis.html

15. Diers, F. (2023). *ETL vs. ELT: Unterschiede und Anwendungsgebiete.* https://onlinedatawarehouse.de/allgemein/etl-vs-elt-unterschiede-und-anwendungsgebiete/

16. Das, S., Sundara, S., & Cyganiak, R. (2012). R2RML: RDB to RDF Mapping Language. World Wide Web Consortium (W3C). https://www.w3.org/TR/r2rml/

17. Janowicz, K., Haller, A., Cox, S. J. D., Le Phuoc, D., & Lefrançois, M. (2019). SOSA: A lightweight ontology for sensors, observations, samples, and actuators. *Journal of Web Semantics, 56,* 1–10. https://doi.org/10.1016/j.websem.2018.06.003

18. Ruhwedel, S. (2024). *Mülheim Water Award 2024: Projekt zur digitalen Wasserüberwachung in Flandern ausgezeichnet.* https://gwf-wasser.de/events/muelheim-water-award-2024-projekt-zur-digitalen-wasserueberwachung-in-flandern-ausgezeichnet/

19. Van Ackere, S. (2023). *Incremental machine learning for linked data event streams.* https://pub.towardsai.net/incremental-machine-learning-for-linked-data-event-streams-e5441cb4c65a

20. Pizzo, M., Handl, R., & Zurmuehl, M. (2016). *OData Version 4.0. Part 1: Protocol Plus Errata 03.* https://docs.oasis-open.org/odata/odata/v4.0/odata-v4.0-part1-protocol.html

21. OGC. (2022). OGC GeoSPARQL – A Geographic Query Language for RDF Data. https://docs.ogc.org/is/22-047r1/22-047r1.html

22. Heinle, M., & Saile, P. (2025). A step towards FAIR water quality data—Lessons learned from the OGC water quality interoperability experiment [Abstract EGU25-19719]. In *EGU General Assembly 2025, Vienna, Austria.* https://doi.org/10.5194/egusphere-egu25-19719

23. Scholten, M., von Landwürst, C., Weichert, R., Koop, J., & Herpertz, D. (2014). Herstellung der ökologischen Durchgängigkeit der Bundeswasserstraßen – eine Herausforderung in mehrfach genutzten Flüssen. In PIANC Deutschland (Hrsg.), *Deutsche Beiträge zum 33. Internationalen Schifffahrtskongress* (S. 71–79). Bonn: PIANC Deutschland. https://hdl.handle.net/20.500.11970/104924

24. Gobierno de España. (2024). *Overcoming data publishing challenges: Linked Data Event Streams (LDES).* https://datos.gob.es/en/blog/overcoming-data-publishing-challenges-linked-data-event-streams-ldes

25. Rojas, J., Portier, M., Vanhoorne, B., & Tarikere, V. (2023). *D4.1 – Architecture Whitepaper.* https://doi.org/10.5281/zenodo.8318832

26. AK Architektur der GDI-DE. (2024). *Architektur der GDI-DE – Ziele und Grundlagen.* https://www.gdi-de.org/download/Architektur_GDI-DE_Ziele_Grundlagen.pdf

27. Europäische Union. (2023). *Commission Implementing Regulation (EU) 2023/138 of 21 December 2022 laying down a list of specific high-value datasets and the arrangements for their publication and re-use (Text with EEA relevance).* https://eur-lex.europa.eu/legal-content/DE/TXT/?uri=uriserv%3AOJ.L_.2023.019.01.0043.01.ENG

28. Digitaal Vlaanderen. (2025). *Onboarding Example – a Practical Guide to Publishing and Consuming a LDES.* https://github.com/Informatievlaanderen/VSDS-Onboarding-Example/blob/main/README.md

29. Europäische Union. (2023). *Linked Data Event Streams (LDES).* https://interoperable-europe.ec.europa.eu/collection/semic-support-centre/linked-data-event-streams-ldes

30. Niehaves, B. (2025). *Genug rumgespielt! Vom KI-Hype zur KI-Transformation.* https://issuu.com/docs/db039b67e335f7be48bb9ceff3025d72

31. BMV. (2024). *Erste Ergebnisse aus dem Forschungsprojekt Digitale Zwillinge für die Infrastruktur.* https://www.bmv.de/SharedDocs/DE/Artikel/DG/themenseite-digitaler-zwilling.html

32. Digitaal Vlaanderen. (2024). *Publishing a Protected LDES.* https://github.com/Informatievlaanderen/VSDS-Onboarding-Example/blob/main/protected-setup/README.md

Digitale Werkzeuge und Extended Reality

Methodenentwicklung zur vergleichenden Beurteilung technischer Verfahren anhand des chemischen Recyclings von Kunststoffabfällen

Thomas Rothgänger, Stephan Schröter, Peter Quicker und Mathias Seitz

Zusammenfassung

Ökologische Vergleiche technischer Verfahren scheitern häufig daran, dass zwar Umweltindikatoren wie Treibhausgasemissionen oder Energieverbräuche benannt werden, die zugrunde liegenden Rahmenbedingungen – insbesondere die erforderlichen Massen- und Energiebilanzen – jedoch nicht veröffentlicht sind. Zwar kann ein in einer Ökobilanz untersuchtes Szenario reale Gegebenheiten wie Logistik, Energieversorgung und Nebenproduktverwertung berücksichtigen, doch bleibt dadurch ein Rückschluss auf die konkret eingesetzten Verfahren sowie ein systematischer Vergleich dieser meist verwehrt. Um eine belastbare Vergleichbarkeit technischer Verfahren zu ermöglichen, ist es daher erforderlich, einen realitätsnahen, aber einheitlichen Bilanzraum sowie identische – auch wenn fiktive – Rahmenbedingungen für alle betrachteten Verfahren zu definieren. Im ReFo-Plan-Forschungsvorhaben *Abschätzung der Potenziale und Bewertung der Techniken des thermochemischen Kunststoffrecyclings* wurde ein solcher

T. Rothgänger (✉) · S. Schröter · M. Seitz
Hochschule Merseburg, Eberhard-Leibnitz-Str. 2, 06217 Merseburg, Deutschland
E-Mail: thomas.rothgaenger@hs-merseburg.de

S. Schröter
E-Mail: stephan.schroeter@hs-merseburg.de

M. Seitz
E-Mail: mathias.seitz@hs-merseburg.de

P. Quicker
RWTH Aachen, Wüllnerstr. 2, 52062 Aachen, Deutschland
E-Mail: quicker@teer.rwth-aachen.de

F. Fuchs-Kittowski et al. (Hrsg.), *Umweltinformationssysteme – Digitale Innovationen für eine nachhaltige Zukunft*, https://doi.org/10.1007/978-3-658-50065-8_5

Ansatz für verschiedene chemische Recyclingverfahren umgesetzt. Dabei zeigte sich, dass klassische ingenieurtechnische Massen- und Energiebilanzen auch als Referenzansatz für vergleichende ökologische Bewertungen in Form von Lebenszyklusanalysen (LCAs) geeignet sind. Die Gültigkeit dieses Vorgehens wurde durch Abgleich mit veröffentlichten Ökobilanzen verifiziert. Zur operativen Anwendung dieses Vergleichsrahmens wurde ein Python-basiertes Bilanzierungstool entwickelt, das eine einheitliche Eingabe, Auswertung und Gegenüberstellung verschiedener Verfahren auf Basis strukturierter Stoff- und Energiedaten erlaubt. Dies ermöglicht eine schnelle, fundierte Einordnung und Bewertung existierender LCAs sowie eine vergleichende Beurteilung technischer Verfahren im Gesamtkontext.

Schlüsselwörter

Chemisches Recycling · Thermochemisches Kunststoffrecycling · Kunststoffabfall · ökologische Betrachtung

1   Einleitung

In Deutschland fallen rund 5,6 Mio. t Kunststoffabfälle an [1]. Ein Teil der Abfälle kann mechanisch zu Regranulaten recycelt werden. Das im Kunststoff enthaltene Polymer bleibt dabei erhalten. Allerdings ist die Verwendungsmöglichkeit dieser Rezyklate eingeschränkt, weil Kontaminationen den Einsatz im ursprünglichen Verwendungsbereich (z. B. Lebensmittelverpackungen) unmöglich machen.

Ergänzend werden chemische Recyclingverfahren propagiert, die die Kunststoffabfälle thermisch durch Pyrolyse und Vergasung zu chemischen Grundstoffen umsetzen.

Diese können durch etablierte Raffinationsverfahren aufgereinigt werden. Die thermochemischen Konversionsverfahren unterscheiden sich hinsichtlich ihres Reaktordesigns, der Prozessführung und der Vorbehandlung der Abfälle, was die ökologische Bewertung und Vergleichbarkeit erschwert [2]. Auch die Art und Reinheit der Kunststoffabfälle beeinflusst direkt die Zusammensetzung der entstehenden Pyrolyseöle. Polyamide tragen beispielsweise zu einer erhöhten Stickstoffbelastung im Produkt bei [3].

Trotz der grundsätzlich möglichen thermochemischen Konversion von Kunststoffabfällen zu Pyrolyseölen, die wiederum als Ausgangsstoffe für chemische Produkte genutzt werden können, bestehen erhebliche Zweifel daran, ob – und in welchem Maß – thermochemische Verfahren tatsächlich einen Beitrag zum Umweltschutz leisten können [4]. Zahlreiche Ökobilanzen zu den einzelnen Verfahren liegen zwar vor, sind jedoch häufig schwer nachvollziehbar und untereinander kaum vergleichbar – weshalb das Umweltbundesamt das Forschungsvorhaben *Abschätzung der Potenziale und Bewertung der Techniken des thermochemischen Kunststoffrecyclings* (Förderkennzeichen

3.720.343.020) initiierte. Dazu musste eine Methodik entwickelt werden, die alle für die Bewertung notwendigen Einflussfaktoren erfasst und angemessen berücksichtigt. Diese Methodik, die im Wesentlichen auf einer Stoff- und Energiebilanz basiert, kann prinzipiell auf andere Verfahrensbewertungen übertragen und als Referenzansatz für weitergehende Analysen verwendet werden [5].

2 Herausforderungen bei der ökologischen Bewertung chemischer Recyclingprozesse

Ökologische Bewertungsmethoden – etwa Lebenszyklusanalysen (LCAs) – ermöglichen bei einheitlicher Betrachtungsweise vergleichende Aussagen zu den Umweltauswirkungen. Grundlage dafür sind Sachbilanzen, die sich auf klar definierte Systemgrenzen beziehen. Damit verschiedene Prozesse auf Basis vorhandener Ergebnisse vergleichbar sind, müssen die zugrunde gelegten Systemgrenzen einschließlich möglicher Erweiterungen, die getroffenen Annahmen sowie die Allokation von Energie- und Materialflüssen konsistent gehandhabt werden.

Ein zentrales methodisches Problem liegt in der uneinheitlichen Veröffentlichung von Allokationsregeln, der Bewertung von Nebenprodukten sowie der Definition von Systemgrenzen – insbesondere hinsichtlich der Berücksichtigung von Gutschriften. Es stellt sich unter anderem die Frage, nach welchen Kriterien Emissionen zwischen Haupt- und Nebenprodukten verteilt werden, wie Allokationsregeln angewendet werden sollen und ob Rückstände wie Pyrolysegas oder Kohlenstoffrückstände als Abfall oder als energetisch nutzbare Produkte einzuordnen sind. Zudem besteht Unsicherheit darüber, ob vorgelagerte Prozesse wie die Kunststoffsortierung, oder nachgelagerte Schritte wie etwa eine Hydrierung in die Systemgrenzen der Analyse einbezogen werden sollten. Zusätzlich sind detaillierte Primärdaten aufgrund des Schutzes firmenspezifischen Know-hows häufig nicht öffentlich zugänglich, sodass sich viele Studien auf aggregierte Summenparameter stützen. Ein weiteres Hindernis ist der Einsatz proprietärer Modellierungswerkzeuge wie Aspen Plus® für technische Simulationen oder GaBi® und ecoinvent für Lebenszyklusanalysen. Diese Werkzeuge ermöglichen zwar detaillierte Prozessabbildungen und Ökobilanzen, jedoch sind die zugrundeliegenden Modellannahmen, Stoffdaten und Allokationsregeln häufig nicht transparent dokumentiert. Insbesondere bei nicht etablierten Verfahren – wie sie im chemischen Recycling häufig vorkommen – erschwert dies die wissenschaftliche Nachvollziehbarkeit und Vergleichbarkeit der Umweltwirkungen erheblich.

Darüber hinaus bleibt die Qualität der eingesetzten Stoffe und deren Einfluss auf die Produktqualität weitgehend unberücksichtigt. Die erzeugten Pyrolyseöle müssen in der Regel in energieintensiven Raffinerieprozessen gereinigt und in Naphtha-Crackern weiterverarbeitet werden, um als chemischer Rohstoff für die Kunststoffproduktion eingesetzt werden zu können. Kusenberg et al. weisen darauf hin, dass Pyrolyseöle im Vergleich zu fossilem Naphtha deutlich höhere und stärker variierende Schadstoffgehalte aufweisen. [6, 7]. Ein zentrales Problem stellt der hohe Anteil an Olefinen und Aromaten dar, da diese im Cracker zur verstärkten Verkokung führen können. Auch erhöhte Gehalte an Stickstoff, Sauerstoff und Alkalien beeinträchtigen die Prozessstabilität und Produktqualität. Um die Spezifikationen der Anlagenbetreiber zu erfüllen, ist häufig eine starke Verdünnung mit fossilem Naphtha erforderlich. Für eine großtechnische Nutzung ist daher eine umfassende Dekontamination und Hydrierung der Pyrolyseöle notwendig – abhängig von der Qualität der eingesetzten Kunststoffabfälle. [6–8].

Ein weiteres Problem bei einem Verfahrensvergleich stellt die unterschiedliche technologische Reife der Prozesse dar. Viele bilanzierbare Anlagen sind nicht optimiert und weisen einen Technology Readiness Level (TRL) von 5 bis 8 (Labormaßstab, Pilotanlagen oder Demonstrationsanlagen) auf [9]. Ein objektiver Vergleich thermochemischer Konversionsverfahren im chemischen Recycling ist kaum möglich, da den einzelnen Verfahren stark divergierende Ausgangsbedingungen zugrunde liegen. Der Mangel an belastbaren Daten und die daraus abgeleiteten Annahmen zu den Umweltwirkungen sowie den Ökobilanzen chemischer Recyclingverfahren werden daher von Umweltverbänden zu Recht kritisch hinterfragt [10].

3 Methodik

Die Studie *Abschätzung der Potenziale und Bewertung der Techniken des thermochemischen Kunststoffrecyclings* (Förderkennzeichen 3720343020) hatte zum Ziel, trotz der schwierigen Vergleichbarkeit unterschiedlicher chemischer Recyclingprozesse eine methodisch einheitliche und aussagekräftige Bewertungsgrundlage zu schaffen.

Im Rahmen der Studie wurden jeweils zwei Praxisverfahren zur Verölung und zur Pyrolyse untersucht, wobei unterschiedliche Kunststoffabfälle mit teils stark variierender Qualität zum Einsatz kamen (Abb. 1).

Abb. 1 Kunststoffabfälle für das chemische Recycling. links; Ersatzbrennstoff (EBS) (mit Staub, Papier, etc.) und rechts gemischte Polyolefine (MPO) Polyolefingehalt > 95 %. (Eigene Darstellung)

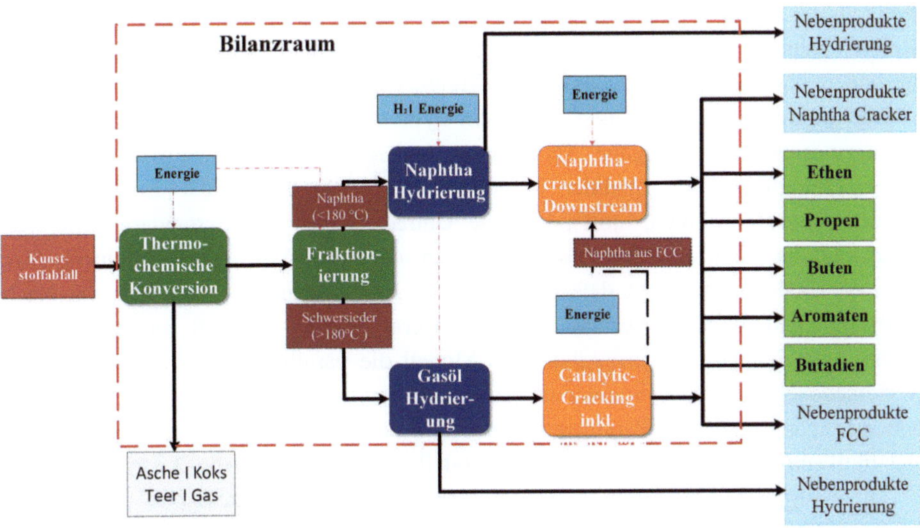

Abb. 2 Bilanzraum für das chemische Recycling von Kunststoffabfällen mit nachgeschalteten Downstreamprozessen. (Eigene Darstellung)

Alle Verfahren wurden hinsichtlich ihrer Ausbeuten massenbilanziell erfasst. Sowohl die Qualität der eingesetzten Abfälle als auch der erzeugten Produkte wurde analysiert. Da die Pyrolyseöle der Verfahren unterschiedliche Zusammensetzungen aufwiesen, war eine Systemerweiterung durch eine nachgeschaltete Veredelungskette (Downstream) erforderlich. Als einheitliches Zielprodukt wurden sogenannte High-Value Chemicals (HVC) – darunter Ethen, Propen, Butene, Butadien und Aromaten – sowie Nebenprodukte definiert. Auf diese Weise konnte ein konsistenter Bilanzraum für alle Verfahren geschaffen werden, der einen systematischen Vergleich der Bilanzierungsrouten der untersuchten chemischen Recyclingverfahren ermöglichte. Die Annahmen zum Downstream, wie etwa zur Hydrierung und zum Naphthacracker, basieren auf dem aktuellen Stand der Technik der erdölbasierten Chemie [11–16]. Der gewählte Bilanzraum stellt als Gate-to-Gate-Ansatz ein fiktives Werk dar (Abb. 2), das so in Realität nicht oder nur in Teilen existiert. Die jeweiligen thermochemischen Recyclingverfahren befinden sich innerhalb des Werkes. Eine vorherige Vorsortierung von polyolefinischer Kunststoffabfällen unterliegt standortspezifischen Rahmenbedingungen und ist nicht im Verfahrensvergleich berücksichtigt. Als Vergleichspfad diente die fossile Naphtha-Route von Erdöl mit Vorkette zu HVCs im Gate-to-Gate-Ansatz.

3.1   Modellierungsansatz und Bilanzierung

Zur methodischen Vereinheitlichung der ökologischen Bewertung thermochemischer Konversionsverfahren wurde eine ingenieurtechnische Stoff- und Energiebilanzmethodik entwickelt. Diese basiert auf definierten Inputdaten und einem einheitlichen, fiktiven

Werkansatz zur Harmonisierung der Prozessrouten (Abb. 2). Die Methodik dient als Referenzrahmen zur quantitativen Abschätzung zentraler Umweltindikatoren, insbesondere des Energieverbrauchs und der Treibhausgasemissionen.

Für die operative Umsetzung wurde ein Python-basiertes Rechenmodell entwickelt, das eine strukturierte Eingabe, Verarbeitung und Auswertung der Stoff- und Energiedaten ermöglicht. Die modular aufgebaute Rechenlogik umfasst Eingabemodule, Bilanzierungsalgorithmen, stoffspezifische Umrechnungen sowie standardisierte Ausgabeeinheiten. Sämtliche Parameter, Stoffdaten und Ergebnisse werden in einem strukturieren JSON-Format bzw. datenbankähnlicher Ablagestruktur gespeichert, um Nachvollziehbarkeit, Wiederverwendbarkeit und externe Anbindung (z. B. an Excel) zu gewährleisten. Gleichzeitig ermöglicht das Modell die parallele rechnerische Bewertung verschiedener Verfahrensvarianten und Prozessrouten unter identischen oder gezielt variierten Eingangsdaten und Parametern – innerhalb des einheitlich definierten Bilanzraums des fiktiven Referenzwerks. Die zentrale Modellarchitektur ist in Abb. 3 dargestellt.

Die ökologische Bewertung erfolgt entlang der gesamten Prozesskette – vom Kunststoffabfall bis zu den Zielprodukten (High-Value Chemicals, HVC). Nebenprodukte werden anhand ihres Energiegehalts bilanziell berücksichtigt und können in weiterführenden Analysen (z. B. Nutzenkorbmethode) einbezogen werden.

Grundlage bildet eine vereinfachte Globalmassenbilanz (vgl. Formel 1), in der die Umwandlung der Einsatzstoffe in Hauptprodukte, Nebenprodukte und Verluste abgebildet ist.

$$m_{In} + m_{H_2} = m_{HVC's} + m_{Nebenprodukte} + m_{TCK,Verluste}[kg] \tag{1}$$

Die Gesamtbilanzen für Energieaufwand und Treibhausgasemissionen ergeben sich aus der Summation aller relevanten Teilschritte – einschließlich thermochemischer Konversion, Hydrierung, Cracking und nachgelagerter Veredelung – bezogen auf den Input (z. B. Kunststoffabfall) oder das Zielprodukt (HVC). Die entsprechenden Berechnungen erfolgen gemäß Formeln (2), (3) und (4).

$$m_{HVC} = \sum_{i \in HVC} m_i$$

$$mit\ i \in \{Ethen, Propen, Butene, Aromaten, Butadien\}[kg] \tag{2}$$

$$E_{In} = \sum_i \frac{E_i}{m_{In}} \left[\frac{kWh}{kg_{In}}\right] oder E_{HVC} = \sum_i \frac{E_i}{m_{HVC}} \left[\frac{kWh}{kg_{HVC}}\right] \tag{3}$$

$$THG_{In} = \sum_i \frac{THG_i}{m_{In}} \left[\frac{kgCO_2\text{äq}}{kg_{In}}\right] oder\ THG_{HVC} = \sum_i \frac{THG_i}{m_{HVC}} \left[\frac{kgCO_2\text{äq}}{kg_{HVC}}\right] \tag{4}$$

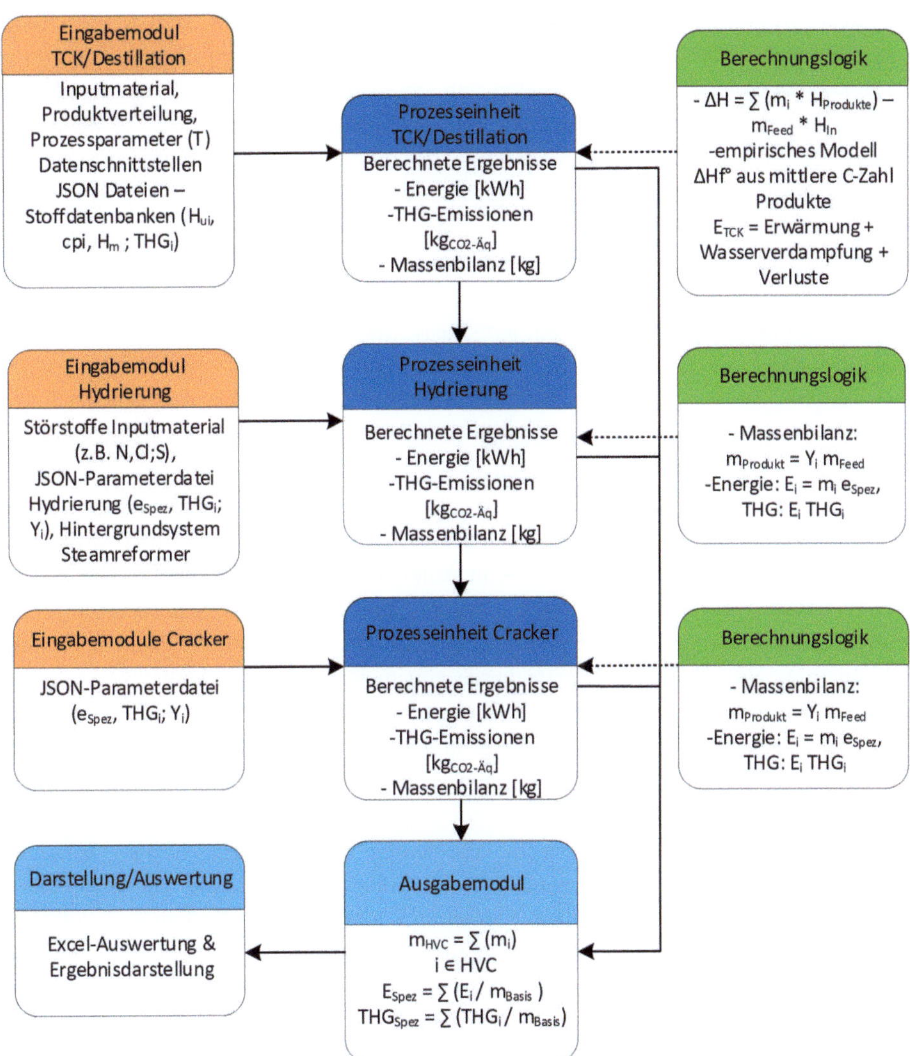

Abb. 3 Modularer Aufbau des Python-basierten Rechenmodells zur Bilanzierung von Energieverbrauch und Treibhausgasemissionen thermochemischer Recyclingpfade. Die Prozesseinheiten (blau) verarbeiten die Eingangsdaten (orange) unter Anwendung einer definierten Berechnungslogik (grün). Die konsolidierte Auswertung erfolgt im Ausgabemodul (hellblau). Durchgezogene Linien stellen den sequentiellen Datenfluss dar, gestrichelte Linien verweisen auf hinterlegte Rechenalgorithmen innerhalb der Prozesseinheiten. (Eigene Darstellung)

Für die Prozesseinheit „TCK/Destillation" wurden im Python-basierten Rechenmodell verschiedene Ansätze zur energetischen Beschreibung thermochemischer Konversion integriert. Wie bereits dargestellt, befinden sich viele Anlagen derzeit noch auf einem nicht optimierten energetischen Niveau. Eine weitere Herausforderung stellt die detaillierte Analyse der Input- und Produktströme dar. In der ingenieurtechnischen Praxis haben sich zur energetischen Bewertung drei methodische Ansätze etabliert:

- die Differenz der Standardbildungsenthalpien von Edukten und Produkten,
- die Differenz der spezifischen Heizwerte,
- sowie empirische Berechnungen auf Basis der Produktverteilung der Spaltungsprodukte.

Die Aussagekraft der jeweiligen Methode hängt maßgeblich von der Qualität und Verfügbarkeit der zugrunde liegenden Daten ab.

Der in dieser Studie dargestellte Verfahrensvergleich basiert auf einheitlichen Modellannahmen zur Bewertung des Energie- und Treibhausgasbedarfs. Der Energiebedarf der thermochemischen Konversion wurde – in Anlehnung an die UBA-Studie *Abschätzung der Potenziale und Bewertung der Techniken des thermochemischen Kunststoffrecyclings* (Förderkennzeichen 3720343020) – im Modell auf Grundlage der analysierten Produktzusammensetzung abgeleitet. Hierzu wurde ein im Rechenmodell implementiertes empirisches Verfahren verwendet, das den Energieaufwand zur Spaltung von Polymeren in Paraffine und Olefine abbildet. Die Berechnung erfolgt in Abhängigkeit von der mittleren Kohlenstoffzahl der Produkte und basiert auf den Standardbildungsenthalpien der Edukte und Produkte (E_C).

Das Aufschmelzen der Kunststoffabfälle wurde unter Berücksichtigung relevanter Phasenübergänge als temperaturabhängige Funktion modelliert und zur Bestimmung des Heizenergiebedarfs (E_H) in die Formeln (5–7) integriert. Zusätzlich wurden sowohl der Energieaufwand für die Erwärmung der wässrigen Phase als auch der Einfluss des Aschegehalts berücksichtigt. Wärmeverluste (E_V) wurden pauschal mit 10 % des Gesamtenergiebedarfs angesetzt und stellen damit einen idealisierten Grenzwert dar (Vgl. Formel 7). Aus der Summe dieser Teilenergien ergibt sich der Bruttoenergiebedarf der thermochemischen Konversion.

$$
E_H = \left[\begin{array}{c} \left(0{,}0013 T_{Poly}^2 + 2{,}0974 T_{Poly} + 250{,}53 \right) \\ * (1 - (\omega_{Asche} + \omega_{H2O})) \\ + \\ (cp_{Ash} * m_{Asche}) * (T_{TK} - T_U) \\ + \\ m_{H2O} \left(0{,}0003 T_{TK}^2 + 1{,}809 T_{Tk} + 2419 \right) \end{array} \right] \frac{1}{3600} [kWh] \tag{5}
$$

$$E_C = \frac{1{,}738\overline{3} * (1 - (\omega_{Asche} + \omega_{H2O}))}{\left(\sum_i \left(\frac{m_i}{\sum_j m_j} C_i\right)\right)^{1{,}026}} [kWh] \tag{6}$$

$$E_{TCK} = E_H + E_C + E_v [kWh] \tag{7}$$

Die Treibhausgasemissionen (THG) sind direkt an den Energiebedarf der jeweiligen Prozessschritte gekoppelt. Für die thermochemische Konversion (TCK) ergibt sich dieser aus den zuvor beschriebenen Teilenergien (Heizbedarf, Umwandlungsenergie, Verluste) gemäß den Formeln (5–8). Der Energiebedarf kann entweder elektrisch oder thermisch gedeckt werden; als Energieträger wurde im vorliegenden Fall Flüssigerdgas (LNG) zugrunde gelegt, basierend auf Literaturdaten [17–19].

Die Fraktionierung der Produktöle erfolgte gemäß definierter Siedeschnitte: Bestandteile mit Siedetemperaturen < 180°C wurden der Naphthafraktion zugeordnet, schwerer siedende Komponenten der Gasölfraktion [8, 12, 13]. Die energetische und THG-bezogene Bewertung erfolgte modellgestützt auf Basis spezifischer Trenn- und Energiekennwerte, die als Parameter im Rechenmodell hinterlegt sind.

In der Prozesseinheit „Hydrierung" werden zwei Teilprozesse unterschieden: Die Naphthafraktion durchläuft einen Hydrotreating-Prozess, während die Schwersiederfraktion einer Gasölhydrierung unterzogen wird. Der Wasserstoffbedarf wurde auf Grundlage von PIONA- und Heteroatomanalysen sowie unter Berücksichtigung anlagenspezifischer Wasserstoffüberschüsse berechnet. Fehlende Angaben zu Störstoffen wurden durch Literaturdaten ergänzt; die Ergebnisse der Szenarien ‚Pyrolyse I' und ‚Pyrolyse II' sind daher nur eingeschränkt belastbar [6, 7]. Die grundlegenden Anlagenparameter wie beispielsweise Energieverbräuche in der Hydrierung wurden durch Literaturwerte ergänzt [11, 15]. Zudem wurde das Hintergrundsystem zur Wasserstofferzeugung mittels Steamreformer aus fossilen Quellen rechenmodellseitig berücksichtigt [20–22].

Der energetische Gesamtaufwand der Hydrierung ergibt sich aus dem Wasserstoffbedarf sowie prozessspezifischen Energieverbräuchen der Vor- und Nachbehandlung. Die daraus resultierenden THG-Emissionen korrelieren direkt mit dem eingesetzten Wasserstoff und den spezifischen Energiequellen.

In der Prozesseinheit „Cracker" werden die hydrierten Produkte in etablierten petrochemischen Prozessen – insbesondere in Fluid Catalytic Cracking (FCC)-Anlagen und Naphthacrackern – weiterverarbeitet. Im Modell wird davon ausgegangen, dass keine Zumischung erdölbasierter Naphthaströme erfolgt. Dadurch entfällt eine Allokation von Massen- und Energieströmen, was die Vergleichbarkeit der untersuchten Verfahren deutlich vereinfacht [23, 24].

Die Naphthafraktion wird nach der Hydrierung direkt dem Naphthacracker zugeführt. Dessen Massenbilanzierung, Produktausbeuten, Energiebedarf und Treibhausgasemissionen basieren auf anlagenspezifischen Literaturwerten und sind im Modell als parametrisierte Größen hinterlegt. [14, 25–27]. Zusätzlich ermöglicht die Modellierung die iterative Berechnung interner Recycleströme der nicht umgesetzten C5-C9 Fratkionen innerhalb des Crackers.

Die Schwersiederfraktion wird nach der Gasölhydrierung in einem Fluid Catalytic Cracking (FCC)-Prozess weiterveredelt. Im Modell wird ein olefinoptimierter FCC-Prozess angenommen, der auf die gezielte Maximierung der Ausbeuten an leichten Olefinen – insbesondere Butenen und Propen – ausgelegt ist. Alternativ können auch andere FCC-Parameterkonfigurationen sowie naphthaspezifische Prozessvarianten abgebildet werden. Zur Modellierung werden die relevanten Prozessparameter sowie Energie- und Emissionskennwerte aus Literaturquellen entnommen und systematisch parametrisiert implementiert [16, 28]. Ebenso werden interne Recycleströme berücksichtigt, sofern sie anfallen – insbesondere Rückführungen aus dem FCC-Prozess, wie beispielsweise naphthahaltige Fraktionen, die anschließend im Naphtha-Cracker weiterverarbeitet werden.

4   Ergebnisse

Auf Grundlage der analysierten Kunststoffabfälle, der resultierenden Pyrolyseöle sowie der zugehörigen Stoff- und Energiebilanzen – einschließlich der jeweils modellierten Downstream-Prozesse – lassen sich die untersuchten Verfahrensrouten systematisch und vergleichbar bewerten. Die zugrunde liegende Modelllogik basiert auf dem in dieser Arbeit entwickelten, Python-basierten Bilanzierungswerkzeug, das zentrale Umweltindikatoren unter standardisierten Annahmen berechnet. Abb. 4 zeigt die im Modell berücksichtigen, realitätsnahen Pyrolyseölausbeuten – differenziert nach Naphtha- und Schwersiederfraktionen – sowie die Mengen der anfallenden Nebenprodukte (Gas, Koks, Wasser,

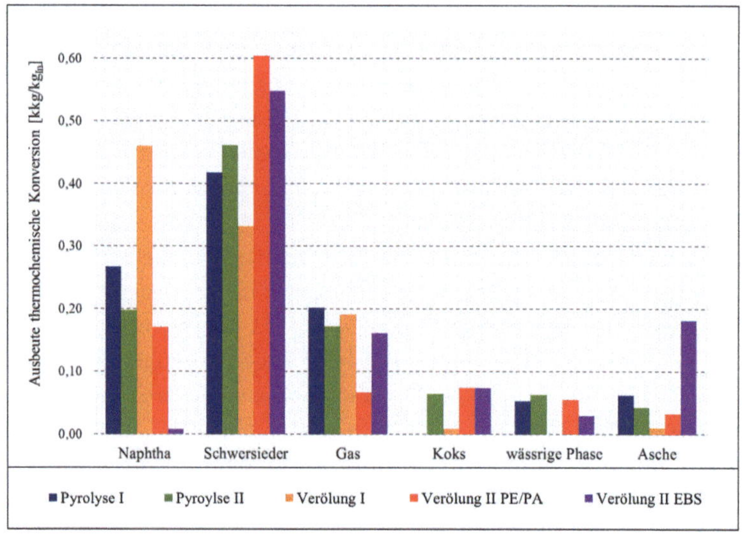

Abb. 4 Ausbeute Pyrolysöl und Nebenprodukte für vier unterschiedliche Verfahren und unterschiedliche Kunststoffabfälle. (Eigene Darstellung)

Asche). Die höchste Naphtha-Ausbeute wurde im Verfahren Verölung I erzielt, was auf den Einsatz eines Abfalls mit besonders hohem Polyolefingehalt zurückzuführen ist. Im Gegensatz dazu weist dieses Verfahren die geringste Ausbeute an Schwersiedern auf. In Verölung II wurde ein sortenreines Compoundmaterial aus Polyethylen und Polyamid (PE/PA) verwendet. Hier wird kaum Naphtha, aber am meisten Schwersieder erhalten.

Sinkt die Abfallqualität hin zum Ersatzbrennstoff (EBS), so wurde bei Verölung II fast kein Naphtha erzeugt. Die beiden Pyrolyseverfahren erzielen jeweils moderate Naphtha- und Schwersiederausbeuten und positionieren sich zwischen Verölung I und II.

Hinsichtlich der Zielfraktion wären demnach Verölung I und Verölung II (PE/PA), jeweils mit rund 77 % Ausbeute, gegenüber den beiden Pyrolyseverfahren mit 67 % sowie Verölung II(EBS) mit nur 56 % zu bevorzugen. Allerdings wurde in Verölung II das qualitativ schlechteste, für das werkstoffliche Recycling ungeeignete Material eingesetzt, was sich im höchsten Ascheanteil von 18 % widerspiegelt

Wie in Abb. 5 dargestellt, bleibt die Aussage auch bei Betrachtung der gesamten Prozesskette bis zu den HVCs auf Grundlage des entwickelten Modellierungsansatzes im Wesentlichen erhalten: Verölung I weist mit 50 % die höchste Ausbeute an HVC auf. Verölung II schneidet signifikant schlechter ab, obwohl die Gesamtölausbeute in Summe derjenigen von Verölung I entspricht. Grund für das schlechtere Abschneiden von Verölung II sind die größeren Verluste, durch den Schwersiederanteil im Downstream. Die

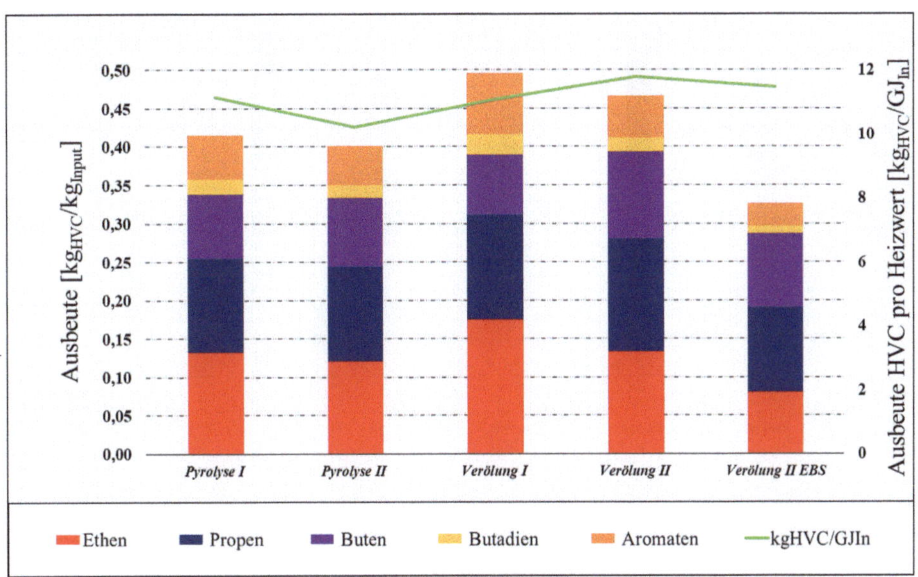

Abb. 5 Ausbeute HVC bezogen auf Masse bzw. Heizwert der eingesetzten Abfälle. (Eigene Darstellung)

Gesamtölausbeute kann daher nicht als Kriterium für eine vergleichende Betrachtung herangezogen werden. Pyrolyse I und II erreichen HVC-Ausbeuten von rund 40 %, während Verölung II mit dem qualitativ schlechten Abfall (EBS) lediglich 32 % erzielt.

Die in Abb. 5 dargestellten Ausbeuten beziehen sich jeweils auf die eingesetzten Kunststofffraktionen der untersuchten thermochemischen Konversionsverfahren. Bei zusätzlicher Bezugnahme auf den Energieinhalt der Einsatzstoffe (unterer Heizwert) – einem etablierten Maß zur Bewertung der Abfallqualität – relativieren sich die Unterschiede zwischen den Verfahren deutlich.

Unabhängig vom eingesetzten Material – sei es der hochkalorische Polyolefinabfall mit einem Heizwert von ca. 40 MJ/kg oder die sogenannte Ersatzbrennstofffraktion mit einem Heizwert von etwa 28 MJ/kg (bei einem Aschegehalt von 18 %) – liegt die HVC-Ausbeute bezogen auf den Heizwert bei rund 11,5 kg HVC pro GJ eingesetztem Abfall. Dies deutet darauf hin, dass die energiebezogene Effizienz der betrachteten Verfahren trotz unterschiedlicher Eduktqualität vergleichbar ist. Diese Parameter beeinflussen sowohl die Treibhausgasemissionen als auch den Energiebedarf der betrachteten Prozesse wesentlich. In Abb. 6 sind die berechneten Treibhausgasemissionen sowie die kumulierten Energieverbräuche der untersuchten Verfahren im Vergleich zur erdölbasierten Erzeugerroute dargestellt. Der ermittelte Energieverbrauch pro Produkt HVC schwankt um

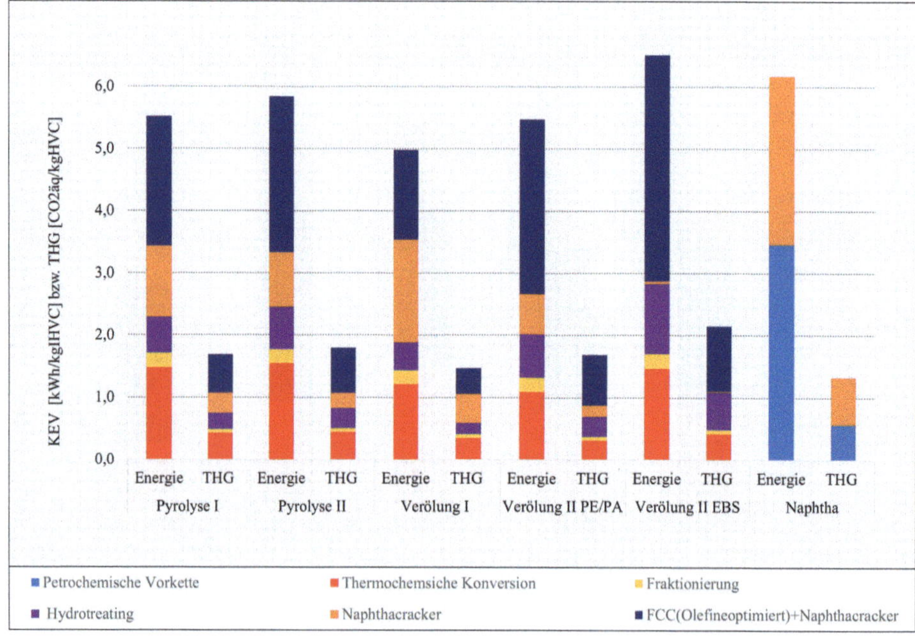

Abb. 6 Kumulativer Energiebedarf und resultierende Treibhausgasemissionen der betrachteten Verfahren. (Eigene Darstellung)

5,4 ± 0,5 kWh/kg HVC und liegt – unter Berücksichtigung der vorgelagerten Prozess-stufen – etwa 1 kWh/kg HVC unter dem Energiebedarf der konventionellen HVC-Her-stellung. Ein tendenzieller Anstieg des spezifischen Energiebedarfs ist jedoch bei Ver-ölung II zu beobachten. Dies ist primär auf den hohen Fremdstoffanteil, der nicht zu Pro-dukten umgewandelt werden kann und trotzdem durch die Produktion geschleust werden muss, zurückzuführen. Ein weiterer bedeutender Faktor ist der Gehalt an Heteroatomen im Abfall, der den Wasserstoffbedarf in der nachgeschalteten Hydrierung erhöht.

Dies führt zu einem erhöhten Energieverbrauch und höheren Treibhausgasemissionen. Zusätzlich entstand mehr Schwersieder, der einen höheren Energieverbrauch im FCC-Cracker mit sich bringt. Im Gegensatz dazu konnte bei Verölung I mit einer hohen Aus-beute an Naphtha eine höhere Gesamtausbeute mit geringerem Energieverbrauch erzielt werden. Tendenziell ist es deshalb von Vorteil, wenn in der thermochemischen Kon-version viel Leichtsieder entsteht. Vergleiche, die lediglich die Ausbeute, Energiever-brauch und Treibhausgasemissionen nach den thermischen Konversionsverfahren aus-weisen, sind irreführend, weil sie nicht bis zu einem definierten und standardisierten Pro-dukt reichen.

Durch die für alle Verfahren einheitliche Referenzbetrachtung über einen konsistenten Bilanzraum – vom vorsortierten Kunststoffabfall bis zum HVC-Endprodukt, das als Aus-gangsstoff für neue Kunststoffe dienen kann – konnten valide und nachvollziehbare Ver-gleiche angestellt werden.

Die entwickelte Methodik basiert auf einer Energie- und Massenbilanzierung für einen fiktiven, jedoch vergleichbaren Gesamtprozess. Auch wenn die konkreten Rahmenbedingungen nicht den realen Gegebenheiten vor Ort entsprechen, erlaubt die-ser Ansatz dennoch eine belastbare Bewertung. Ein wesentlicher Vorteil der Referenz-methode besteht darin, dass sich bereits Technologien im frühen Entwicklungsstadium systematisch vergleichen lassen.

Die Methode folgt einem ingenieurwissenschaftlich etablierten Vorgehen, das üblicherweise zur strategischen Entscheidungsunterstützung in der Industrie dient – wurde hier jedoch auf Grundlage weniger, aber wesentlicher Daten für vergleichende Ökobilanzen adaptiert.

5　Ausblicke und Weiterentwicklung

Das im Rahmen dieser Arbeit entwickelte, Python-basierte Rechenmodell bildet die Grundlage für eine ingenieurstechnisch fundierte Referenzmethodik zur Bewertung thermochemischer Verwertungspfade. Es erlaubt nicht nur die konsistente Bilanzierung neuer Verfahren unter einheitlichen Annahmen, sondern eignet sich darüber hinaus zur vergleichenden Analyse bereits publizierter Ökobilanzen. Auf Grundlage der einheit-lichen Datenstruktur und Parametrisierung des Modells können externe LCA-Studien – sofern Rohdaten verfügbar sind – systematisch re-analysiert werden. Unterschiede hin-sichtlich Systemgrenzen, funktionaler Einheiten, Energiequellen oder Methodenschritte werden dabei in einen gemeinsamen Referenzrahmen überführt. Fehlende Angaben, etwa zu Stoffströmen, Energieeinsätzen oder Emissionsfaktoren, werden modellkonform durch Literaturdaten ergänzt und konsistent interpretiert.

Die Ergebnisse aus der Auswertung von 9 Studien sind in Abb. 7 in Form eines Paritätsdiagramms dargestellt. Hierbei werden die Ergebnisse aus den Studien gegenüber den Ergebnissen der ingenieurtechnischen Referenzmethode der ReFo-Plan-Studie verglichen.

Die Analyse zeigte, dass im Paritätsdiagramm sowohl Überschätzungen als auch Unterschätzungen der Werte auftraten und das ingenieurstechnische Referenzmodell somit eine valide Mittelwertsbetrachtung mit optimistischen Annahmen aber einer guten Beschreibung des realen Potentials zulässt. Die Überschätzung des Modellansatzes – also zu gute Werte des ingenieurtechnischen Ansatzes oberhalb der Winkelhalbierenden – resultierte insbesondere aus der Verrechnung unterschiedlicher Datenquellen sowie der Allokation der Ausbeuten im Cracker. Besonders deutlich wurde dies in der Studie von Das et al. (2022) [29].

In einem EU-Szenario wurden durch das Referenzmodell kumulative Energieverbrauch überschätzt, weil die Originalquelle eine Allokation der Emissionen auf andere

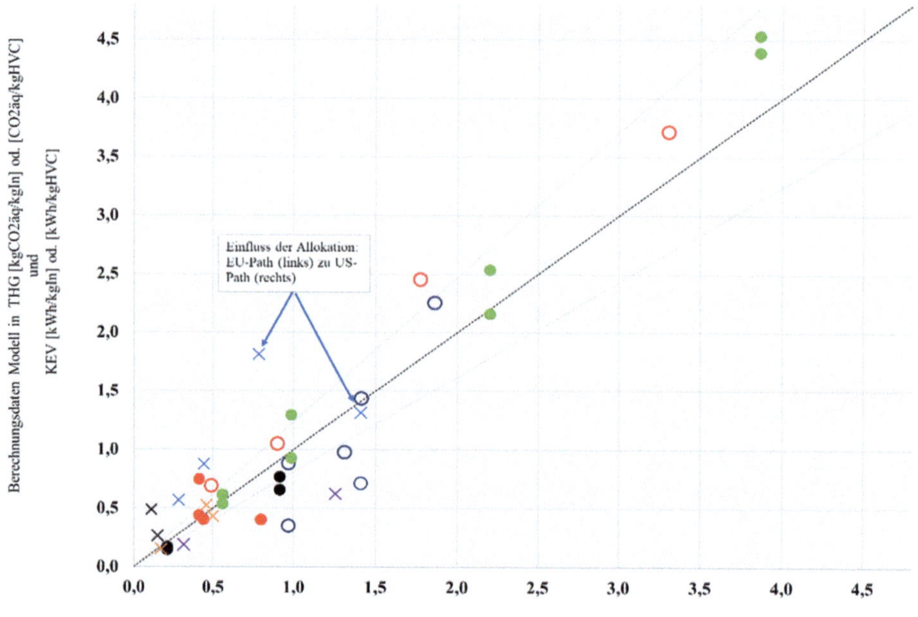

Abb. 7 Paritätsdiagramm zwischen unterschiedlichen Studiendaten und über die Referenzmethode berechneten Daten für Energieaufwand und Treibhausgasemissionen (ausgefüllte Symbole: sehr gute, offene Symbole: schwierige, Kreuze: unzuverlässige Datenlage). (Eigene Darstellung)

Produkte erlaubte. Im US-Szenario der gleichen Studie trat diese Überschätzung nicht auf. Ähnliche Abweichungen ließen sich in den Szenarien in anderen Studien feststellen, wobei insbesondere die getroffenen Annahmen, wie die Behandlung von Nebenprodukten sowie die gewählte Verfahrensroute, eine maßgebliche Rolle spielten. Wurden die Modellierungsannahmen entsprechend der jeweiligen Studie auf die Referenzmethode angepasst – insbesondere durch die Berücksichtigung der thermischen Nutzung der Nebenprodukte –, konnte eine gute Approximation der Ergebnisse erzielt werden.

Besonders gut stimmen Studien mit der Referenzmethode überein, die einen ähnlichen Ansatz hinsichtlich einer Massen- und Energiebilanz verfolgten (z. B. Heyde und Kremer [30]) oder deren Datenlage gut nachvollzogen werden konnte (z. B. Cracida-Alvarez [31]). Hier lässt sich eine hohe Übereinstimmung mit dem Referenzmodell ermitteln (geschlossene Symbole in Abb. 7). Studien mit schwer nachvollziehbaren Daten (Kreuze, Striche) oder fehlerhaften Annahmen führen dagegen zu großen Abweichungen. Dies unterstreicht, dass nachvollziehbare Massen- und Energiebilanzen unverzichtbar für vergleichende Untersuchungen sind.

6   Fazit

Die Referenzmethode zeigt anhand des chemischen Recyclings von Kunststoffabfällen, dass Massen- und Energiebilanz unabdingbar für ökologische Vergleiche von unterschiedlichen Verfahren sind. Veröffentlichte Ökobilanzen ohne diese explizite Ausweisung haben nur eine beschränkte, verallgemeinerungsfähige Aussagekraft. Die ReFo-Plan-Studie zeigte, dass durch eine standardisierte Vorgehensweise die Prozesskette des chemischen Recyclings auch unter Berücksichtigung unterschiedlicher Ver-fahren und Einsatzstoffe in einem definierten, fiktiven Bilanzraum abgeschätzt werden kann. Ausgehend von dieser Referenz kann nun aufbauend eine vergleichbare Ökobilanzierung erfolgen. Standortspezifische und von den Rahmenbedingungen abhängige Aussagen können dann in Abgrenzung zum Referenzmodell gemacht werden, indem Allokationen, Gutschriften aufgrund der Verwendung der Nebenprodukte eingebracht werden. Auch eine Erweiterung für systemische Betrachtungen (z. B. Nutzenkorbmethode) wird so möglich [32]. Zur weiteren Stärkung der Anwendbarkeit und Übertragbarkeit der ingenieurtechnischen Referenzmethode ist ein modularer Ausbau des Modells vorgesehen. Geplant ist insbesondere die Integration zusätzlicher Prozessrouten, Energiemodelle und Stoffdatensysteme sowie eine Erweiterung der Datenstruktur durch die Anbindung an relationale Datenbanksysteme (z. B. MySQL oder SQLite).

Die zentrale Speicherung und strukturierte Verwaltung von Stoffdaten, Prozessparametern und Ergebnissen in einer Datenbank ermöglicht künftig eine effizientere Szenarienbildung, Reanalyse und Durchführung vergleichender Studien.

Durch die Verwendung einer quelloffenen Python-Umgebung kann das Modell transparent, flexibel und kollaborativ weiterentwickelt werden. Eine Veröffentlichung als

Open-Source-Tool würde die Methodik einer breiteren wissenschaftlichen Community zugänglich machen und so die Nachvollziehbarkeit, Wiederverwendbarkeit und Standardisierung in der ökologischen Bewertung thermochemischer Verfahren weiter verbessern.

7   Nomenklaturverzeichnis

C_i	[-]	Kohlenstoffzahl Produkt [i]
cp_i	[kJ/kgK]	Wärmekapazität
E_i	[kWh]	Primärenergiebedarf Prozessschritt
E_{TCK}	[kWh]	Energie TCK (Pyrolyse oder Verölung)
e_{spez}	[kWh]	spezifischer Energiebedarf Prozessschritt
H_{In}	[kg]	Heizwert Input
$H_{Produkti}$	[kg]	Heizwert Produkte[i]
m_{H_2}	[kg]	Wasserstoffbedarf
$m_{HVC's}$	[kg]	Hochwertige Chemikalien
m_i	[kg]	Masse Produkt [i]
m_{In}	[kg]	Masse Inputmaterial
m_j	[kg]	Gesamtmasse [j]
$m_{Produkti}$	[kg]	Produkt Prozessschritts
$m_{Nebenprodukte}$	[kg]	Nebenprodukte (Schweroil)
$m_{TCK,Verluste}$	[kg]	Verluste Thermochemische Konversion (Teer,Koks)
T_{Poly}	[°C]	Temperatur Polymerschmelze
T_{Tk}	[°C]	Temperatur Thermochemische Konversion
THG_i	[kgCO2äq/kWh]	Treibhausgasemissionsfaktor der Quelle [i] (elektro, thermische Energie, prozessspezifische Emissionen)
Y_i	[kg]	Ausbeute Produkt

[i] des Prozessschritts

Danksagung Die beschriebenen Arbeiten wurden im Rahmen der Studie *Abschätzung der Potenziale und Bewertung der Techniken des thermochemischen Kunststoffrecyclings* durch Mittel des Umweltbundesamtes im Rahmen der Fördermaßnahme ReFo-Plan (Förderkennzeichen 3720343020) gefördert und unterstützt.

Weitere Informationen sind auf der Seite des Umweltbundesamts unter https://www. umweltbundesamt.de/publikationen/abschaetzung-der-potenziale-bewertung-der-techniken zu finden.

Literatur

1. Fischer, E., & Hein, J. (2024). *Kurzfassung der Conversio-Studie „Stoffstrombild Kunststoffe in Deutschland 2023": Zahlen und Fakten zum Lebensweg von Kunststoffen.* Conversio Market & Strategy GmbH.
2. Butler, E., Devlin, G., & McDonnell, K. (2011). Waste polyolefins to liquid fuels via pyrolysis: Review of commercial state-of-the-art and recent laboratory research. *Waste and Biomass Valorization, 2*(3), 227–255. https://doi.org/10.1007/s12649-011-9067-5
3. Seitz, M., Cepus, V., Klätte, M., Thamm, D., & Pohl, M. (2020). *Evaluierung unter Realbedingungen von thermisch-chemischen Depolymerisationstechnologien (Zersetzungsverfahren) zur Verwertung von Kunststoffabfällen* (Abschlussbericht AZ 34351/01). Deutsche Bundesstiftung Umwelt. https://www.dbu.de/OPAC/ab/DBU-Abschlussbericht-AZ-34351_01-Hauptbericht.pdf
4. Gleis, M. (2011). Pyrolyse und Vergasung. In K. J. Thomé-Kozmiensky & M. Beckmann (Eds.), Energie aus Abfall (Vol. 8, S. 438–465). TK Verlag Karl Thomé-Kozmiensky.
5. Quicker, P., & Seitz, M. (2024). *Abschätzung der Potenziale und Bewertung der Techniken des thermochemischen Kunststoffrecyclings* (UBA-Texte 154/2024). Umweltbundesamt.https://www.umweltbundesamt.de/publikationen/abschaetzung-der-potenziale-bewertung-der-techniken
6. Kusenberg, M., Eschenbacher, A., Djokic, M. R., Zayoud, A., Ragaert, K., De Meester, S., & Van Geem, K. M. (2022). Opportunities and challenges for the application of post-consumer plastic waste pyrolysis oils as steam cracker feedstocks: To decontaminate or not to decontaminate? *Waste Management, 138,* 83–115. https://doi.org/10.1016/j.wasman.2021.11.009
7. Kusenberg, M., Zayoud, A., Roosen, M., Thi, H. D., Abbas-Abadi, M. S., Eschenbacher, A., Kresovic, U., De Meester, S., & Van Geem, K. M. (2022). A comprehensive experimental investigation of plastic waste pyrolysis oil quality and its dependence on the plastic waste composition. *Fuel Processing Technology, 227,* Article 107090. https://doi.org/10.1016/j.fuproc.2021.107090
8. Keller, F., Voss, R., & Lee, R. P. (2022). *Overcoming challenges of life cycle assessment (LCA) & techno-economic assessment (TEA) for chemical recycling – Recommendations for increasing transparency, comprehensiveness and comparability* (Technical Report). *TU Bergakademie Freiberg.* https://doi.org/10.5281/zenodo.7071886
9. Ramesohl, S., Vetter, L., Meys, R., & Steger, S. (2020). *Chemisches Kunststoffrecycling – Potenziale und Entwicklungsperspektiven: Ein Beitrag zur Defossilierung der chemischen und kunststoffverarbeitenden Industrie in NRW* (Diskussionspapier der Arbeitsgruppe Circular Economy). IN4climate.NRW. https://www.energy4climate.nrw/fileadmin/Service/Publikationen/Ergebnisse_IN4climate.NRW/2020/in4climatenrw-diskussionspapier-chemisches-kunststoffrecycling-web.pdf
10. Tabrizi, S., Rollinson, A. N., Hoffmann, M., & Favoino, E. (2020). *Die Umweltauswirkungen des chemischen Recyclings von Kunststoffen: Zehn Kritikpunkte an vorliegenden Ökobilanzen.* Deutsche Umwelthilfe e. V. https://www.duh.de/fileadmin/user_upload/download/Pressemitteilungen/Kreislaufwirtschaft/Chemisches_Recycling/201218_Verb%C3%A4ndestudie_Die_Umweltauswirkungen_des_chemischen_Recyclings_von_Kunststoffen_final.pdf
11. Parkash, S. (2003). *Refining processes handbook.* Gulf Professional Publishing.
12. Haydary, J. (2019). *Chemical process design and simulation: Aspen Plus and Aspen HYSYS applications.* Wiley.
13. Parkash, S. (2010). *Petroleum fuels manufacturing handbook: Including specialty products and sustainable manufacturing techniques.* McGraw-Hill.

14. Zimmermann, H., & Walzl, R. (2000). Ethylene. In *Ullmann's encyclopedia of industrial chemistry*. Wiley-VCH.https://doi.org/10.1002/14356007.a10_045

15. Pascal, B., Chaugny, M., Sancho, L. D., & Roudier, S. (2015). Best available techniques (BAT) reference document for the refining of mineral oil and gas: Industrial Emissions Directive 2010/75/EU (Integrated Pollution Prevention and Control). *European Commission, Joint Research Centre, Institute for Prospective Technological Studies*. https://doi.org/10.2791/010758

16. Zhou, X., Zhai, Q., Chen, C., Yan, H., Chen, X., Zhao, H., & Yang, C. (2019). Technoeconomic analysis and life cycle assessment of five VGO processing pathways in China. *Energy & Fuels, 33*(11), 12106–12120. https://doi.org/10.1021/acs.energyfuels.9b03253

17. Icha, P., & Lauf, T. (2024). *Entwicklung der spezifischen Treibhausgas-Emissionen des deutschen Strommix in den Jahren 1990–2023* (Climate Change 23/2024). Umweltbundesamt. https://www.umweltbundesamt.de/publikationen/entwicklung-der-spezifischen-treibhausgas-emissionen-1

18. Wachsmuth, J., Oberle, S., Zubair, A., & Köppel, W. (2019). *Wie klimafreundlich ist LNG? Kurzstudie zur Bewertung der Vorkettenemissionen bei Nutzung von verflüssigtem Erdgas (LNG)*. Öko-Institut e. V. https://www.umweltbundesamt.de/publikationen/wie-klimafreundlich-ist-lng

19. Juhrich, K. (2016). *CO_2-Emissionsfaktoren für fossile Brennstoffe* (Climate Change 27/2016). Umweltbundesamt. https://www.umweltbundesamt.de/publikationen/co2-emissionsfaktoren-fuer-fossile-brennstoffe

20. Cetinkaya, E., Dincer, I., & Naterer, G. F. (2012). Life cycle assessment of various hydrogen production methods. *International Journal of Hydrogen Energy, 37*(3), 2071–2080. https://doi.org/10.1016/j.ijhydene.2011.10.064

21. Mehmeti, A., Angelis-Dimakis, A., Arampatzis, G., McPhail, S., & Ulgiati, S. (2018). Life cycle assessment and water footprint of hydrogen production methods: From conventional to emerging technologies. *Environments, 5*(2), 24. https://doi.org/10.3390/environments5020024

22. Spath, P. L., & Mann, M. K. (2001). *Life cycle assessment of hydrogen production via natural gas steam reforming* (NREL/TP-570-27637). National Renewable Energy Laboratory (NREL). https://www.nrel.gov/docs/fy01osti/27637.pdf

23. Russ, M., Gonzalez, M., & Horlacher, M. (2020). *Evaluation of pyrolysis with LCA – 3 case studies*. Sphera Solutions GmbH.

24. Jeswani, H., Krüger, C., Russ, M., Horlacher, M., Antony, F., Hann, S., & Azapagic, A. (2021). Life cycle environmental impacts of chemical recycling via pyrolysis of mixed plastic waste in comparison with mechanical recycling and energy recovery. *Science of the Total Environment, 769*, Article 144483. https://doi.org/10.1016/j.scitotenv.2020.144483

25. Ren, T., Patel, M., & Blok, K. (2006). Olefins from conventional and heavy feedstocks: Energy use in steam cracking and alternative processes. *Energy, 31*(4), 425–451. https://doi.org/10.1016/j.energy.2005.04.001

26. Ren, T., Patel, M., & Blok, K. (2008). Steam cracking and methane to olefins: Energy use, CO_2 emissions and production costs. *Energy, 33*(5), 817–833. https://doi.org/10.1016/j.energy.2008.01.002

27. Tiggeloven, J. L., Faaij, A. P. C., Kramer, G. J., & Gazzani, M. (2023). Optimization of electric ethylene production: Exploring the role of cracker flexibility, batteries, and renewable energy integration. *Industrial & Engineering Chemistry Research, 62*(40), 16360–16382. https://doi.org/10.1021/acs.iecr.3c02226

28. Sadeghbeidi, R. (1995). *Fluid catalytic cracking handbook: Design, operation, and troubleshooting of FCC facilities*. Gulf Publishing.

29. Das, S., Liang, C., & Dunn, J. B. (2022). Plastics to fuel or plastics: Life cycle assessment-based evaluation of different options for pyrolysis at end-of-life. *Waste Management, 153,* 81–88. https://doi.org/10.1016/j.wasman.2022.08.015

30. Heyde, M., & Kremer, M. (1999). *Recycling and recovery of plastics from packagings in domestic waste: LCA-type analysis of different strategies* (LCA Documents, Vol. 5). ecomed Publishers.

31. Gracida-Alvarez, U. R., Benavides, P. T., Lee, U., & Wang, M. (2023). Life-cycle analysis of recycling of post-use plastic to plastic via pyrolysis. *Journal of Cleaner Production, 425,* Article 138867. https://doi.org/10.1016/j.jclepro.2023.138867

32. Quicker, P., Seitz, M., Roemer, F., Schröter, S., & Rothgänger, T. (n. d.). *Thermochemisches Kunststoffrecycling: Technische und ökologische Bewertung.* RWTH Aachen University. https://rwth-aachen.sciebo.de/s/t2z1E3JmFuiERn6

Extremwetter-Toolbox – Technologien zur Echtzeitanalyse von Agrarwetterindikatoren

Timm Waldau, Arno de Kock und Burkhard Golla

Zusammenfassung

Der exponentielle Anstieg multidimensionaler Geodatenmengen in der Landwirtschaft stellt konventionelle relationale Datenbanksysteme vor erhebliche Herausforderungen, insbesondere bei Echtzeitanalysen. Diese Arbeit demonstriert den Einsatz von Array-Datenbanktechnologien zur effizienten Verarbeitung von Agrarwetterindikatoren (AWI) über lange Zeitreihen in hoher räumlicher Auflösung. Das entwickelte System basiert auf einem Array-Datenbankmanagementsystem, das multidimensionale Geodaten als DataCubes verwaltet und komplexe raum-zeitliche Abfragen mittels Web Coverage Processing Service (WCPS) direkt auf der Serverseite ermöglicht. Die implementierte Client–Server-Architektur kombiniert ein Vue.js-Frontend mit einem Node.js-Backend und integriert meteorologische, phänologische und landwirtschaftliche Daten von 1995 bis 2020 in 1×1 km Auflösung. Als Ergebnis wurde eine webbasierte Extremwetter-Toolbox mit drei Hauptkomponenten entwickelt: einem AWI-Atlas zur historischen Datenvisualisierung, einem AWI-Konfigurator für benutzerdefinierte Indikatorerstellung und einem Vorhersagemodell für

T. Waldau (✉) · A. de Kock · B. Golla
Julius Kühn-Institut (JKI), Institut für Strategien und Folgenabschätzung,
Stahnsdorfer Damm 81, 14532 Kleinmachnow, Deutschland
E-Mail: Timm.Waldau@julius-kuehn.de

A. de Kock
E-Mail: Arno.de.Kock@julius-kuehn.de

B. Golla
E-Mail: Burkhard.Golla@julius-kuehn.de

© Der/die Autor(en), exklusiv lizenziert an Springer Fachmedien Wiesbaden GmbH, ein Teil von Springer Nature 2026
F. Fuchs-Kittowski et al. (Hrsg.), *Umweltinformationssysteme - Digitale Innovationen für eine nachhaltige Zukunft*, https://doi.org/10.1007/978-3-658-50065-8_6

Ertragsabschätzungen. Das System ermöglicht erstmals die Echtzeitberechnung komplexer Agrarwetterindikatoren und bietet Landwirten sowie Beratern ein praktisches Werkzeug zur klimaangepassten Bewirtschaftung. Die Array-basierte Architektur reduziert Datenübertragungen erheblich und optimiert die Performance gegenüber traditionellen Ansätzen.

Schlüsselwörter

Extremwetter · Landwirtschaft · Array-Datenbank · DataCube · Agrarwetterindikatoren · Echtzeitanalyse

1 Einleitung

1.1 Problemstellung und Motivation

Im Zuge des digitalen Wandels gewinnt die Generierung datenbasierter Entscheidungsgrundlagen in Echtzeit zunehmend an Bedeutung für die politikberatende Forschung. Besonders in der Landwirtschaft spielen Geomassendaten – insbesondere Rasterdatenzeitreihen mit variabler räumlicher und zeitlicher Auflösung – eine zentrale Rolle, etwa bei der Analyse historischer und aktueller Flächenzustände. Der exponentielle Anstieg dieser Datenmengen in Geodateninfrastrukturen sowie ihre zunehmende multidimensionale Komplexität stellen relationale Datenbanksysteme vor erhebliche Herausforderungen. Vor allem das Datenvolumen, die notwendige Verarbeitungsgeschwindigkeit und steigende Anforderungen an Datenanalyse und -verwaltung erfordern neue technologische Ansätze. Array-Datenbanktechnologien bieten hier vielversprechende Lösungen, insbesondere im Hinblick auf die performante Echtzeitverarbeitung großer DataCubes. Angesichts des Klimawandels und seiner Auswirkungen – insbesondere durch Extremwetter – wächst der gesellschaftliche Bedarf an verlässlichen, aktuellen Geoinformationen stetig [1–3].

Die zentrale technische Herausforderung besteht in der effizienten Verknüpfung und Analyse meteorologischer, phänologischer und landwirtschaftlicher Daten über lange Zeitreihen hinweg in hoher räumlicher Auflösung. Konventionelle relationale Datenbanksysteme stoßen dabei an ihre Grenzen – insbesondere bei Anforderungen an Echtzeitanalysen. Der Ansatz basiert auf einem Array-Datenbankmanagementsystem, das den effizienten Zugriff sowie die Verwaltung multidimensionaler Geodaten in Form von DataCubes ermöglicht. Dies bildet das Kernstück einer Client–Server-Architektur: Während das Frontend als MapViewer-Anwendung die Nutzerinteraktion und Visualisierung übernimmt, basiert das Backend auf einer *Node.js*-Umgebung mit dem *Express.js*-Framework.

1.2 Zielsetzung der Arbeit

Mit dem hier dargestellten Workflow soll ein möglicher Weg der Wissensvermittlung und Bereitstellung von Werkzeugen zur Anpassung an die Herausforderungen des Klimawandels in der Landwirtschaft aufgezeigt werden. Hierfür wird demonstriert, wie die Implementierung eines webbasierten Informationssystems auf Basis einer leistungsfähigen Datenbank-Architektur mit komplexen raum-zeitlichen Abfragen in Echtzeit von uns aufgebaut wurde, die Bereitstellung von Informationstools für externe Nutzer (hier Landwirtinnen und Landwirte) bewerkstelligt wird und rechenintensive Tools wie ML-Modelle zur Extremwettervorhersage („Wetter-Ertrags-Modell") in eine IT-Struktur integriert werden können.

2 Stand des Wissens

2.1 Komplexität moderner Geodaten

Das Zeitalter von Big Data macht auch vor Geodaten keinen Halt und wird in Zukunft noch mehr an Bedeutung gewinnen. Große Geodatenmengen zeichnen sich dabei durch die folgenden drei charakteristischen Eigenschaften aus:

- eine Datenmenge, die über die Grenzen der üblichen Geoverarbeitung hinausgeht;
- eine Geschwindigkeit der Datenerfassung und -verarbeitung, die höher ist als bei herkömmlichen Verfahren sein muss und
- eine Vielfalt, die deutlich mehr und unterschiedlichere Geodatenquellen als üblich miteinander kombinieren muss [4].

Um diese Herausforderungen zu bewältigen, wurden in den letzten Jahren verschiedene Lösungsansätze entwickelt. Dazu gehören neue Datenbanksysteme, verbesserte informationstechnische Verfahren, neue Datenmodelle und innovative Softwarelösungen [5–7].

Einer dieser Lösungsansätze ist die Verwendung von Array-Datenbanken, deren Wirksamkeit bereits in mehreren Projekten demonstriert werden konnte [8–10].

2.2 Anwendungsfall: Landwirtschaftliche Datenverarbeitung

Die moderne Landwirtschaft ist zunehmend von der systematischen Erfassung und Analyse großer Geodatensätze geprägt, die sich durch ihre hohe räumliche und zeitliche Auflösung auszeichnen. Diese Datenmengen stellen besondere Herausforderungen an die Datenverarbeitung dar, da sie komplexe raum-zeitliche Abfragen und Aggregationen erfordern. Darüber hinaus sind praktische landwirtschaftliche Anwendungen oft auf Echtzeitverarbeitung angewiesen, um zeitkritische Entscheidungen in der Bewirtschaftung zu ermöglichen.

Ein besonders relevantes Beispiel für die Komplexität multidimensionaler Analysen in diesem Bereich stellen Agrarwetterindikatoren (AWI) dar. Diese standardisierten Indikatoren für landwirtschaftliche Anwendungen quantifizieren Wetterereignisse innerhalb für das Pflanzenwachstum kritischer Zeiträume. Konkret bedeutet dies, dass ein bestimmter Wetterparameter, wie beispielsweise die mittlere Tagestemperatur der Luft, über eine definierte Anzahl von Tagen einen vordefinierten Schwellenwert (z. B. > 27,5°C) unter- oder überschreitet.

Mit der technischen Umsetzung und Echtzeitberechnung der AWI [11] veranschaulichen die Autoren exemplarisch die technischen Anforderungen, die an moderne Geodatenbanksysteme gestellt werden, sowohl durch die Verarbeitung großer Datenvolumen als auch mit der Durchführung komplexer zeitlicher und räumlicher Analysen.

3 Material und Methoden

3.1 Datengrundlage

Die Umsetzung des landwirtschaftlichen Anwendungsfalles basiert auf mehreren agrarrelevanten Datensätzen, die einheitlich für den Untersuchungszeitraum von 1995 bis 2020 aufbereitet wurden. Sämtliche Datensätze weisen eine räumliche Auflösung von 1 × 1 km auf und wurden in das Koordinatensystem EPSG:25.832 projiziert, um eine effiziente Verarbeitung und Abfragekonstruktion für die nachgelagerte DataCube-Erstellung zu gewährleisten. Für jeden der verwendeten Datensätze wurde ein separater DataCube bzw. eine Coverage erstellt. Während für den AWI-Konfigurator nur die meteorologischen, Bodenfeuchte-, Phänologiedaten und Schwellwerte für Witterungsparameter verwendet werden, dienen für die Modellerstellung zusätzlich das Soil Quality Rating sowie landwirtschaftliche Ertragsdaten als Datengrundlage.

Die meteorologischen Eingangsdaten für Niederschlag, Lufttemperatur (Tmax, Tmin, Tavg) und Windgeschwindigkeit wurden als Tageswerte vom Deutschen Wetterdienst bereitgestellt [12]. Ergänzend hierzu enthält der Bodenfeuchtedatensatz tägliche Informationen zur Bodenfeuchte, dargestellt als nutzbare Feldkapazität (nFK%) für verschiedene Bodenschichten, wobei sich die Analyse auf die oberen 60 cm des Bodenprofils beschränkt. Diese Bodenfeuchtedaten wurden mittels des AMBAV-Modells berechnet und ebenfalls vom DWD zur Verfügung gestellt [13–15].

Der verwendete Phänologiedatensatz umfasst die phänologischen Stadien des Winterweizens und basiert auf dem vom DWD betreuten Beobachtungsnetz zur Phänologie [16]. Die deutschlandweite Interpolation der Daten erfolgte mittels des Phase-Modells [11, 17], wobei der Zeitpunkt des Auftretens phänologischer Stadien als „Day of the Year" (DOY) angegeben wird.

Die Schwellwerte von Witterungsparametern für die Ertragswirksamkeit sowie die Definition kritischer phänologischer Zeiträume, welche als Grundlage für die Berechnung der AWIs dienten, basieren auf den wissenschaftlichen Arbeiten von Riedesel*et al.* [18] und fließen ebenfalls in die Modellerstellung ein.

Als Eingangsdaten für ein Ertragsabschätzungsmodell [19] zur Vorhersage landwirtschaftlicher Erträge von Winterweizen flossen neben Ertragsdaten (1995 bis 2019) zusätzlich das Soil Quality Rating (SQR) mit ein. Das SQR beschreibt die Anbauwürdigkeit des Bodens für landwirtschaftliche Kulturen auf einer Skala von 0 bis 100 Punkten, wobei höhere Werte eine bessere Eignung für den landwirtschaftlichen Anbau indizieren [20].

3.2 Technische Systemarchitektur

Die Anwendung und technische Umsetzung wurden mit dem Geoportal-Viewer „MapViewer" realisiert – einem intern entwickelten Framework für Geoweb-Anwendungen, das seit mehreren Jahren zur Darstellung von Projektergebnissen eingesetzt wird [21, 22]. Der Viewer folgt einer klassischen Frontend-Backend-Aufteilung (Abb. 1), wobei das Frontend die Datenvisualisierung und Benutzeroberfläche übernimmt, während das Backend die Daten von der Datenbank abruft und an das Frontend liefert. Aufgrund des multidimensionalen Charakters des Anwendungsfalls zu den AWIs und der verwendeten Daten fiel die Wahl anstelle einer relationalen Datenbank auf die Array-Datenbank *rasdaman* [23]. Zusätzlich flossen in diese Entscheidung Überlegungen zur Reduzierung des Datenvolumens, das zwischen Datenbank, Server und Frontend ausgetauscht werden muss, mit ein. Die Verwendung dieser Array-Datenbank ermöglicht es, die Daten-

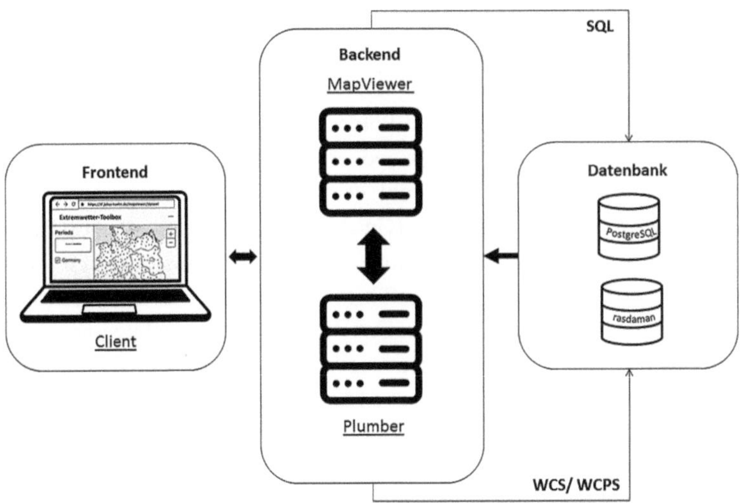

Abb. 1 Schematischer Aufbau der MapViewer-Infrastruktur

verarbeitung direkt auf dem Datenbankserver durchzuführen und nur aggregierte Ergebnisse von der Datenbank abzurufen, anstatt komplette Datensätze oder Datenausschnitte zu übertragen. Dies wird durch die spezialisierte Abfragesprache WCPS von *rasdaman* ermöglicht. Ergänzend zur Array-Datenbank zur Verwaltung von Rasterdaten, wurde für Vektordateien (wie z. B. Geometrien der Bundesländer), noch eine *PostgreSQL*-Datenbank mit der *PostGIS*-Erweiterung [24] eingesetzt.

Neben den Datenbanken basiert das Backend auf *Node.js* [25], wodurch *JavaScript* auch serverseitig eingesetzt werden kann, sowie auf *Express.js* als Framework zur Erstellung von Webdiensten. Zusätzlich wird die Programmiersprache *R* [26] mit dem R-Paket *Plumber* [27] verwendet, um einen Webdienst bereitzustellen, der für die Ausführung eines AWI-Vorhersagemodells zuständig ist, welches im Rahmen des DynAWI-Projektes [28] entwickelt wurde. Für die Schaffung einer benutzerfreundlichen und interaktiven Kartenoberfläche in Form des MapViewers als Frontend, welches sowohl modulare Komponenten für die Benutzerinteraktion als auch leistungsstarke Kartenfunktionalitäten für die Visualisierung geografischer Daten bereitstellt, wurden das *JavaScript*-Framework *Vue.js* [29] und die *JavaScript*-Bibliothek*OpenLayers* [30] verwendet. *Vue.js* eignet sich dabei besonders für die Erstellung und Wiederverwendung von UI-Komponenten und mit der JavaScript-Bibliothek *OpenLayers* lässt sich die Darstellung räumlicher Informationen verwirklichen.

3.3 Implementierte Methoden und Standards

Die methodische Implementierung des Systems basiert auf einer Array-Datenbank, welche eine effiziente Speicherung und Verarbeitung multidimensionaler Coverages ermöglicht. Durch die Nutzung von DataCube-Strukturen wird eine optimale Performance bei der Abfrage großer Rasterdatensätze gewährleistet. Die Integration standardkonformer OGC-Schnittstellen, insbesondere des Web Coverage Service (WCS) und Web Coverage Processing Service (WCPS), ermöglicht komplexe Datenverarbeitungsoperationen direkt auf der Serverseite. Um das volle Potenzial von WCS und WCPS für die Datenverarbeitung nutzen zu können, wurden jedoch zunächst Preprocessing-Schritte in der Datenverarbeitung implementiert. Obwohl es technisch nicht erforderlich ist, die Inputdaten im *Tagged Image File Format* (GeoTIFF) auf ein einheitliches Raster zu projizieren und in ein gemeinsames Koordinatensystem zu transformieren, wurde dieser Harmonisierungsschritt dennoch durchgeführt. Hintergrund war die wesentliche Vereinfachung der Komplexität bei der späteren Erstellung und dem Debugging von WCS- und WCPS-Abfragen. Diese Vorgehensweise war notwendig, da die verschiedenen Inputdaten in unterschiedlichen Rastergrößen, EPSG-Codes und räumlichen Ausrichtungen vorlagen. In Abb. 2 ist beispielhaft dargestellt, wie die verschiedenen Input-Raster in einen standardisierten DataCube homogenisiert wurden. Für die Durchführung der erforderlichen Bearbeitungsschritte wurde die *Geospatial Data Abstraction Library* (GDAL) eingesetzt [31].

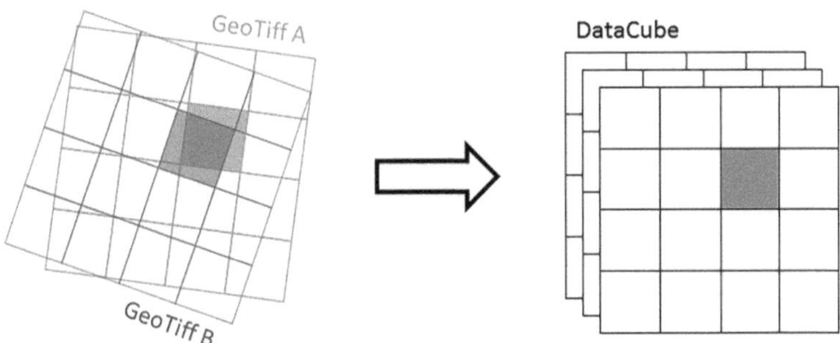

Abb. 2 Homogenisierungsschritt verschiedener GeoTIFFs

Durch diese Preprocessing-Schritte konnte als zentraler Bestandteil des gesamten Workflows die Generierung von WCPS-Queries implementiert werden, die sowohl vordefiniert im AWI-Modell-Tool als auch benutzerdefiniert im AWI-Konfigurator zum Einsatz kommen. Die Homogenisierung der Strukturen verschiedener DataCubes ermöglicht es, die unterschiedlichen Inputparameter als standardisierte DataCubes frei miteinander zu kombinieren, sodass durch die entsprechende Abfrage ausschließlich das gewünschte Ergebnis zurückgegeben wird. Diese Methodik bietet den wesentlichen Vorteil, dass aus verschiedenen multidimensionalen Datensätzen direkt ein zweidimensionales Ergebnis generiert wird, welches als *GeoTIFF*-Datei ausgegeben wird. Die implementierte Vorgehensweise ermöglicht somit eine effiziente Datenreduktion und -transformation direkt auf der Serverseite, wodurch die Übertragung vollständiger multidimensionaler Datensätze vermieden und die Performance des in Echtzeitrechnen Workflows erheblich optimiert wird. In Abb. 3 ist schematisch dargestellt, wie zwei verschiedene Coverages (Phänologie und Bodenfeuchte) kombiniert werden und ausschließlich die Bereiche aufsummiert werden, die eine definierte Bedingung (dunkelgrau dargestellt) erfüllen.

Die WCPS-Query für dieses Beispiel würde wie folgt formuliert werden und kann als POST-Request vom Backend-Service oder dem R-Modell an die Array-Datenbank gesendet werden. Die Query Abb. 4 ist folgendermaßen aufgebaut: Der Kopfteil (grün markiert) beinhaltet die Coverages, die für die Abfrage verwendet werden sollen – in diesem Fall die nutzbare Feldkapazität des Bodens und die phänologischen Stadien des Winterweizens. Der nachfolgende Abschnitt (schwarz markiert) dient als Cutout für die gewünschte räumliche Ausdehnung und den Zeitraum. Der rote Bereich enthält die Anweisungen für die Berechnungen, die direkt auf der Datenbank ausgeführt werden. Hier sollen in Form einer Schleife alle Tage je Gridzelle aufsummiert werden, bei denen die nutzbare Feldkapazität (nFK%) einen bestimmten Schwellenwert unterschreitet und sich die phänologischen Stadien zwischen Ährenschieben (Stadium 15) und Gelbereife (Stadium 21) befinden. Die Ausgabe wird im violett markierten Abschnitt definiert und kann neben zweidimensionalen Formaten wie *GeoTIFF* auch *JSON*- oder *CSV*-Format sowie dreidimensionale Formate wie *NetCDF* ausgeben.

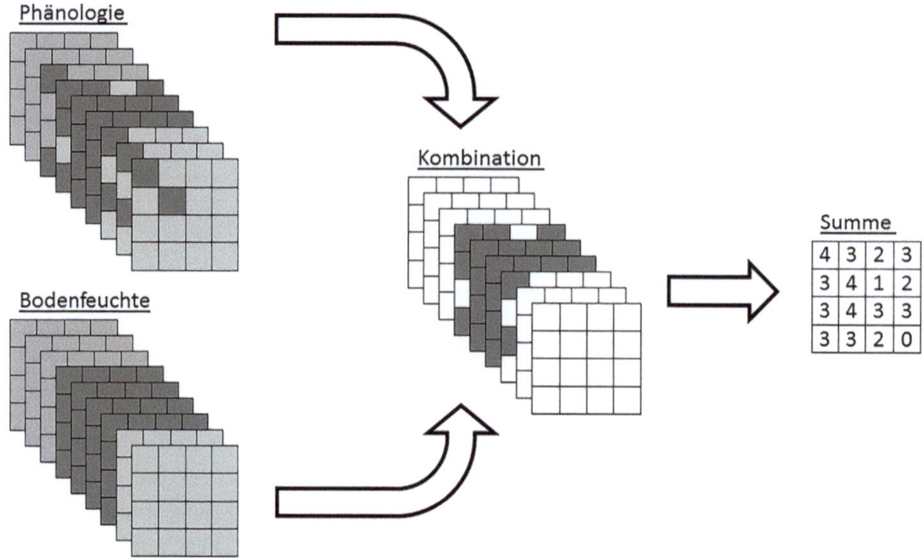

Abb. 3 Schematische Darstellung der AWI-Berechnung

```
--- WCPS – Example
for    $ambav in (DWD_pawXcult001X1kmXambav2_daily),
       $pheno in (jki_phaseX202XwinterwheatXdaily

let    $coord := [E:"CRS:1" (0:653),N:"CRS:1" (0:400)],
       $ambavCut := $ambav[ansi("2018-03-01":"2018-08-31")][$coord],
       $phenoCut := $pheno.0[ansi("2018-03-01":"2018-08-31")][$coord],
       $count_cov := coverage count_cov

over
       $e E(domain($ambavCut, E)),
       $n N(domain($ambavCut, N))
values count(
           $ambavCut[E($e),N($n)] <= 30 and
           $phenoCut[E($e), N($n)] >= 15 and
           $phenoCut[E($e), N($n)] <= 21)

return encode($count_cov,"tiff")
```

Abb. 4 Beispielcode für eine WCPS-Query zum Abfragen der Summe der Tage, die eine nFK%
unter 30 % zwischen den Stadien 15 und 21 haben

4 Ergebnisse

Im Folgenden werden die drei implementierten Funktionalitäten der Extremwetter-Toolbox vorgestellt. Die Toolbox ist unter folgendem Link verfügbar: https://sf.julius-kuehn. de/mapviewer/dynawi (Stand: Juni 2025) und umfasst derzeit drei Hauptanwendungen.

4.1 AWI-Atlas

Über eine webbasierte Kartenanwendung visualisiert der AWI-Atlas historische Agrarwetterdaten für Deutschland. Die Toolbox beinhaltet 34 normierte Wetterindikatoren, kategorisiert nach sechs pflanzenrelevanten Einflussfaktoren: Hitze, Trockenheit, Bodenfeuchte, Niederschlag, Wechselfrost und Windgeschwindigkeit. Anwender können sowohl spezifische Jahre aus dem Zeitraum 1995 bis 2020 analysieren als auch langfristige Trends durch die Betrachtung von 25-Jahres-Mittelwerten und deren Variabilität erfassen.

4.2 AWI-Konfigurator

Die Anwendung für die AWI-Konfiguration ermöglicht es Nutzern, maßgeschneiderte Agrarwetterindikatoren durch die Verknüpfung verschiedener Klimaparameter in Echtzeit zu berechnen. Durch die flexible Kombination meteorologischer Daten wie Bodenfeuchte, Niederschlagsmengen und Lufttemperaturen mit phänologischen Entwicklungsstadien des Winterweizens und der Definition eigener Schwellenwerte erhalten Nutzer ein hochindividuelles Werkzeug für ihre spezifischen Anwendungsanforderungen. Das System unterstützt sowohl vordefinierte administrative Einheiten wie Bundesländer als auch benutzerdefinierte Flächengeometrien (bspw. Ackerschläge/Feldblöcke). Die Geometrien können dabei frei Hand gezeichnet oder als standardisierte *GeoJSON*-Dateien importiert werden.

4.3 AWI-Vorhersagemodell

Die AWI-Modell-Anwendung ermöglicht eine quantitative Bewertung potenzieller Ertragseinbußen durch extreme Wetterereignisse. Die aktuelle Implementierung konzentriert sich auf Winterweizen (*Triticum aestivum L.*) und umfasst einen 25-jährigen Analysezeitraum von 1995 bis 2020. Das zugrunde liegende Modell basiert auf Expertenwissen und ermöglicht retrospektive Analysen historischer Daten. Durch Echtzeitberechnungen erhalten Nutzer ein Instrument zur eigenständigen Abschätzung witterungsbedingter Ertragsrisiken im Winterweizenanbau.

5   Fazit

Mit dem hier vorgestellten Workflow konnten die Autoren aufzeigen, dass es möglich ist, durch die Kombination einer Array-Datenbank mit einem generischen Geoportal eine innovative Webanwendung zu entwickeln. Diese Anwendung eignet sich besonders gut für den Wissenstransfer komplexer multidimensionaler Daten. Die Verwendung von DataCubes und insbesondere der Software *rasdaman* ermöglicht es den Nutzern zusätzlich, direkte Berechnungen auf der Datenbank durchzuführen und somit zielgerichtete Informationen effizienter abzufragen. Dies ist besonders für die Anpassung an den aktuellen Klimawandel und dessen Folgen von entscheidender Rolle, da hier im Besonderen kleinskalige lokale Lösungsansätze zur Resilienzsteigerung entwickelt werden müssen und auch von staatlicher Seite unterstützt werden sollten [32].

Zwar kann der hier vorgestellte Workflow auch mit klassischen relationalen Datenbankmanagementsystemen (RDBMS) realisiert werden, jedoch bietet der Einsatz einer Array-Datenbank als zentrales Architekturelement Effizienzvorteile. Die native Speicherung mehrdimensionaler Daten ohne Zerlegung in Tabellen bewahrt die räumliche und zeitliche Nähe von Datenpunkten [33], wodurch komplexe mathematische Operationen direkt durchgeführt werden können. Dies liegt einerseits am Wegfall von ressourcenintensiven JOIN-Operationen und andererseits an den für räumliche Aggregationen und Zeitreihenanalysen optimierten WCPS-Queries. Diese Architektur erleichtert zudem die Implementierung generischer nutzerspezifischer Abfragen und ermöglicht eine automatisierte Übersetzung von Nutzerparametern in WCPS-Queries. Dabei werden dynamische Schwellwertdefinitionen sowie flexible räumliche und zeitliche Filterungen unterstützt, was eine bedarfsgerechte Datenanalyse für verschiedene Anwendungsszenarien überhaupt erst ermöglicht. Des Weiteren können verschiedene ML-Modelle nahtlos mit automatisiertem Datenaustausch ohne redundante Zwischenspeicherung eingebunden werden, was voraussichtlich Performancevorteile liefert.

Trotz der Vorteile bringt dieser Ansatz auch Herausforderungen mit sich. Eine wesentliche Einschränkung stellt die Beschränkung auf ausschließlich Rasterdaten dar. Darüber hinaus erfordert das DataCube-Konzept eine intensivere Einarbeitung, da es sich konzeptionell erheblich von klassischen relationalen Datenbanksystemen unterscheidet. Nichtsdestotrotz konnte mit dem Use Case zur Echtzeitberechnung komplexer Agrarwetterindikatoren ein performantes praxisrelevantes Tool umgesetzt werden.

6   Ausblick und Weiterentwicklung

6.1   Funktionale Erweiterungen

Für die Weiterentwicklung der Extremwetter-Toolbox haben die Autoren sich vorgenommen, die bisherigen Schwellenwerte weiter zu optimieren und zusätzliche Extremwettersituationen und -ereignisse zu implementieren. Dabei sollen auch Hagel- und

Spätfrostereignisse auf ihre Auswirkungen auf den Ertrag von Winterweizen analysiert und implementiert werden. Zusätzlich wollen die Autoren diesen Workflow auch auf andere Kulturarten wie Winterraps oder Mais ausweiten. Aktuell sind die Autoren dabei, ein weiteres ML-Modell für die Kurzzeitvorhersage von Erosionswahrscheinlichkeiten für landwirtschaftliche Flächen zu implementieren [34], sodass die Extremwetter-Toolbox auch nachhaltig weitergenutzt wird und sich langfristig als ein sinnvolles Werkzeug für die Landwirtschaft etabliert. Darüber hinaus sind auch ganz neue Themenfelder für die Integration denkbar, wie beispielsweise eine Anbaueignung von Kulturen unter verschiedenen Klimaszenarien. Diese Erweiterung würde das System zu einem noch umfassenderen Planungsinstrument für die klimaangepasste Landwirtschaft entwickeln.

6.2   Technische Optimierungen

Neben den vorgeschlagenen inhaltlichen Weiterentwicklungen soll der bestehende Ansatz technisch optimiert werden, um die derzeit noch zeitintensive Berechnung größerer Regionen (bspw. auf Bundeslandebene) zu reduzieren. Dies würde die Akzeptanz bei politischen Entscheidungsträgern und Interessenten großflächiger Analysen erhöhen. Erste Überlegungen wurden bereits angestellt: das retrospektive AWI-Vorhersagemodell lässt sich beschleunigen, indem deutschlandweit vorgerechnete standardisierte AWIs genutzt werden. Dadurch kann erheblich Rechenleistung eingespart werden.

Die gesamte MapViewer-Anwendung ist offen und generalisiert konzipiert. Dies bietet nicht nur ein hohes Wiederverwendungspotenzial für Funktions- und Designelemente, sondern ermöglicht auch die flexible Nutzung von Inhalten. Der AWI-Atlas, der AWI-Konfigurator und das Vorhersagemodell können beispielsweise als Bausteine eines modularen Werkzeugkastens angeboten und problemlos in thematisch andere MapViewer-Anwendungen integriert werden.

Neben diesen technisch-funktionalen Optimierungen soll auch die Benutzerfreundlichkeit gestärkt werden. Das Ziel ist eine Weiterentwicklung von klassischen Laptop- oder Desktop-Umgebungen hin zu einem „Responsive Design" – der Anpassung der Darstellung an unterschiedliche Auflösungen, Geräte und Bildschirmgrößen. Dadurch wird der Anwendungsbereich auf mobile Endgeräte erweitert und die Nützlichkeit für Berater und Landwirte deutlich gesteigert, die Informationen direkt auf dem Feld benötigen.

Literatur

1. Delgado, J. A., Short, N. M. Jr., Roberts, D. P., & Vandenberg, B. (2019). Big data analysis for sustainable agriculture on a geospatial cloud framework. *Frontiers in Sustainable Food Systems, 3*, Artikel 54. https://doi.org/10.3389/fsufs.2019.00054
2. Sudmanns, M., Tiede, D., Lang, S., Bergstedt, H., Trost, G., Augustin, H., Baraldi, A., & Blaschke, T. (2019). Big earth data: Disruptive changes in earth observation data management and analysis? *International Journal of Digital Earth, 13*(7), 832–850. https://doi.org/10.1080/17538947.2019.1585976

3. Wagemann, J., Siemen, S., Seeger, B., & Bendix, J. (2021). Users of open big earth data – an analysis of the current state. *Computers & Geosciences, 157*, Article 104916. https://doi.org/10.1016/j.cageo.2021.104916

4. Ivan, I., Singleton, A., Horák, J., & Inspektor, T. (2017). The rise of big spatial data. *Springer International Publishing.* https://doi.org/10.1007/978-3-319-45123-7

5. Furtado, P., & Baumann, P. (1999). Storage of multidimensional arrays based on arbitrary tiling. In *Proceedings 15th International Conference on Data Engineering (Cat. No.99CB36337)* (S. 480–489). IEEE. https://doi.org/10.1109/icde.1999.754964

6. Merticariu, V., & Baumann, P. (2019). Massively distributed datacube processing. In *IGARSS 2019 – 2019 IEEE International Geoscience and Remote Sensing Symposium* (S. 4787–4790). IEEE. https://doi.org/10.1109/IGARSS.2019.8900432

7. Lokugam Hewage, C. N., Vo, A. V., Bertolotto, M., Le-Khac, N.-A., & Laefer, D. (2022). 4SA: Optimizing space filling curve based grid cell indexing to scalably manage re-motely sensed images in key-value databases. *ISPRS Annals of the Photogrammetry, Remote Sensing and Spatial Information Sciences*, X-4/W3-2022, 143–150. https://doi.org/10.5194/isprs-annals-X-4-W3-2022-143-2022

8. Tan, Z., Yue, P., & Gong, J. (2017). An array database approach for earth observation data management and processing. *ISPRS International Journal of Geo-Information, 6*(7), 220. https://doi.org/10.3390/ijgi6070220

9. Baumann, P., Misev, D., Merticariu, V., & Huu, B. P. (2019). Datacubes: Towards space/time analysis-ready data. In J. Döllner, M. Jobst, & P. Schmitz (Hrsg.), *Service-Oriented Mapping: Changing Paradigm in Map Production and Geoinformation Management* (S. 269–299). Springer International Publishing. https://doi.org/10.1007/978-3-319-72434-8_14

10. Baumann, P., Misev, D., Merticariu, V., & Huu, B. P. (2021). Array databases: Concepts, standards, implementations. *Journal of Big Data*, 8(1). https://doi.org/10.1186/s40537-020-00399-2

11. Möller, M., Doms, J., Gerstmann, H., & Feike, T. (2019). A framework for standardized calculation of weather indices in Germany. *Theoretical and Applied Climatology, 136*(1–2), 377–390. https://doi.org/10.1007/s00704-018-2473-x

12. Deutscher Wetterdienst. (2022). Climate Data Center: Historische tägliche Stationsbeobachtungen für Deutschland. https://opendata.dwd.de/climate_environment/CDC/observations_germany/climate/daily/

13. Löpmeier, F.-J. (1983). Agrarmeteorologisches Modell zur Berechnung der aktuellen Verdunstung (AMBAV). *Beiträge zur Agrarmeteorologie* (7/83), 1–55. https://opendatao.dwd.de/climate_environment/CDC/grids_germany/daily/evapo_r/AMBAV.pdf

14. Friesland, H., & Löpmeier, F.-J. (2007). The performance of the model AMBAV for evapotranspiration and soil moisture on Müncheberg data. In K. C. Kersebaum, J.-M. Hecker, W. Mirschel, & M. Wegehenkel (Hrsg.), *Modelling water and nutrient dynamics in soil–crop systems* (S. 19–26). Springer Netherlands. https://doi.org/10.1007/978-1-4020-4479-3_2

15. Selzer, T., & Schubert, S. (2023). Cover crop water consumption: Analysing performance of the agrometeorological model for the calculation of actual evapotranspiration (AMBAV) in a container experiment. *Journal of Agronomy and Crop Science, 209*(5), 747–760. https://doi.org/10.1111/jac.12656

16. Kaspar, F., Zimmermann, K., & Polte-Rudolf, C. (2015). An overview of the phenological observation network and the phenological database of Germany's national meteorological service (Deutscher Wetterdienst). *Advances in Science and Research*, 11, 93–99. https://asr.copernicus.org/articles/11/93/2014/

17. Gerstmann, H., Doktor, D., Gläßer, C., & Möller, M. (2016). PHASE: A geostatistical model for the Kriging-based spatial prediction of crop phenology using public phenological and climatological observations. *Computers and Electronics in Agriculture, 127*, 726–738. https://doi.org/10.1016/j.compag.2016.07.032

18. Riedesel, L., Möller, M., Horney, P., Golla, B., Piepho, H.-P., Kautz, T., & Feike, T. (2023). Timing and intensity of heat and drought stress determine wheat yield losses in Germany. *PLoS ONE, 18*(7), Article e0288202. https://doi.org/10.1371/journal.pone.0288202

19. Waldau, T., & Schmidt, K. (in Vorbereitung). Weather-based yield loss model. Unveröffentlichtes Manuskript, Julius Kühn-Institut, Bundesforschungsinstitut für Kulturpflanzen.

20. Mueller, L., Saparov, A., & Lischeid, G. (Hrsg.). (2014). *Environmental Science and Engineering. Novel Measurement and Assessment Tools for Monitoring and Management of Land and Water Resources in Agricultural Landscapes of Central Asia.* Springer International Publishing. https://doi.org/10.1007/978-3-319-01017-5

21. Julius Kühn-Institut. (2020). *ProgRAMM: Proaktive pflanzengesundheitliche Risikoanalyse durch Modellierung und Monitoring.* Julius Kühn-Institut, Bundesforschungsinstitut für Kulturpflanzen.

22. Julius Kühn-Institut. (2021). *OptAKlim: Optimierte Anpassungsstrategien der Landwirtschaft an den Klimawandel.* Julius Kühn-Institut, Bundesforschungsinstitut für Kulturpflanzen. https://optaklim.julius-kuehn.de/

23. rasdaman.org. (2018). *rasdaman – raster data manager (9.5.0).* Zenodo. https://doi.org/10.5281/zenodo.1163021

24. PostgreSQL Global Development Group. (2024). *PostgreSQL: The world's most advanced open source relational database: Version 16.x.* https://www.postgresql.org/

25. Node.js Foundation. (2024). *Node.js: JavaScript runtime built on Chrome's V8 JavaScript engine: Version 20.x.* https://nodejs.org/

26. R Core Team. (2024) *R: A language and environment for statistical computing.* R Foundation for Statistical Computing. https://www.R-project.org/

27. Schloerke, B. & Allen, J. (2024). *plumber: An API Generator for R: R package version 1.2.2.* https://CRAN.R-project.org/package=plumber

28. Julius Kühn-Institut. (2021). *DynAWI: Dynamische Agrarwetterindikatoren zur Extremwetterprognose in der Landwirtschaft mit Methoden der künstlichen Intelligenz (KI) und des maschinellen Lernens (ML).* Julius Kühn-Institut, Bundesforschungsinstitut für Kulturpflanzen. https://dynawi.julius-kuehn.de/

29. You, E. (2024). *Vue.js: The progressive JavaScript framework: Version 3.x.* https://vuejs.org/

30. OpenLayers Contributors. (2024). *OpenLayers: A high-performance, feature-packed library for creating interactive maps on the web: Version 9.x.* https://openlayers.org/

31. GDAL/OGR contributors. (2025). *GDAL/OGR Geospatial Data Abstraction software Library [Computer software].* Open Source Geospatial Foundation. https://gdal.org

32. Javadinejad, S., Dara, R., & Jafary, F. (2021). Analysis and prioritization the effective factors on increasing farmers resilience under climate change and drought. *Agricultural Research, 10*(3), 497–513. https://doi.org/10.1007/s40003-020-00516-w

33. Baumann, P. (2021). A general conceptual framework for multi-dimensional spatio-temporal data sets. *Environmental Modelling & Software, 143*, Article 105096. https://doi.org/10.1016/j.envsoft.2021.105096

34. Batista, P. V., Möller, M., Schmidt, K., Waldau, T., Seufferheld, K., Htitiou, A., Golla, B., Ebertseder, F., Auerswald, K., & Fiener, P. (2025). Soil-erosion events on arable land are nowcast by machine learning. *CATENA, 256*, Article 109080. https://doi.org/10.1016/j.catena.2025.109080

Diminished Reality für mobile Outdoor-AR-Visualisierungen des Repowerings von Windenergieanlagen

Maximilian Deharde und Frank Fuchs-Kittowski

Zusammenfassung

Beim Ausbau erneuerbarer Energien sind Windenergieanlagen (WEA) ein zentraler Bestandteil. Dabei rückt das Repowering – der Ersatz veralteter WEA durch moderne, leistungsfähigere Anlagen – zunehmend in den Fokus. Beim Einsatz von Augmented Reality (AR) zur Visualisierung solcher Bauvorhaben besteht das Problem bestehende Anlagen aus der Visualisierung zu entfernen. Hierzu ist die Verwendung von Diminished Reality (DR) ein Lösungsansatz, um reale Objekte der Umgebung in Echtzeit aus der Visualisierung zu entfernen. Der Beitrag zielt auf die Konzeption einer mobilen Outdoor AR- und DR-Anwendung zur Visualisierung von WEA-Repowering-Projekten, in der sowohl geplante Anlagen per AR als virtuelle Objekte hinzugefügt als auch in der Realität bestehende Anlagen per DR aus der Visualisierung entfernt werden. Hierfür werden ein DR-Verfahren basierend auf Convolutional Neural Networks (CNN) zur Objekterkennung und -nachverfolgung sowie Inpainting zur Hintergrundgenerierung konzipiert sowie die Implementierung eines Prototyps beschrieben, der die grundlegenden Funktionalitäten umsetzt.

M. Deharde (✉) · F. Fuchs-Kittowski (✉)
Hochschule für Technik und Wirtschaft Berlin (HTW Berlin), Wilhelminenhofstraße 75A, 12459 Berlin, Deutschland
E-Mail: maximilian.deharde@htw-berlin.de

F. Fuchs-Kittowski
E-Mail: frank.fuchs-kittowski@htw-berlin.de

F. Fuchs-Kittowski et al. (Hrsg.), *Umweltinformationssysteme – Digitale Innovationen für eine nachhaltige Zukunft,* https://doi.org/10.1007/978-3-658-50065-8_7

Schlüsselwörter

Diminished Reality · Augmented Reality · Energiewende · Repowering

1   Einleitung

Erneuerbare Energien sind ein zentraler Baustein, um den Übergang zu einem nachhaltigen und umweltfreundlichen Energiesystem zu realisieren [1]. Sie sind entscheidend für die Reduktion der Abhängigkeit von fossilen Brennstoffen und für die Reduzierung von Treibhausgasemissionen, um die globalen Klimaziele zu erreichen und die Erderwärmung zu begrenzen [2]. Dabei sind Windenergieanlagen ein zentraler Bestandteil des Ausbaus erneuerbarer Energien und spielen eine wesentliche Rolle in der Transformation des Energiesystems [3]. Ein bedeutender Schritt zur Optimierung der Windenergieerzeugung und zur Unterstützung der Energiewende ist das Repowering [4]. Bei dem Prozess des Repowerings werden alte oder weniger effiziente Windkraftanlagen durch moderne, effizientere Turbinen ersetzt werden, die in der Regel eine höhere Leistung und bessere Technologie aufweisen [5]. Wesentliche Vorteile des Repowerings sind erhebliche Steigerung der Energieproduktion, verbesserte Effizienz (effizientere Anlagen auf weniger Fläche) sowie eine höhere Umweltschonung, da neuere Turbinen umweltfreundlicher sind und weniger Lärm verursachen [6], was die Akzeptanz in der Bevölkerung erhöhen kann.

Um die Akzeptanz von geplanten Windenergieanlagen (WEA) in der Bevölkerung zu erhöhen, sind auch realitätsnahe Darstellungen dieser Bauvorhaben erforderlich [7–9]. Hier hat sich die Technologie der mobilen Erweiterten Realität (mobile Augmented Reality, mAR) als geeignet erwiesen, insb. um die visuellen Auswirkungen auf das zukünftige Landschaftsbild glaubwürdig, realitätsnah und in Echtzeit vor Ort darzustellen [10, 11] und damit dazu beizutragen, Sorgen und Vorbehalte bei Anwohner:innen abzubauen (bspw. Veränderung des Landschaftsbildes) [12, 13].

Allerdings stoßen mAR-Visualisierungen bei Repowering-Projekten auf Grenzen [13]. Das zentrale Problem besteht darin, dass bei der Visualisierung der neuen WEA die bereits vorhandenen, aber noch rückzubauenden WEA, noch sichtbar sind und somit in der Darstellung stören. Die mAR-Technologie erweitert lediglich die Umgebung des Nutzers bzw. der Nutzerin mit virtuellen Inhalten (z. B. geplante WEA), kann jedoch reale Objekte nicht entfernen. Aber störende Objekte, die beim Bau entfernt werden müssen, sollten auch aus der mAR-Darstellung entfernt werden, um ein realitätsnahes Bild zu erreichen. Ein Lösungsansatz für dieses Problem ist der Einsatz von Diminished Reality (DR). DR-Technologie ist in der Lage, reale Objekte der Umgebung (z. B. existierende WEA) aus der Visualisierung in Echtzeit zu entfernen [14–16]. Bislang gibt es jedoch keine Anwendungen, die sowohl AR- als auch DR-Technologie nutzen, um Repowering-Projekte zu visualisieren [17].

Ziel dieses Beitrags ist es, eine mobile AR-/DR-Anwendung zur Visualisierung von Repowering-Projekten zu entwickeln, die in der Lage ist, sowohl geplante WEA darstellen zu können (AR), als auch reale, bereits vorhandene WEA in Echtzeit aus der Visualisierung zu entfernen (DR). Mit einer solchen Anwendung könnte die Bandbreite der für Repowering-Projekte verfügbaren Visualisierungsmethoden erweitert und so der Planungsprozess unterstützt werden.

Dieser Beitrag ist wie folgt strukturiert: Im folgenden Abschn. 2 wird der fachliche Hintergrund zu DR und der Stand der Forschung erläutert. Im Anschluss werden die Anforderungen an eine mobile AR-/DR-Anwendung beschrieben, die es ermöglicht, Repowering-Projekte von Windenergieanlagen zu visualisieren (Abschn. 3). In dem darauf aufbauenden Abschn. 4 wird die Konzeption der mobilen Anwendung vorgestellt. Dabei werden insbesondere die Systemarchitektur, die Komponenten des DR-Systems sowie die Benutzungsschnittstelle vorgestellt. In Abschn. 5 wird dann die Implementierung beschrieben. Der Beitrag endet mit einer Zusammenfassung und einem Ausblick in Abschn. 6.

2 Fachlicher Hintergrund und Stand der Forschung

Im Folgenden wird der Begriff Diminished Reality (DR) definiert (Abschn. 2.1) und bezüglich existierender immersiver Technologien (XR, AR, VR, MR) eingeordnet (Abschn. 2.2). Zudem wird der Stand der Forschung zu DR im Umweltbereich (Abschn. 2.3) sowie zu DR-Methoden diskutiert (Abschn. 2.4).

2.1 Diminished Reality (DR)

Diminished Reality (DR) bezeichnet eine Form der computervermittelten Realität, bei der reale Objekte oder Elemente aus der Wahrnehmung der Nutzer:innen in Echtzeit entfernt, ausgeblendet oder vermindert (verzerrt, transparent etc.) werden [14, 16]. Im Unterschied zu Augmented Reality (AR), die digitale (virtuelle) Inhalte zur realen Umgebung hinzufügt, zielt DR darauf ab, bestimmte Bestandteile der realen Welt visuell zu eliminieren und durch eine plausible Hintergrunddarstellung zu ersetzen. Dies geschieht meist mittels Bildverarbeitung und Inpainting-Methoden, die den entfernten Bereich mit passenden Bildinhalten auffüllen, sodass der Eindruck entsteht, das Objekt sei nie vorhanden gewesen.

DR umfasst nach Mori et al. [15] vier Teilschritte:

- **ROI-Erkennung** (ROI = Region-of-Interest): Die Identifikation bzw. Bestimmung des Bildausschnitts, in dem sich das (zu entfernende) Objekt befindet.
- **ROI-Tracking:** Die Nachverfolgung der Position und Form des erkannten Objekts bzw. der ROI über die Zeit (z. B. über mehrere aufeinanderfolgende Kamerabilder bzw. Frames).

- **Hintergrundgenerierung:** Die Erzeugung des durch das Objekt verdeckten Bildbereichs.
- **Bildkomposition:** Die Zusammenführung von generiertem Hintergrund und der direkt beobachteten (unveränderten) Umgebung. Nahtloses Einfügen des generierten Hintergrunds in die Umgebung anstelle des Objekts, um das Objekt mit dem Hintergrund zu ersetzen.

2.2   Abgrenzung zu XR, VR und AR

Extended Reality (XR) ist ein Sammelbegriff für alle immersiven Technologien, d. h. Technologien, die reale und virtuelle Umgebungen sowie deren Interaktionen miteinander kombinieren. XR umfasst sowohl Virtual Reality (VR) als auch Augmented Reality (AR) und Mixed Reality (MR). Während VR eine vollständig computergenerierte, immersive Umgebung schafft, in die Nutzer:innen komplett eintauchen (und mit dieser interagieren können), erweitert AR die reale Welt um digitale (virtuelle) Informationen, ohne sie zu ersetzen. Mixed Reality (MR) verbindet Elemente aus VR und AR und ermöglicht eine noch engere Interaktion zwischen realen und virtuellen Objekten.

Diminished Reality unterscheidet sich von diesen Konzepten, da sie nicht primär Inhalte hinzufügt (wie AR) oder eine neue Welt schafft (wie VR), sondern gezielt reale Objekte entfernt. DR kann als eigenständige Modalität betrachtet werden, wird aber zunehmend auch als Ergänzung zu AR eingesetzt, um realitätsnahe, „bereinigte" Visualisierungen zu ermöglichen, beispielsweise bei Infrastrukturprojekten.

2.3   Stand der Forschung: Diminished Reality auf mobilen Endgeräten und im Umweltbereich

Die Forschung zu Diminished Reality hat in den letzten Jahren an Dynamik gewonnen, insbesondere durch Fortschritte in der Bildverarbeitung und im Deep Learning. Moderne DR-Methoden, wie Deep-Inpainting, ermöglichen es, Objekte in Echtzeit aus Videoströmen zu entfernen und die entstandenen Lücken überzeugend mit passenden Bildinhalten zu füllen. Diese Ansätze sind besonders relevant für mobile Endgeräte, da Smartphones und Tablets heute über ausreichend Rechenleistung und hochwertige Kameras verfügen, um DR-Anwendungen zu unterstützen.

Diminished Reality auf mobilen Endgeräten Trotz dieser Fortschritte steht die breite Anwendung von DR auf mobilen Geräten noch am Anfang. Herausforderungen bestehen insbesondere in der zuverlässigen Segmentierung und Entfernung von Objekten in komplexen, sich verändernden Umgebungen sowie in der Echtzeitfähigkeit der Algorithmen. Erste Prototypen und Forschungsarbeiten zeigen jedoch, dass DR auf mobilen Plattformen technisch möglich ist und großes Potenzial für zahlreiche Anwendungsfelder bietet, etwa in der Medizin, im Bauwesen oder bei der Visualisierung von Infrastruktur-projekten. Bislang existieren jedoch nur wenige kommerzielle Anwendungen, die DR-Technologien auf mobilen Endgeräten umfassend nutzen.

Diminished Reality im Umweltbereich Im Umweltbereich findet DR vor allem in der Landschaftsplanung, Renaturierung und Visualisierung von Infrastrukturprojekten An-wendung, um realitätsnahe Simulationen zukünftiger Szenarien zu ermöglichen. Bspw. können bei der Renaturierung von Flussauen bestehende Infrastrukturen (z. B. Wege) ausgeblendet werden, um den natürlichen Zustand zu simulieren [18], oder bei Bau-vorhaben können durch das Entfernen existierender Strukturen (z. B. Stromleitungen) Planungsteams alternative Szenarien ohne störende Elemente präsentieren, um die Ak-zeptanz von Bauvorhaben zu erhöhen, indem Konflikte um Landschaftsveränderungen reduziert werden [19].

Obwohl solche ersten Pilotprojekte vielversprechende Ergebnisse liefern, ist die DR-Technologie im Umweltbereich noch wenig verbreitet. Dennoch existieren potenziell eine Vielzahl von DR-Anwendungsmöglichkeiten, z. B. in der Stadtplanung oder im Be-reich des Ausbaus der Erneuerbaren Energien.

- Zur Visualisierung von urbanen Planungsvorhaben mithilfe von Augmented Rea-lity ist oftmals die Entfernung bestehender Strukturen notwendig. Beispiele sind die Entfernung von Autos, Menschen und/oder Gebäuden zur Darstellung von Stadt-begrünungsvorhaben wie z. B. Bäumen, Parkanlagen oder Fassadenbegrünungen oder die Entfernung eines Gebäudes zur Darstellung eines Sanierungs- oder Neubauvor-habens.
- Zur Visualisierung von Erneuerbare Energien-Projekte mithilfe von Augmented Rea-lity ist oftmals die Entfernung von bestehenden Anlagen oder Vegetation notwendig. Beispiele sind die Entfernung von existierenden Windenergieanlagen zur Darstellung des Bauvorhabens im Rahmen von Repowering und die Entfernung von Bäumen und Sträuchern zur Darstellung einer geplanten Freiflächen-PV-Anlage sowie die Ent-fernung von Bäumen in einem Wald zur Darstellung einer Waldschneise für Strom-trassen.

2.4　Stand der Forschung: Diminished Reality-Methoden

In frühen Forschungsarbeiten zu DR (ca. bis 2015) wurden Methoden entwickelt, die spezifische Vor- oder Laborbedingungen voraussetzen. Beispielsweise wurde die ROI-Erkennung und -Verfolgung häufig durch das Anbringen von AR-Markern an den zu entfernenden Objekten [20, 21] oder die manuelle Markierung der Objekte in einzel-nen Bildern [22–26] umgesetzt. Auch die Hintergrundgenerierung basierte teilweise auf komplexen, vordefinierten Szenen mit mehreren fest installierten Kameras, die den Hintergrund des Objekts aus verschiedenen Blickwinkeln erfassten [20, 24, 27].

Moderne DR-Verfahren (ca. ab 2015) verfolgen in der Regel jedoch andere technische Ansätze. Insbesondere die Entwicklungen aus dem Machine-Learning (ML) Bereich zur Objekterkennung und Bildvervollständigung werden hierzu genutzt.

Für die **Erkennung der ROI** setzen neuere Ansätze auf flexiblere Techniken als statische Hintergrundkameras oder einfache AR-Marker. Kobayashi et al., Mori et al. und Queguiner et al. nutzten beispielsweise einfache 3D-Objekte, um die ROI zu markieren [28–30]. Hierbei wird beispielsweise ein Zylinder in der 3D-Szene von dem:der Nutzer:in so positioniert, dass es das zu entfernende reale Objekt umschließt. Die ROI ergibt sich dann aus der Projektion dieses 3D-Objekts auf die Bildebene. Dieser Ansatz profitiert von der Umgebungs- und Positionserkennung moderner AR-Frameworks, benötigt jedoch eine initial erkannte Oberfläche zum Platzieren des 3D-Modells und eignet sich vorrangig für statische Objekte. Eine Alternative stellt die automatische Objekterkennung mittels CNNs dar. Kido et al. verwendeten ein leichtgewichtiges CNN (MobileNetSSD), um Menschen automatisiert im Kamerabild der Anwendung zu erkennen [18]. Die ROI wurde als Axis-Aligned-Bounding-Box (AABB) ausgegeben. Herausforderungen bei diesem Ansatz liegen in der Erkennungsgenauigkeit bei kleinen oder teilweise verdeckten Objekten sowie in der benötigten Rechenleistung. Trotz Auslagerung der Modell-Inferenz auf einen Laptop erreichte das Verfahren nur niedrige Frameraten von 4–5 FPS. Da die Veröffentlichung aus dem Jahr 2020 stammt lässt sich vermuten, dass die Verwendung einer neueren, leichtgewichtigeren Netzstruktur höhere (echtzeitfähige) Frameraten zur Folge haben könnte.

Auch das **Tracking (Nachverfolgung) der ROI** hat sich weiterentwickelt. Statt des expliziten Trackings mittels traditioneller Feature-Punkte kommen in modernen Ansätzen oft implizite Methoden zum Einsatz. Wird die ROI beispielsweise durch ein platziertes 3D-Objekt definiert, erfolgt das Tracking indirekt über die Positionsbestimmung des Geräts. Die korrekte Bestimmung der Pose durch das verwendete AR-Framework sorgt dafür, dass das virtuelle Objekt mit dem realen Objekt in der Umgebung deckungsgleich bleibt. Bei der Verwendung von CNNs zur ROI-Erkennung und der Entfernung von ganzen Objektklassen kann das Tracking durch eine kontinuierliche Detektion in jedem Frame erfolgen. In diesem Fall wird die ROI immer wieder neu bestimmt, wodurch ein aktives Tracking der ROI-Merkmale nicht mehr zwingend erforderlich ist. Herausfordernd ist hier die konsistente Objekterkennung über mehrere Frames hinweg.

Bei der **Hintergrundgenerierung** verfolgen moderne Verfahren hauptsächlich Inpainting-Techniken und 3D-Rekonstruktion anstelle von komplexen Multi-Kamera-Setups. Inpainting-Verfahren erstellen einen plausibel wirkenden Hintergrund basierend auf den Informationen der umgebenden Pixel. Fukuda et al. nutzten das in OpenCV implementierte Inpainting nach Telea, um verdeckte Abschnitte des Himmels als Hintergrund zu generieren [31].

Neben solchen Verfahren der klassischen Bildverarbeitung gewinnen auch Machine-Learning-Ansätze an Bedeutung. Hierbei werden Generative Adversarial Networks

(GANs) trainiert, um plausible Hintergründe für entfernte Objekte zu generieren. Kikuchi et al. verwendeten ein GAN mit dem Namen FCHarDNet, um den Hintergrund von Gebäuden oder Bäumen plausibel zu generieren [32]. Kobayashi et al. nutzten das GAN CC-GLCIC für die Hintergrundgenerierung in geschlossenen Räumen (Indoor-DR) [28]. Solche ML-basierten Methoden können sehr realistische Ergebnisse liefern, insbesondere für spezifische Szenarien wie das Ersetzen von Gebäuden durch Himmel oder Bäume. Allerdings erfordern sie oft signifikante Rechenleistung, was die Echtzeitfähigkeit auf mobilen Geräten einschränkt und häufig ein Auslagern der Berechnung auf leistungsfähigere Systeme (Notebook, Server) notwendig macht.

Ein anderer Ansatz ist die Nutzung von Photogrammmetrie oder vorab erstellten 3D-Modellen. Dabei wird ein 3D-Modell der realen Szene erstellt, welches den statischen Hintergrund darstellt. Der Hintergrund von in der Szene platzierten Objekten kann anschließend über dieses 3D-Modell generiert werden. Nach der initialen und oft aufwendigen Modellerstellung ist dieses Verfahren sehr effizient und ermöglicht hohe Frameraten. Queguiner et al. nutzten dieses Verfahren für eine räumlich begrenzte Indoor-Szene [30]. Die Erstellung des Modells dauerte zwischen 10 und 15 min, im Anschluss konnten allerdings selbst auf Tablet und Mobiltelefonen FPS von bis zu 60 erreicht werden. Inoue et al. nutzten Photogrammmetrie, um 3D-Modelle mehrerer Gebäude zu generieren und anschließend zur Hintergrundgenerierung zu nutzen [33]. Die Autoren machten jedoch keine Angaben zur benötigten Rechenzeit der Anwendung. Wichtig bei diesen Methoden ist die korrekte Positionierung des Modells in der virtuellen Umgebung. Nur, wenn das Modell sich mit der Realität deckt, kann dieses gute Ergebnisse für die Hintergrundgenerierung liefern. Inoue et al. begrenzen ihr Verfahren auf eine statische Kamera mit fixer Position, während Queguiner et al. einen AR-Marker zur Positionsbestimmung nutzen.

Der abschließende Schritt der **Bildkomposition,** auch als Synthese oder Überlagerung bezeichnet, fügt den generierten Hintergrund anstelle des entfernten Objekts in das Kamerabild ein. Kido et al. nutzten hierzu ein Alpha-Blending, um den Übergang zwischen realer Umgebung und virtuellem Hintergrund weich zu zeichnen [18]. Bei dieser Technik werden an den Rändern der ROI die Farbinformationen des generierten Hintergrunds und des originalen Kamerabilds weich überblendet, um harte Kanten zu vermeiden. Die ROI des realen Objekts wurde hierbei künstlich vergrößert, um zu verhindern, dass Teile des Objekts an den Rändern der ROI sichtbar wurden.

Es lässt sich zusammenfassend festhalten, dass sich moderne DR-Verfahren durch Verwendung von beispielsweise CNN, GAN oder Photogrammmetrie auszeichnen. CNN können sowohl die Objekterkennung als auch Hintergrundgenerierung übernehmen, sind jedoch in der Regel mit einem hohen Rechenaufwand verbunden. 3D-Modelle, die mit Photogrammmetrie-Verfahren erstellt wurden, benötigen hingegen zur Hintergrundgenerierung kaum Rechenleistung, sind jedoch in der Erstellung aufwendig.

3 Anwendungsszenario „Mobile App mit AR und DR zur Visualisierung des Repowerings von Windenergieanlagen"

In diesem Abschnitt soll das Anwendungsszenario „Mobile Anwendung mit AR und DR zur 3D-Visualisierung des Repowerings von Windenergieanlagen (WEAs) im Landschaftsbild" beschrieben werden. In diesem Szenario sollen Nutzer die Auswirkungen von geplanten Repowerings von WEAs auf das Landschaftsbild mithilfe der mAR-Technologie in Kombination mit DR-Technologie realitätsnah erfahren können.

Dieses Szenario wurde im Rahmen eines Potenzial-Analyse-Workshop (siehe [34]) zu Identifikation und Bewertung von möglichen mAR-Anwendungsszenarien im Bereich der Erneuerbaren-Energien-Anlagen (EE-Anlagen) mit Mitarbeiterinnen des Bayerischen Landesamtes für Umwelt sowie des Bayerischen Staatsministeriums für Wirtschaft, Landesentwicklung und Energie identifiziert und ausgewählt. In einem weiteren Analyse-Workshop konnten die Ziele und Anforderungen an dieses Anwendungsszenario weiter vertieft und analysiert werden.

3.1 Motivation, Ziele und Zielgruppen

Die Planung und Umsetzung von Repowering-Projekten im Bereich der Windenergie ist mit erheblichen Herausforderungen hinsichtlich der Akzeptanz, Transparenz und Nachvollziehbarkeit für alle Beteiligten verbunden. Besonders die Auswirkungen auf das Landschaftsbild sind für Bürger:innen, Behörden und andere Stakeholder oft schwer vorstellbar. Herkömmliche Visualisierungsmethoden wie 2D-Karten oder Fotomontagen sind aufwendig und bilden die räumliche Realität sowie dynamische Aspekte (z. B. Schattenwurf, Bewegung, Sonnenstand) nur unzureichend ab. Mobile Anwendungen mit Augmented Reality (AR) und Diminished Reality (DR) bieten die Möglichkeit, geplante Veränderungen realitätsnah, interaktiv und ortsbezogen zu visualisieren, indem sowohl neue Windenergieanlagen in die reale Umgebung eingeblendet als auch bestehende, rückzubauende Anlagen ausgeblendet werden können.

Zentrale Ziele der mobilen App mit AR zur Darstellung der neu-geplanten Anlagen und DR zum Entfernen existierender WEA sind:

- Realitätsnahe 3D-Visualisierung der geplanten Windenergieanlagen in Echtzeit vor Ort (**AR-Darstellung**).
- Durch das Ausblenden alter Anlagen wird ein realistisches Bild des zukünftigen Landschaftsbildes ermöglicht, was insbesondere beim Repowering entscheidend ist **(Integration von DR)**.

- Komplexe Repowering-Projekte werden für alle Beteiligten anschaulich und nachvollziehbar dargestellt, was die Akzeptanz in der Bevölkerung erhöhen kann (**Transparente und verständliche Kommunikation**).
- Nutzer:innen können verschiedene Szenarien, Blickwinkel und Zeitpunkte (z. B. Tageszeiten, Wetterbedingungen) erleben und so fundierte Meinungen bilden (**Interaktive Beteiligung**).

Eine solche mobile App mit AR und DR unterstützt alle relevanten Zielgruppen dabei, die komplexen räumlichen und visuellen Auswirkungen von Repowering-Projekten realitätsnah zu erfassen und fundierte Entscheidungen zu treffen.

- Die primäre Zielgruppe sind Bürger:innen und Anwohner:innen: Sie erhalten eine verständliche und immersive Vorstellung der geplanten Veränderungen und können sich aktiv in Beteiligungsprozesse einbringen.
- Sekundäre Zielgruppen sind Kommunen und Behörden, die eine solche mobile App als Werkzeug für präzise und nachvollziehbare Visualisierungen im Rahmen von Entscheidungsfindung, Genehmigungsverfahren und Öffentlichkeitsbeteiligung einsetzen können, sowie Projektentwickler:innen und Planungsbüros, die von effizienteren Kommunikationsprozessen profitieren und ihre Projekte transparenter präsentieren können.
- Weitere Zielgruppen (z. B. Naturschutzverbände) können die mobile App einsetzen, um die Auswirkungen von Repowering-Projekten auf Natur, Landschaft und Denkmalschutz nachvollziehbar und objektiv darzustellen.

3.2 Anforderungen

In diesem Abschnitt werden die Anforderungen an eine mobile Anwendung formuliert, die es mithilfe von AR- und DR-Technologie ermöglicht, Repowering-Projekte von Windenergieanlagen vor deren Durchführung zu visualisieren. Die Anforderungen an die Anwendung lassen sich in allgemeine Anforderungen an die mobile Anwendung, die AR-Funktionalität und die DR-Funktionalität aufteilen.

Hinsichtlich der **AR-Funktionalität** ist die Darstellung von 3D-WEA-Modellen zentral. Diese müssen, damit die Visualisierung von WEA-Neubau glaubwürdig wirkt, hochaufgelöst sein und eine animierte Rotorbewegung aufweisen. Hierzu gehört ebenso, dass die Beleuchtung und die Verdeckung der Modelle gesteuert werden können. Dem:der Nutzer:in muss es ermöglicht werden, diese präzise in der realen Umgebung zu platzieren, weshalb eine Bestimmung der Geopose (globale Position und Ausrichtung) des Endgeräts nötig ist.

Tab. 1 Anforderungen an die mobile AR- und DR-Anwendung

Titel	Beschreibung	F/NF
Darstellung von 3D-WEA-Modellen	Die Anwendung muss in der Lage sein, hochaufgelöste und animierte 3D-Modelle von WEA in der Umgebung des Nutzers oder der Nutzerin zu platzieren und darzustellen	F
Bestimmung der Position der 3D-Modelle	Die Anwendung muss dem:der Nutzer:in erlauben, die Position der 3D-Modelle selbst genau zu bestimmen und ggf. später anzupassen	F
Steuerung der Modell-Beleuchtung	Die Anwendung muss die Beleuchtung der 3D-Modelle an die tatsächliche Lichtsituation anpassen können	F
Steuerung der Modell-Verdeckung	Die Anwendung muss dem:der Nutzer:in erlauben, die Verdeckung der 3D-Modelle zu steuern	F
Bestimmung der Geopose des Endgeräts	Die Anwendung muss in der Lage sein, die globale Gerätepose genau zu bestimmen	F
Bildwiederholungsrate	Die Bildwiderholungsrate (FPS) der Anwendung darf nicht unter 20 sinken	NF
Auswahl von realen WEA in der Umgebung	Die Anwendung muss dem:der Nutzer:in ermöglichen, reale WEA in der Umgebung für die Entfernung auszuwählen	F
Generierung des Hintergrunds	Die Anwendung muss für die ausgewählten WEA einen plausibel wirkenden Hintergrund generieren	F
Laufzeit der Hintergrundgenerierung	Die Generierung des Hintergrunds darf nicht länger als wenige Millisekunden dauern	NF
Komposition von Umgebung und generiertem Hintergrund	Die Anwendung muss den generierten Hintergrund so in der Umgebung des Nutzers oder der Nutzerin positionieren, dass damit die zu entfernende WEA überlagert wird	F

Die Anforderungen an die **DR-Funktionalität** der Anwendung beginnen mit der Auswahl von realen WEA in der Umgebung des Nutzers oder der Nutzerin. Nachdem diese ausgewählt wurden, muss ein plausibler Hintergrund generiert werden, der abschließend in jedem Frame die ausgewählte Anlage überlagern muss.

Die **mobile Anwendung** muss gleichzeitig, trotz AR- und DR-Funktionen, echtzeitfähig bleiben. Hierzu muss die Bildwiederholdungsrate während der Nutzung nicht unter 20 Frames-per-Second (FPS) fallen.

In folgender Tabelle sind die erhobenen Anforderungen strukturiert dargestellt (Tab. 1).

4   Konzeption

In diesem Abschnitt soll eine mobile Anwendung konzipiert werden, die es mithilfe von AR- und DR-Technologie ermöglicht, Repowering-Projekte vor deren Durchführung zu visualisieren. Hierzu werden zunächst die konzipierte Gesamtarchitektur präsentiert (Abschn. 4.1), deren zentrale Komponenten AR- und DR-System vorgestellt (Abschn. 4.2 und 4.3) sowie die Bedienoberfläche entworfen (Abschn. 4.4).

4.1 Architektur

Im Folgenden wird die Gesamtarchitektur der Anwendung präsentiert. Deren zentrale Komponenten sind AR-System und DR-System, die im Anschluss detaillierter vorgestellt werden. Die Architektur ist schematisch in Abb. 1 dargestellt.

Die mobile Anwendung soll auf einem geeigneten mobilen Endgerät betrieben werden (Mobiltelefon, Tablet). Dieses stellt für die Anwendung wichtige Hardware-komponenten zur Verfügung: Massenspeicher, IMU- und GPS-Sensoren und Kamera. Der Massenspeicher wird zur Speicherung von 3D-WEA-Modellen genutzt, die an-schließend mit der Game-Engine dargestellt werden können. Die Bestimmung der Geo-pose des Endgeräts wird initial über die internen Sensoren bereitgestellt und von dem:der Nutzer:in manuell verbessert. Die Kamera liefert Bilddaten für sowohl das AR- als auch das DR-System.

Das **AR-System** ist für die Darstellung der 3D-WEA-Modelle in der Umgebung des Nutzers oder der Nutzerin zuständig. Das verwendete AR-Framework übernimmt auto-matisiert komplexe Aufgaben wie die Nachverfolgung der Gerätepose anhand von Sen-sor- und Kameradaten. Der:die Nutzer:in interagiert mit dem AR-System, indem er:sie die Position der WEA bestimmt und die Beleuchtung und Verdeckung der Modelle an-passt.

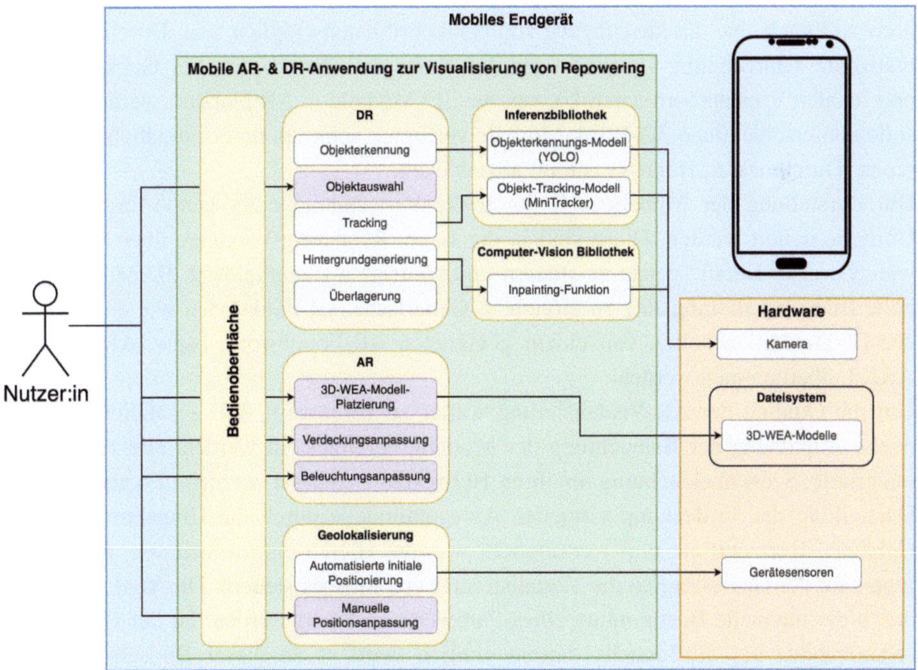

Abb. 1 Architektur der mobilen AR- und DR-Anwendung

Das **DR-System** nutzt trainierte CNN zur Objekterkennung und zum Objekttracking und generiert Hintergründe mithilfe von Inpainting. Um Erkennungs- und Trackingergebnisse zu erhalten ist eine Inferenzbibliothek nötig, die die Inferenz der Modelle anstoßen und Ergebnisse auswerten kann. Die Datengrundlage für das Inpainting liefert die Gerätekamera, während das Inpainting von einer Computer-Vision Bibliothek übernommen wird. Der:die Nutzer:in interagiert mit dem System, indem er:sie automatisch erkannte (reale) WEA auswählt, die anschließend ebenfalls automatisch entfernt werden.

4.2   AR-System

Vorangegangene Arbeiten von Burkard et al. zur AR-Visualisierung von WEA-Bauvorhaben sollen als Vorlage für das AR-System dienen [13].

Um die Geopose des Endgeräts zu ermitteln, wird von dem:der Nutzer:in eine manuelle Bestimmung der eigenen Geoposition durchgeführt. Die Anwendung bestimmt zunächst über die internen GPS-Sensoren einen groben Wert für die Geoposition, der anschließend auf einer 2D-Karte dargestellt wird. Der:die Nutzer:in kann diese initiale Position anpassen, um mögliche Fehler bei der GPS-Positionierung auszugleichen. Die globale Ausrichtung des Geräts wird allein über die internen Gerätesensoren erhalten.

Nach erfolgreicher Bestimmung und Verbesserung der Geopose sollen 3D-WEA-Modelle über eine 2D-Karte der Umgebung von dem:der Nutzer:in platziert werden. Alternativ soll auch eine direkte Eingabe von Geokoordinaten möglich sein. Durch eine automatisierte Umrechnung zwischen auf der Karte markierten globalen Geokoordinaten und lokalen Szenenkoordinaten können die 3D-Modelle in AR platziert werden. Hierfür sollen unterschiedliche 3D-WEA-Modelle verfügbar sein, um unterschiedliche Anlagentypen (Durchmesser, Höhe, Leistung) abzudecken.

Die Darstellung der Modelle soll durch die Verwendung einer Game-Engine, bspw. Unity, gesteuert werden. Diese sind in der Lage, Rendering-Vorgänge über Funktionen wie „Level-of-Detail" genau zu steuern und so, trotz hochaufgelöster 3D-Modelle, eine hohe Bildwiederholungsrate zu erreichen. Generische AR-Funktionen wie das Tracking der Geräterotation sollen von einem geeigneten AR-Framework, bspw. ARCore oder ARKit, übernommen werden.

Um die Qualität der AR-Visualisierung weiter zu verbessern, soll zusätzlich eine manuelle Anpassung der Beleuchtung der Modelle bereitgestellt werden. Hierzu kann die integrierte Szenenbeleuchtung in ihrer Helligkeit angepasst werden. Ebenso soll die Darstellung der Verdeckung virtuellen Anlagenmodelle durch die Umgebung (Bäume, Gebäude, Horizontlinie o. Ä.) ermöglicht werden. Hierzu eignen sich sog. Shader, die innerhalb der Game-Engine die Visualisierung von Meshes steuern. Die Verdeckung soll durch die manuelle Bestimmung eines Farbwerts gesteuert werden. Ist der Hintergrund (Kamerabild) des 3D-Modells diesem ähnlich, wird es an dieser Bildschirmposition nicht dargestellt.

4.3   DR-System

Das DR-System zur Entfernung von bestehenden (realen) WEA soll die zentrale Neuerung der hier konzipierten Anwendung darstellen. Der Ablauf innerhalb des Systems ist schematisch in Abb. 2 gezeigt und wird im Folgenden beschrieben. In Tab. 2 werden die ausgewählten Methoden für die einzelnen DR-Schritte zusammenfassend aufgeführt.

Das Entfernen von WEA durch das DR-System beginnt mit einer **ROI-Erkennung.** Hierzu soll ein geeignetes CNN eingebunden werden, welches auf die Detektion von WEA als Objektklasse trainiert ist. Geeignet sind bspw. You-Only-Look-Once- (YOLO-) Netzstrukturen [35], die solche Objekterkennungsaufgaben übernehmen können. Zur Inferenz auf mobilen Geräten sind verkleinerte Netzstrukturen verfügbar.

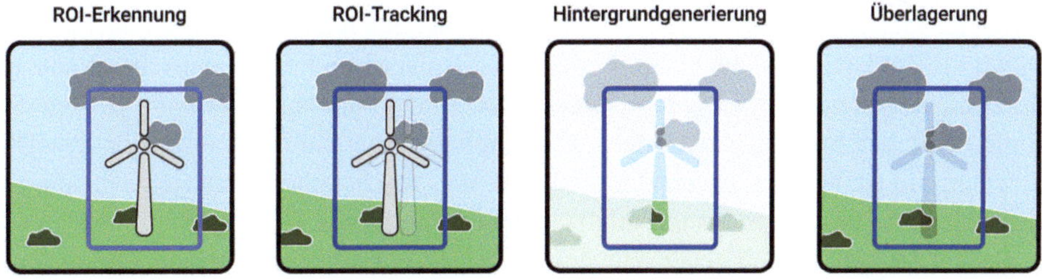

Abb. 2 Schematische Darstellung der DR-Teilschritte

Tab. 2 Übersicht über die Methoden für DR-Schritte, andere Arbeiten und eigener Ansatz

DR-Schritt	Andere	Eigene
ROI-Erkennung	• Objekterkennungs-CNN • Einfache 3D-Modelle (manuell platziert)	• Objekterkennungs-CNN **(YOLO)**
ROI-Tracking	• Implizit über Pose-Bestimmung • Keine (Entfernung aller Objektinstanzen einer Klasse)	• Objekt-Tracking-CNN (**Mini-Tracker**)
Hintergrundgenerierung	• Inpainting • GAN • Photogrammmetrie	• Inpainting (**OpenCV**)
Bildkomposition	• Alpha-Blending	• Alpha-Blending (**Unity**)

Die Position der erkannten Anlagen werden als Axis-Aligned-Bounding-Box (AABB) angegeben, bei denen die Höhe, Breite und Position im Bild der Gerätekamera ausgegeben wird. Die so erkannten Anlagen (deren AABB) werden von der Anwendung eindeutig markiert, damit der:die Nutzer:in diese im Anschluss einzeln auswählen kann.

Sobald eine oder mehrere der Anlagen ausgewählt wurden, werden deren ROI (als AABB) fortlaufend nachverfolgt **(Tracking).** Hierzu eignet sich wiederum die Verwendung eines auf das Tracking von Bildregionen trainiertes CNN. Sofern die Anlage sich im aktuell sichtbaren Bereich der Umgebung befindet, kann die Position der Anlage im Bildbereich nachverfolgt werden. Geeignete Netzstrukturen umfassen bspw. MiniTracker [36], der auf mobilen Endgeräten Tracking-Aufgaben mit guter Performanz übernehmen kann.
Zu jeder so ausgewählten Anlage muss das DR-System in der Lage sein, einen **Hintergrund zu generieren.** Da die Anlagen in den meisten Fällen weit entfernt sind und daher nur einen kleinen Abschnitt im Kamerabild einnehmen, soll ein Inpainting-Verfahren zur Generierung des Hintergrunds verwendet werden. Eine geeignete Bibliothek hierzu ist OpenCV, welche effiziente Inpainting-Algorithmen als Standard-Funktionen anbietet.

Durch die kleinen Bildabschnitte ist die für das Inpainting nötige Rechenzeit eher gering. Durch die großen Abstände zu den betrachteten Anlagen und deren statischer Natur ist es ebenfalls ausreichend, lediglich einmalig den Hintergrund zu generieren, da sich der Hintergrund der Anlagen nicht oder nur geringfügig während der Laufzeit ändert. Die Rahmenbedingungen des Anwendungsfalls werden so bestmöglich ausgenutzt, um die Rechenleistung des Endgeräts nur minimal zu beanspruchen.
Sobald der Hintergrund generiert wurde, kann dieser fortlaufend (in jedem Frame) die **ROI der Anlage überlagern.** Zur Positionierung des generierten Hintergrunds werden die Tracking-Ergebnisse und eingebaute Funktionen der verwendeten Game-Engine genutzt. An den Rändern soll ein Alpha-Blending genutzt werden, um einen weichen Übergang zwischen generiertem und realem Hintergrund zu erzeugen.

4.4 Bedienoberfläche (UI)

Für die konzipierte mobile Anwendung wurde eine Bedienoberfläche konzipiert. Diese ist in Abb. 3 dargestellt und wird im Folgenden näher beschrieben.
Die Anwendung startet mit der Kartenansicht (1), auf der der:die Nutzer:in mit einem Fadenkreuz die zuvor automatisch bestimmte Geräteposition manuell verbessern kann. Nach Bestätigung wird in die Haupt-AR-Ansicht (2) gewechselt. Es sind zunächst keine AR-Inhalte, sondern lediglich die Umgebung des Nutzers oder der Nutzerin als Kamerabild sichtbar. Die beiden Buttons am unteren rechten Bildschirmrand ermöglichen das Hinzufügen (AR) bzw. Entfernen (DR) von WEA.

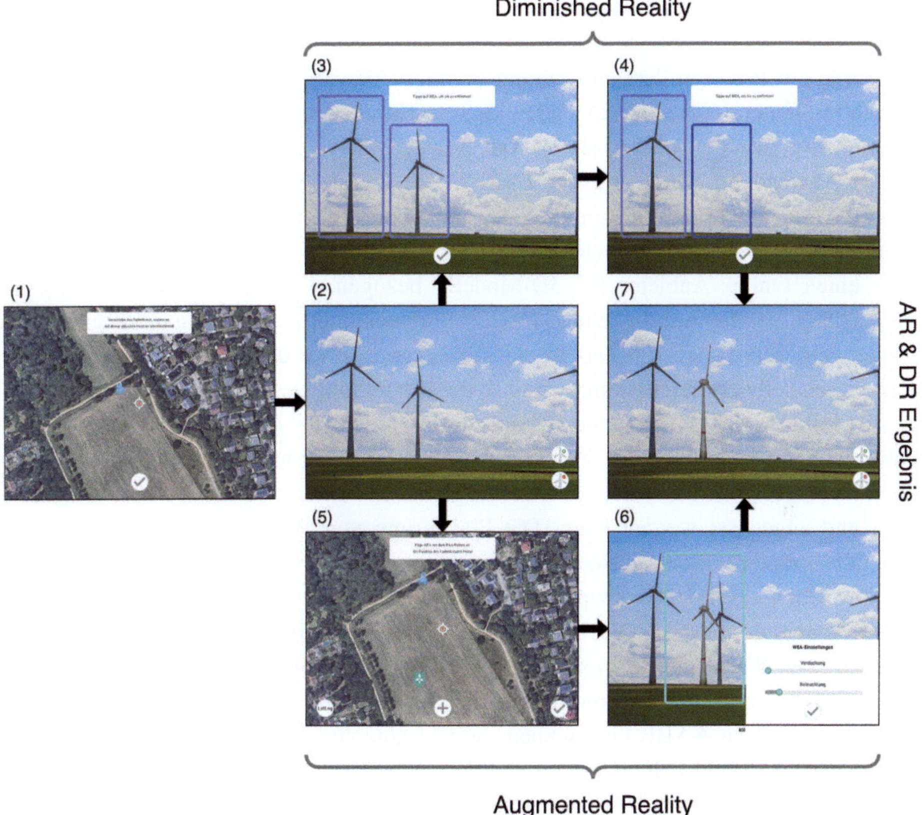

Abb. 3 UI-Mockups

Zur Entfernung von WEA werden von der Anwendung zunächst reale WEA im Kamerabild erkannt und markiert (3). Der:die Nutzer:in kann diese mit einer Tap-Geste auswählen. So ausgewählte Anlagen werden von der Anwendung mit einem dunkleren Rahmen markiert und fortlaufend entfernt (4).

Zum Hinzufügen von WEA wird wieder die Kartenansicht aktiviert (5). Auf dieser können mit einem Fadenkreuz und dem zentralen Button am unteren Bildschirmrand einzelne Anlagen platziert werden. Nach Bestätigung mit dem Button unten rechts wird wieder in die AR-Ansicht gewechselt (6), wo nun die platzierten Anlagen als 3D-Modelle sichtbar sind. Diese können durch Tap-Gesten ausgewählt werden, woraufhin sich ein Menu mit Slidern zur Anpassung der Verdeckung und der Beleuchtung öffnet (6).

Werden alle so beschriebenen Schritte durchlaufen, wird das Ergebnis von AR- und DR-Funktionen sichtbar (7). Ausgewählte reale WEA werden fortlaufend von dem DR-System nachverfolgt und entfernt, während virtuelle WEA glaubwürdig beleuchtet und verdeckt und positionsgetreu in der Umgebung des Nutzers oder der Nutzerin dargestellt werden.

5   Implementierung

Es wurde ein Prototyp der konzipierten mobilen AR- und DR-Anwendung entwickelt, dessen Implementierung im Folgenden kurz beschrieben werden soll. Die Technologien, die hierbei verwendet wurden, sind in Tab. 3 festgehalten.

Die Anwendung wurde mit der *Unity* Game-Engine entwickelt. Um grundlegende AR-Funktionen wie die Bestimmung der Gerätepose zu übernehmen, wurde das AR-Framework *ARFoundation* eingebunden. Ein animiertes 3D-Modell einer WEA wurde über einen Online-Anbieter für 3D-Modelle bezogen. Eine einfache Anpassung der Verdeckung wurde mithilfe eines *Shaders* implementiert, der das nicht-augmentierte Kamerabild verwendet, um Farbabstandsberechnungen zu dem manuell per Slider gesetzten Schwellwert durchzuführen und so die Darstellung des Modells zu steuern.

Zur initialen Bestimmung der Geoposition werden die internen Gerätesensoren zu Anwendungsstart ausgewertet. Zur Verbesserung der Position wurde eine Satellitenkarte über die *Mapbox for Unity* Bibliothek erzeugt, auf der die initiale Geoposition dargestellt wird und angepasst werden kann. Die Platzierung von WEA in der Umgebung wird ebenfalls über diese Karte gesteuert.

Abweichend von dem konzipierten DR-System wurde eine vereinfachte Version der ROI-Erkennung und des ROI-Trackings implementiert. Aufgrund der großen Distanzen zu den realen WEA und deren statischer Position in der Umgebung ist es möglich, einfache Standbilder der Umgebung zu nutzen, auf denen die Nutzer:innen manuell reale WEA mithilfe von AABB einzeichnen. Sobald eine Anlage entfernt werden soll, wird ein solches Standbild aufgenommen und dem Nutzer oder der Nutzerin präsentiert und gleichzeitig die Rotation der Szenenkamera festgehalten. Durch manuelles Einzeichnen von sowohl der AABB und einer Maske, die die Form der WEA umschließt, wird die ROI der Anlage beschrieben. Das Tracking der ROI wird anschließend implizit von dem AR-Framework und dessen Pose-Bestimmung durchgeführt. Es ist hierzu nötig, das Tracking der Position im Raum (Translation) zu deaktivieren. Das Tracking der Orientierung wird hingegen weiterhin durchgeführt. Dieses vereinfachte Verfahren ist in Abb. 4 und 5 schematisch dargestellt.

Zur Berechnung des Inpainting-Ergebnisses wurde die Bibliothek *OpenCvForUnity* verwendet, da OpenCV selbst keine Distribution für Game-Engines wie Unity anbietet. Es wurde eine Implementierung des Inpainting-Algorithmus nach Telea [37] verwendet. Nach Generierung des DR-Ergebnisses wird eine Fläche so in der virtuellen Szene plat-

Tab. 3 Verwendete Technologien

Technologie	Name	Version
Entwicklungsumgebung	Unity	2022.3.11f1
AR-Framework	ARFoundation	5.1.5
Computer-Vision Bibliothek	OpenCvForUnity	2.6.5
Kartendarstellung	Mapbox for Unity	2.1.1

Abb. 4 Standbildaufnahme

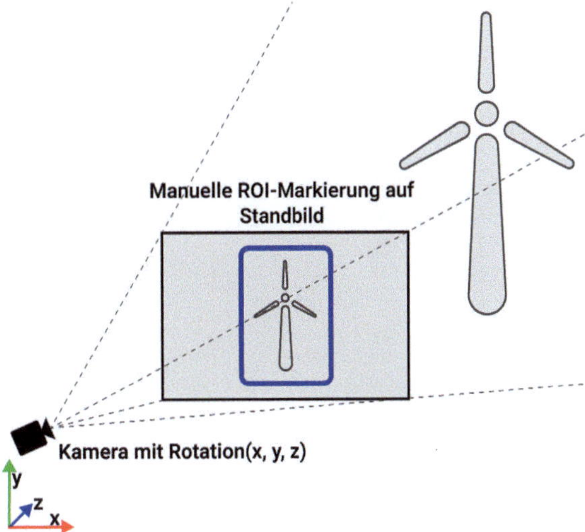

Abb. 5 DR-Ergebnis
Positionierung

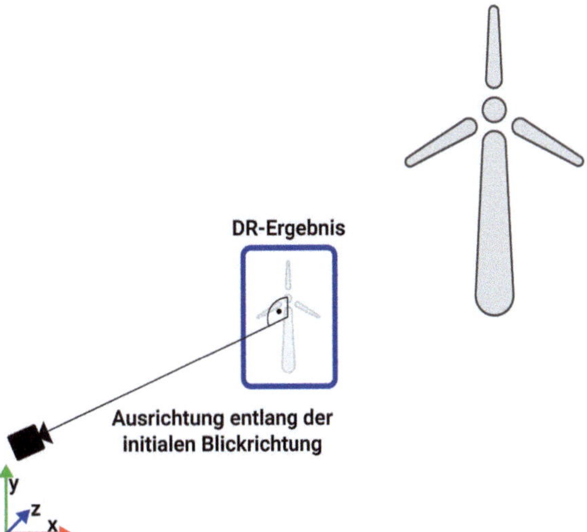

ziert, dass sie sich entlang der Blickrichtung der Kamera bei Aufnahme des Standbilds befindet (siehe Abb. 5). Die Entfernung zur Kamera ist hier, aufgrund des fehlenden Translations-Trackings, unerheblich und wurde willkürlich auf 100 Einheiten gesetzt.

In Abb. 6 ist ein Screenshot gezeigt, auf dem ein Nutzer die zu entfernende Anlage auf einem Standbild mit AABB markiert hat. In Abb. 7 ist die zuvor markierte Anlage entfernt worden, d. h. das Inpainting-Ergebnis berechnet und in der virtuellen Szene entlang der Blickrichtung der Kamera platziert. In Abb. 8 ist das Kamerabild mit einer virtuellen Anlage abschließend erweitert worden, es wird also ein Ergebnis aus AR- und DR-Funktionen dargestellt.

Abb. 6 Screenshot der manuellen WEA-Markierung

Abb. 7 Screenshot der mit Inpainting entfernten Anlage

Abb. 8 Screenshot des AR- und DR-Ergebnisses

6   Zusammenfassung und Ausblick

In diesem Beitrag wurde eine mobile Anwendung zur Visualisierung von Repowering-Projekten von Windenergieanlagen (WEA) entwickelt, die die Technologien der Augmented Reality (AR) und Diminished Reality (DR) kombiniert. Das Repowering, das den Austausch veralteter WEA durch modernere und effizientere Anlagen umfasst, ist entscheidend für die Energiewende. Durch die Integration von AR können Nutzer:innen die geplanten neuen WEA in ihrer realen Umgebung visualisieren, während DR es ermöglicht, bestehende, nicht mehr benötigte WEA in Echtzeit aus der Darstellung zu entfernen.

Hierzu wurden zunächst der Begriff DR definiert und eingeordnet sowie der Stand der Forschung zu modernen DR-Verfahren und den verwendeten Methoden zur ROI-Erkennung, zum ROI-Tracking, der Hintergrundgenerierung und der Bildkomposition diskutiert. Diminished Reality erweitert das Spektrum immersiver Technologien um die Möglichkeit, reale Objekte gezielt auszublenden. Während XR als Oberbegriff alle Formen virtueller und erweiterter Realitäten umfasst, positioniert sich DR als eigenständige und zunehmend relevante Technologie, deren Potenzial insbesondere auf mobilen Endgeräten in der Forschung intensiv untersucht wird, aber noch nicht vollständig ausgeschöpft ist.

Auf Basis der ermittelten Anforderungen an die mobile AR-/DR-Anwendung wurde ein technisches Konzept erstellt, welches zum einen eine Gesamtarchitektur (sowohl mit einem AR-System zur Visualisierung von virtuellen WEA als auch mit einem DR-System zur Entfernung von realen WEA in Echtzeit) und zum anderen ein Bedienungskonzept (UI) beinhaltet.

Das entwickelte DR-System setzt auf effiziente CNN, die sowohl zur ROI-Erkennung als auch zum ROI-Tracking eingesetzt werden und direkt auf dem mobilen Endgerät lauffähig sein sollen. Der Hintergrund soll mithilfe von Inpainting generiert werden und zur Einsparung von Rechenaufwand nur einmalig geschehen. Die Bildkomposition wird anschließend über eingebaute Funktionen einer für die Implementierung verwendeten Game-Engine übernommen.

Es wurde ein Prototyp der konzipierten Anwendung implementiert, der abweichend vom Konzept des DR-Systems eine vereinfachte, manuelle Markierung von realen WEA in der Umgebung der Nutzenden umsetzt. Es war so möglich, schnell erste Ergebnisse hinsichtlich der Machbarkeit der Anwendung und der Wirkung des Inpainting-Ergebnisses zu liefern. Der Prototyp ist so in der Lage, reale WEA in Echtzeit zu entfernen. Allerdings verlässt sich die vereinfachte Implementierung gänzlich auf das automatisierte Rotationstracking des AR-Frameworks, um den generierten Hintergrund korrekt in der virtuellen Szene zu positionieren. Dies führt während der Laufzeit zu Visualisierungsfehlern durch Drift des AR-Trackings, die manuell ausgeglichen werden müssen (Neupositionierung des Hintergrunds).

Für die Zukunft sind mehrere Entwicklungen geplant. Zunächst sollen weitere Verbesserungen der Algorithmen zur Objekterkennung und -verfolgung realisiert werden, um die Effizienz und Genauigkeit zu steigern. Insbesondere sollen wie geplant CNN in den Prototypen integriert werden, um weiter die Machbarkeit des ursprünglich entwickelten Konzepts zu erproben. Insbesondere die Qualität der automatischen Erkennung und des Trackings, aber auch die Erhaltung der Echtzeitfähigkeit der Anwendung, müssen hierbei ausgewertet werden. Darüber hinaus könnte die Anwendung um zusätzliche Funktionen erweitert werden, die es Nutzern ermöglichen, verschiedene Szenarien und Bedingungen zu simulieren. Die Einbindung von Nutzerfeedback wird ebenfalls von Bedeutung sein, um die Anwendung an die Bedürfnisse der verschiedenen Zielgruppen anzupassen.

Insgesamt zeigt diese Forschung das Potenzial von AR- und DR-Technologien, um komplexe Planungsprozesse im Bereich erneuerbarer Energien transparent und nachvollziehbar zu gestalten und somit die Akzeptanz in der Bevölkerung zu fördern. Die weitere Forschung in diesem Bereich könnte nicht nur zur Verbesserung der Visualisierungsmethoden beitragen, sondern auch zu einer breiteren Anwendung dieser Technologien in anderen Bereichen der Umwelt- und Stadtplanung.

Literatur

1. Ren21. (2023). Renewables 2023 Global Status Report. REN21 Secretariat. https://www.ren21.net/reports/global-status-report/
2. IEA. (2023). World Energy Outlook 2023. *International Energy Agency (IEA)*. https://www.iea.org/reports/world-energy-outlook-2023
3. Dena. (2021). *dena-Leitstudie Aufbruch Klimaneutralität*. Deutsche Energie-Agentur GmbH (dena). https://www.dena.de/fileadmin/dena/Publikationen/PDFs/2021/Abschlussbericht_dena-Leitstudie_Aufbruch_Klimaneutralitaet.pdf
4. Grau, L., Jung, C., & Schindler, D. (2021). Sounding out the repowering potential of wind energy – A scenario-based assessment from Germany. *Journal of Cleaner Production, 293*, Article 126094. https://doi.org/10.1016/j.jclepro.2021.126094
5. Bundesverband Windenergie. (2012). Repowering von Windenergieanlagen—Effizienz, *Klimaschutz, regionale Wertschöpfung*. https://www.wind-energie.de/fileadmin/redaktion/dokumente/publikationen-oeffentlich/themen/04-politische-arbeit/04-weiterbetrieb-repowering/repoweringbroschuere_2012_web.pdf
6. FA Wind. (2024).*Kompaktwissen Repowering von Windenergieanlagen*. Fachagentur Wind und Solar e. V. https://www.fachagentur-wind-solar.de/fileadmin/Veroeffentlichungen/Wind/Repowering/FA_Wind_und_Solar_Kompaktwissen_Repowering.pdf
7. Hevia-Koch, P., & Ladenburg, J. (2019). Where should wind energy be located? A review of preferences and visualisation approaches for wind turbine locations. *Energy Research & Social Science, 53*, 23–33. https://doi.org/10.1016/j.erss.2019.02.010
8. Devine-Wright, P. (2005). Beyond NIMBYism: Towards an integrated framework for understanding public perceptions of wind energy. *Wind Energy, 8*(2), 125–139. https://doi.org/10.1002/we.124

9. Salecki, S., Aretz, A., Hübner, G., Krug, M., Ohlhorst, D., Pohl, J., Warode, J., Gotchev, B., Nanz, P., & Peters, W. (2019). Broschüre: Naturverträgliche Energiewende—Akzeptanz und Erfahrungen vor Ort. Bundesamt für Naturschutz (BfN). https://publications.rifs-potsdam.de/rest/items/item_4858890_11/component/file_4858891/content

10. Grassi, S., & Klein, T. M. (2016). 3D augmented reality for improving social acceptance and public participation in wind farms planning. *Journal of Physics: Conference Series, 749*, Article 012020. https://doi.org/10.1088/1742-6596/749/1/012020

11. Rupf, R., Blank-Pachlatko, J., & Rohrer, J. (2021). Augmented Reality-Technologie zur Planung von Windenergieanlagen. Zürcher Hochschule für Angewandte Wissenschaften, Forschungsgruppe Umweltplanung. https://digitalcollection.zhaw.ch/server/api/core/bitstreams/9597bcba-33f0-4444-aa98-53919b92b8b9/content#page=3.08

12. Burkard, S., Fuchs-Kittowski, F., Abecker, A., Heise, F., Miller, R., Runte, K., & Hosenfeld, F. (2021). Anforderungen und Konzeption einer Plattform zur Visualisierung von Geoobjekten mit Mobiler Augmented Reality. In U. Freitag, F. Fuchs-Kittowski, A. Abecker, & F. Hosenfeld (Hrsg.), *Umweltinformationssysteme – Wie verändert die Digitalisierung unsere Gesellschaft?* (S. 261–273). Springer Fachmedien. https://doi.org/10.1007/978-3-658-30889-6_16

13. Burkard, S., Fuchs-Kittowski, F., Deharde, M., Poppel, M., & Schreiber, S. (2022). Eine mobile Augmented Reality-Anwendung für die Darstellung von geplanten Windenergieanlagen: Realitätsnahe Visualisierungen für Planungsprozesse und die öffentliche Akzeptanz. In F. Fuchs-Kittowski, A. Abecker, & F. Hosenfeld (Hrsg.), *Umweltinformationssysteme-Wie trägt tie Digitalisierung zur Nachhaltigkeit bei? Tagungsband des 28. Workshops Umweltinformationssysteme (UIS 2021) des Arbeitskreises Umweltinformationssysteme der Fachgruppe Informatik im Umweltschutz der Gesellschaft iür Informatik (GI),* 21–41.

14. Mann, S. (1994). *Mediated reality* (Technical Report No. 260). M.I.T Media Laboratory Perceptual Computing Section.

15. Mori, S., Ikeda, S., & Saito, H. (2017). A survey of diminished reality: Techniques for visually concealing, eliminating, and seeing through real objects. *IPSJ Transactions on Computer Vision and Applications, 9*(1), 17. https://doi.org/10.1186/s41074-017-0028-1

16. Mori, S. (2017). Augmented and Diminished Reality: Computational Imaging of Existence and Non-Existence.

17. Bittner, K., Baumgartinger, M., & Schauppenlehner, T. (2024). Real-Time VR Landscape Visualization for Wind Farm Repowering: A Case Study in Eastern Austrian World Heritage Sites. Journal of Digital Landscape Architecture (S. 366–374).

18. Kido, D., Fukuda, T., & Yabuki, N. (2020). Diminished reality system with real-time object detection using deep learning for onsite landscape simulation during redevelopment. *Environmental Modelling & Software, 131*, Article 104759. https://doi.org/10.1016/j.envsoft.2020.104759

19. Eskandari, R., & Motamedi, A. (2021). Diminished reality in architectural and environmental design: Literature review of techniques, applications, and challenges. *ISARC. Proceedings of the International Symposium on Automation and Robotics in Construction, 38*, 995–1001.

20. Enomoto, A., & Saito, H. (2007). Diminished reality using multiple handheld cameras. *Proc. ACCV, 7*, 130–135.

21. Meerits, S., & Saito, H. (2015). Real-time diminished reality for dynamic scenes. *IEEE International Symposium on Mixed and Augmented Reality Workshops, 2015*, 53–59.

22. Herling, J., & Broll, W. (2010). Advanced self-contained object removal for realizing real-time Diminished Reality in unconstrained environments. *IEEE International Symposium on Mixed and Augmented Reality, 2010*, 207–212. https://doi.org/10.1109/ISMAR.2010.5643572

23. Herling, J., & Broll, W. (2012). PixMix: A real-time approach to high-quality Diminished Reality. *IEEE International Symposium on Mixed and Augmented Reality (ISMAR), 2012*, 141–150. https://doi.org/10.1109/ISMAR.2012.6402551
24. Jarusirisawad, S., & Saito, H. (2007). Diminished reality via multiple hand-held cameras. *First ACM/IEEE International Conference on Distributed Smart Cameras, 2007*, 251–258.
25. Kawai, N., Sato, T., & Yokoya, N. (2016). Diminished Reality Based on Image Inpainting Considering Background Geometry. *IEEE Transactions on Visualization and Computer Graphics, 22*(3), 1236–1247. https://doi.org/10.1109/TVCG.2015.2462368
26. Li, Z., Wang, Y., Guo, J., Cheong, L.-F., & Zhou, S. Z. (2013). Diminished reality using appearance and 3D geometry of internet photo collections. *IEEE International Symposium on Mixed and Augmented Reality (ISMAR), 2013*, 11–19.
27. Zokai, S., Esteve, J., Genc, Y., & Navab, N. (2003). Multiview paraperspective projection model for diminished reality. *The Second IEEE and ACM International Symposium on Mixed and Augmented Reality, 2003. Proceedings* (S. 217–226).
28. Kobayashi, K., & Takahashi, M. (2024). Real-Time Diminished Reality Application Specifying Target Based on 3D Region. *Virtual Worlds, 3*(1), 115–134. https://doi.org/10.3390/virtualworlds3010006
29. Mori, S., Shibata, F., Kimura, A., & Tamura, H. (2015). Efficient Use of Textured 3D Model for Pre-observation-based Diminished Reality. *IEEE International Symposium on Mixed and Augmented Reality Workshops, 2015*, 32–39. https://doi.org/10.1109/ISMARW.2015.16
30. Queguiner, G., Fradet, M., & Rouhani, M. (2018). Towards Mobile Diminished Reality. *2018 IEEE International Symposium on Mixed and Augmented Reality Adjunct (ISMAR-Adjunct)* (S. 226–231). https://doi.org/10.1109/ISMAR-Adjunct.2018.00073
31. Fukuda, T., Kuwamuro, Y., & Yabuki, N. (2017). Optical integrity of diminished reality using deep learning. *SharingofComputableKnowledge!, 241*.
32. Kikuchi, T., Fukuda, T., & Yabuki, N. (2021). Automatic diminished reality-based virtual demolition method using semantic segmentation and generative adversarial network for landscape assessment. *Proceedings of the 39th eCAADe Conference, 2*, 529–538.
33. Inoue, K., Fukuda, T., Cao, R., & Yabuki, N. (2018). Tracking Robustness and Green View Index Estimation of Augmented and Diminished Reality for Environmental Design—PhotoAR+DR2017 project. *Proceedings of the 23rd International Conference on Computer-Aided Architectural Design Research in Asia, 339–348*. https://doi.org/10.52842/conf.caadria.2018.1.339
34. Fuchs-Kittowski, F., Faust, D., & Burkard, S. (2025). Identifying Mobile AR Application Scenarios: A Method for Environmental Agencies. In M. S. Lucio Tommaso De Paolis Pasquale Arpaia (Hrsg.), *Extended Reality* (S. 26–49). Springer.
35. Bochkovskiy, A., Wang, C.-Y., & Liao, H.-Y. M. (2020). YOLOv4: Optimal Speed and Accuracy of Object Detection. arXiv. https://doi.org/10.48550/ARXIV.2004.10934
36. Zhang, B., Li, X., Han, J., & Zeng, X. (2018). MiniTracker: a lightweight cnn-based system for visual object tracking on embedded device. *2018 IEEE 23rd International Conference on Digital Signal Processing (DSP), 1–5*. https://doi.org/10.1109/ICDSP.2018.8631813
37. Telea, A. (2004). An image inpainting technique based on the fast marching method. *Journal of Graphics Tools, 9*(1), 23–34. https://doi.org/10.1080/10867651.2004.10487596

Mit Kinderaugen betrachtet

Umweltapps wirkungsvoll gestalten

Lisa Hahn-Woernle⬤, Wolfgang Schillinger, Mathias Trefzger⬤ und
Michael Raschke

Zusammenfassung

In diesem Kapitel werden die Ergebnisse einer Eye-Tracking-Studie mit Kindern, die
eine pädagogische Umweltapp in einem Auenwald testen, präsentiert und diskutiert.
Unter anderem wird die Frage, ob die Verwendung einer Umweltapp mit Augmented-
Reality-Anwendungen die Aufmerksamkeit der 10 bis 14-jährigen Testpersonen von
der umliegenden Natur ablenkt, erörtert. Einsatzgebiet ist der Auenwald beim Naturschutzzentrum Karlsruhe-Rappenwört. Das Blickverhalten der Testpersonen wurde
vor, während und nach der Nutzung der App mit einer mobilen Eye-Tracking-Brille
festgehalten. Die App war aus vier verschiedenen AR-Anwendungen aufgebaut, die
sich in der Art der Darstellung und der Interaktion unterscheiden. Daher kann mit

L. Hahn-Woernle (✉) · W. Schillinger
Landesanstalt für Umwelt Baden-Württemberg (LUBW), Griesbachstraße 1,
76185 Karlsruhe, Deutschland
E-Mail: lisa.hahn-woernle@lubw.bwl.de

W. Schillinger
E-Mail: wolfgang.schillinger@lubw.bwl.de

M. Trefzger
Hochschule Karlsruhe (HKA), Institut für Verkehr und Infrastruktur, Moltkestraße 30,
76133 Karlsruhe, Deutschland
E-Mail: mathias.trefzger@h-ka.de

M. Raschke
Blickshift GmbH, Wankelstraße 12, 70563 Stuttgart, Deutschland
E-Mail: michael.raschke@blickshift.de

F. Fuchs-Kittowski et al. (Hrsg.), *Umweltinformationssysteme – Digitale Innovationen
für eine nachhaltige Zukunft*, https://doi.org/10.1007/978-3-658-50065-8_8

den Studienergebnissen aufgezeigt werden, welche Art von Anwendung die Wahrnehmung der Natur potenziell fördern könnte. Außerdem werden Erkenntnisse aus dem Studienablauf und -aufbau weitergegeben.

Schlüsselwörter

Umweltpädagogik · Augmented Reality · App · Eye-Tracking

1 Einleitung

Im Rahmen des Forschungsprojekts „Umwelt digital 4.0" wurde eine umweltpädagogische Smartphone-App zu den Rheinauen am Naturschutzzentrum Karlsruhe Rappenwört (NAZKA, nazka.de) entwickelt. Ziel der App „Auen Expedition" ist, Kindern im Alter zwischen 10 und 14 Jahren mit Augmented und Virtual Reality (AR/VR) spielerisch die Besonderheiten der lokalen Flora und Fauna zu vermitteln. Teile des spielerischen Konzepts (Gamification) wurden bereits im vorherigen Tagungsband beschrieben [1]. AR und VR ermöglichen hierbei Tiere und Pflanzen darzustellen, die den Besuchern häufig verborgen bleiben bzw. nur saisonal sichtbar sind. Außerdem kann durch die Interaktion mit digitalen Darstellungen auch Wissen erlebbar werden. Zum Beispiel muss an einer Station im Wald ein AR-Buntspecht an einem passenden Baumstamm platziert werden, bevor ein gemeinsames „Wettpochen" anfangen kann. Nach dem Spiel erfahren die Nutzenden wie schnell Spechte pochen und warum sie keine Kopfschmerzen davon bekommen. Diese und weitere digitale Darstellungen von Flora und Fauna sowie spielerischen Interaktionen sollen eine altersgerechte und attraktive Ergänzung zu den analogen Informationstafeln des NAZKA-Auenerlebnispfades bieten.

Der Einsatz von digitalen Lernanwendungen für Kinder und Jugendliche wird divers diskutiert [2]. Einerseits verbringen junge Menschen bereits „genug" Zeit im digitalen Raum und vor allem die Natur sollte ein „Rückzugsort vom Stress des (digitalen) Alltags" sein. Andererseits kann dank des natürlichen Interesses an digitalen Medien und dem gezielten Einsatz digitaler Angebote überhaupt erst Interesse an einem Aufenthalt in der Natur entstehen, besonders bei dieser jungen Zielgruppe. Ziel dieser Studie war es daher, ein objektives Bild der Wirkung der verschiedenen digitalen Lerneinheiten von „Auen Expedition" auf Testpersonen der Zielgruppe zu erhalten. Mithilfe eines mobilen Eye-Trackers konnte das Blickverhalten während der Nutzung der App auf dem Auenerlebnispfad festgehalten werden. Die Ergebnisse geben Einblicke in die Aufmerksamkeitsverteilung vor, während und nach der Nutzung der App. Die daraus gewonnenen Erkenntnisse sind über die App „Auen Expedition" hinaus hilfreich für die Entwicklung von effektiven umwelt-pädagogischen Apps.

Das Kapitel ist wie folgt aufgebaut: Abschn. 2 gibt Einblicke in die aktuell diskutierten Vor – und Nachteile von digitalen Lernangeboten für Kinder und geht auf die Motivation für die App „Auen Expedition" ein. Abschn. 3 skizziert den Versuchsaufbau und erläutert die Interpretation der Eye-Tracking-Daten. In Abschn. 4 werden die Ergebnisse der Studie präsentiert. Deren Interpretation mit Empfehlungen für die Entwicklung von Apps sowie das Fazit zu der Studie sind in Abschn. 5 zu finden. Zusätzlich werden Erfahrungswerte aus dem Aufbau und Ablauf der Eye-Tracking-Studie geteilt.

2 Motivation und Hintergrund

Ziel des Digitalisierungsprojekts „Umwelt digital 4.0" [3] war, durch ein digitales Angebot den Besuch der Karlsruher Auenwälder attraktiver für Kinder und Jugendliche im Alter zwischen 10 und 14 Jahren zu machen, da diese selten aus eigener Motivation das NAZKA besuchen. Inspiriert von Spielen wie „Pokémon Go" [4] wurde die App „Auen Expedition" entwickelt. Die App führt die Nutzenden mithilfe einer Karte an verschiedene Stationen im Auenwald, an denen durch spielerische und explorative Elemente Wissen über den Auenwald und seine Geschichte vermittelt wird. Doch besonders die Nutzung von digitalen Medien in der Natur wurde während der Konzeptions- und Entwicklungsphase wiederholt kritisiert. Die Natur sollte einen analogen Ausgleich zum (digitalen) Alltag bieten, denn Kinder verbringen bereits „genug" Zeit mit digitalen Medien [5].

Umfrageergebnisse aus dem Jahr 2024 bestätigen, dass etwa 97 % der Kinder und Jugendliche zwischen 12 und 19 Jahren täglich bis mehrmals die Woche ein Smartphone benutzten [6]. Etwa drei Viertel der Befragten spielten genauso oft Videospiele. Doch auch für schulische Zwecke wurde im Schnitt 70 min täglich das Internet verwendet. Auffallend ist auch, dass 7 % der Befragten als Begründung ihrer Vorfreude auf die Zukunft nicht nur neue technologische Entwicklungen, sondern auch die bessere Digitalisierung der Schulen und die effektivere Nutzung von Smartphones zum Lernen angegeben haben. Insgesamt kann daraus abgeleitet werden, dass Kinder und Jugendliche mit großem Interesse digitale Angebote nutzen und diese nicht nur als Unterhaltung und Zeitvertreib, sondern auch als Möglichkeiten zum Lernen und Recherchieren sehen.

Die App „Auen Expedition" wurde unter Koordination der Landesanstalt für Umwelt Baden-Württemberg (https://www.lubw.baden-wuerttemberg.de/) und in Zusammenarbeit mit den Hochschulen Karlsruhe (https://www.h-ka.de/) und Furtwangen (https://www.hs-furtwangen.de/) und dem NAZKA entwickelt sowie mit beratender und technischer Unterstützung der Firma Fluxguide GmbH (https://www.fluxguide.com/). Ziel der App war es, sowohl junge Menschen zu einem Besuch des Auenerlebnispfads zu motivieren als auch den analogen Informationsgehalt des Pfades digital zu erweitern [7].

Die umfassende Version der App folgt geografisch und thematisch dem Aufbau des Naturlehrpfades mit sieben digitalen Stationen. Die Navigation per App erfolgt mit einer GPS-basierten Karte, auf der jede AR-Anwendung mit einem Icon als „Station" angezeigt wird (Abb. 2). An jeder Station sind Geofences gesetzt, die die jeweilige Anwendung zur Nutzung freischalten, sobald die Nutzenden bzw. deren GPS-Signal den Standort der Station auf dem realen Weg erreicht haben. Während der Entwicklung der App „Auen Expedition" wurde stets auf einen möglichst wirkungsvoll und effizient Einsatz der digitalen Elemente und Interaktionen geachtet.

Für die Eyetracking-Studie wurde die App auf vier der insgesamt sieben digitalen Stationen reduziert, um sich auf die Hauptziele der Studie zu konzentrieren. Die vier ausgewählten Stationen unterscheiden sich in der Form der Darstellung und der Interaktion und erlauben somit deren umweltpädagogische Wirkung auf die Nutzenden zu analysieren:

- *Station 1: „Specht"* (Herausforderung) – platziere einen AR-Specht auf einem Baumstamm und versuche, schneller zu picken als er.
- *Station 2: „Kaltzeit"* (Erkundung) – reise durch ein VR-Portal zurück in die Kaltzeit und triff einige Bewohner der damaligen Tundra.
- *Station 3: „Libelle"* (Herausforderung) – flieg eine AR-Libelle, um Insekten zu jagen und Fressfeinden zu entkommen.
- *Station 4: „Teichbewohner"* (Erkundung) – tauch in verschiedene Lebensräume eines AR-Teiches ein.

Im Folgenden werden die fünf Kacheln der Abb. 1 vorgestellt. In Kachel a. sind die Karte mit der Position des Nutzenden auf dem Auenerlebnispfad und eine Infokarte zu sehen. Wählt man die Infokarte aus, werden weitere Informationen zur nächstliegenden Station gegeben. In den Kacheln b. bis e. sind die unterschiedlichen Darstellungsformen mit AR bzw. VR in der Reihenfolge der Stationen zu sehen. Besondere Gemeinsamkeiten und Unterschiede sind: AR-Specht (b.) und AR-Libelle (d.) sind vor der natürlichen Umgebung zu sehen, der animierte Höhlenlöwe steht in einer VR-Welt (c.) und

Karte	Specht	Kaltzeit	Libelle	Teichbewohner

Abb. 1 Bildschirmbilder der App „Auen Expedition": a. GPS-basierte Karte mit Infokarten zu jeder Station; b. AR-Specht auf einem realen Ast an der Station „Specht"; c. VR-Welt mit Höhlenlöwe und Infokarte an der Station „Kaltzeit"; d. Station „Libelle" mit AR-Libelle und AR-Insekt; e. AR-Haubentaucher auf dem AR-Teich der Station „Teichbewohner" mit Infokarte

der AR-Haubentaucher ist auf einem AR-Teich vor dem natürlichen Hintergrund zu sehen (e.). So tauchen die Nutzenden unterschiedlich tief in die digitale Welt ein. Zudem wird bei der Station „Specht", im Gegensatz zu allen anderen Stationen, die Anwendung nur gestartet, wenn ein großer, realer Baumstamm für den AR-Specht zum Pochen gefunden wurde. Diese Station nimmt daher am meisten Bezug zur direkten Umwelt.

Mit „Herausforderung" wird die spielerische Interaktion mit den AR-Elementen bezeichnet („Gamification"). Neben dem Wettpochen an der Station „Specht", steuert man an der Station „Libelle" die AR-Libelle wie eine Drohne, um AR-Insekten zu fangen bzw. AR-Fressfeinden auszuweichen. Mit „Erkundung" wird die explorative Interaktion mit den AR-Elementen bezeichnet. An den Stationen „Kaltzeit" und „Teichbewohner" können sich die Nutzenden durch die digitalen Welten bewegen und einzelne AR-Elemente am Bildschirm auswählen, um mehr zu erfahren und bewegte Animationen zu starten.

Die hier vorgestellte Eye-Tracking-Studie soll u. A. aufzeigen, welche der verwendeten digitalen Methoden (AR oder VR, Erkundung oder Herausforderung) die Testpersonen auf die umliegende Natur aufmerksam macht und ob der Einsatz eines digitalen Lernangebots, wie „Auen Expedition", in der Natur, gerechtfertigt ist.

3   Versuchsaufbau und Methodik

Um zukünftig den Einsatz von umweltpädagogischen Apps und digitalen Anwendungen möglichst zielorientiert und effizient gestalten zu können, wurden die zwei folgenden Forschungsfragen anhand der Eye-Tracking-Studie adressiert:

1. Gibt es Unterschiede in der Wahrnehmung der direkten Umwelt abhängig von den digitalen Darstellungen in bzw. Interaktionen mit der App?
2. Wird die Natur nach der Nutzung der App anders wahrgenommen?

Hierfür wurde das Blickverhalten von 12 Probandinnen und Probanden im Alter zwischen 10 und 14 Jahren (im Folgenden „Testpersonen") entlang eines Teils des Auenerlebnispfads festgehalten. Aufgrund von externen Störfaktoren, konnten nur 11 der 12 Datensets für die Analyse verwendet werden. Darunter befanden sich 8 Jungen und 3 Mädchen. Eine Studienaufsicht hat die Testpersonen mit etwas Abstand begleitet, um Besonderheiten und Störfaktoren zu dokumentieren und auch um das Smartphone zu überreichen bzw. entgegenzunehmen (siehe Abschn. 3.1).

Entscheidend für die Beantwortung der zwei Fragen war hierbei, dass die App möglichst diverse digitale Darstellungen und Interaktionen verwendet (Abschn. 2) und dass das Blickverhalten sowohl mit als auch ohne Smartphone erfasst wurde (Abschn. 3.1). Nach der Erfassung der Eye-Tracking-Daten wurden anhand eines Fragebogens u. a. die subjektiven Eindrücke der Testpersonen erfasst, um die Interpretation der Eye-Tracking-Daten zu unterstützen (Abschn. 3.2).

3.1 Versuchsaufbau

Der Auenerlebnispfad führt durch den Auenwald am NAZKA und die Besuchenden erfahren auf 11 Informationstafeln mehr über die auentypische Flora und Fauna und die Geschichte des Ortes (Abb. 2, https://nazka.de/auenerlebnispfad-rappenwört). Für die Studie wurde nur ein Teil des Pfads ausgewählt, um den Zeitaufwand für die Testpersonen und deren Erziehungsberechtigte zu begrenzen. Die Studienstrecke wurde in vier Teilstrecken aufgeteilt:

- *Strecke 1:* verläuft entlang eines ehemaligen Wildgeheges und ist umringt mit Bäumen. Die Testpersonen haben hier kein Smartphone zur Hand.
- *Strecke 2:* verläuft an lichteren Stellen des Waldes und endet in der Nähe eines Teiches. Die Testpersonen verwenden auf dieser Strecke das Smartphone mit vier Stationen der App „Auen Expedition".
- *Strecke 3:* entspricht Strecke 2 in entgegengesetzter Laufrichtung und ohne Smartphone.
- *Strecke 4:* entspricht Strecke 1 in entgegengesetzter Laufrichtung und ohne Smartphone.

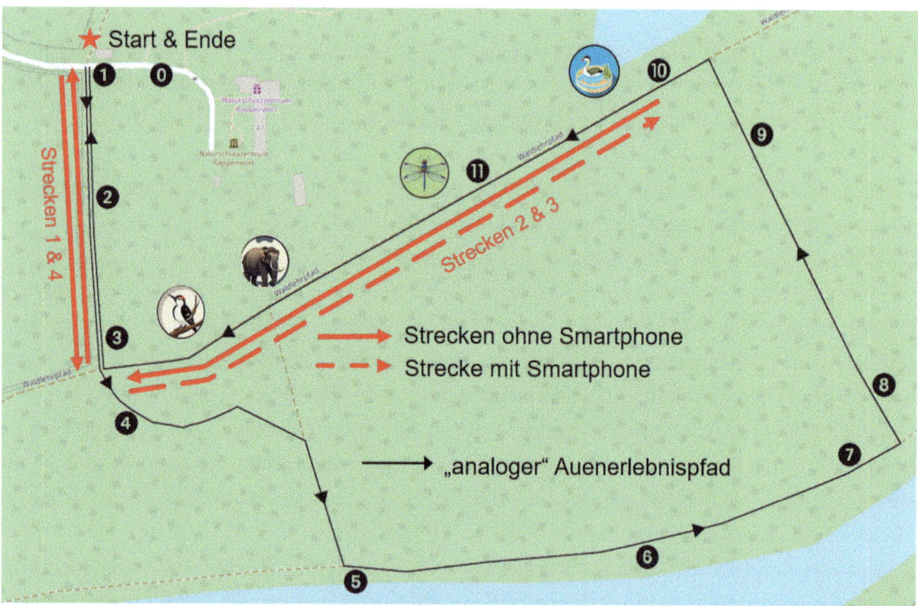

Abb. 2 Karte des „analogen" Auenerlebnispfades des Naturschutzzentrum Karlsruhe-Rappenwört (NAZKA) mit der Lage der 11 analogen Informationstafeln (schwarze dünne Linie und Kreise) und des Verlaufs der Eye-Tracking-Studie (rote dicke Pfeile) mit den vier digitalen Stationen (bunte Icons): Specht, Kaltzeit, Libelle und Teichbewohner (v. l.)

Das Smartphone wurde den Testpersonen von der Studienaufsicht am Anfang von Strecke 2 überreicht und am Ende dieser Strecke wieder abgenommen. Motivation für den Versuchsaufbau war sowohl den Vergleich zwischen der Wahrnehmung mit und ohne App (Strecken 2 und 3) und der Wahrnehmung vor und nach der Verwendung der App (Strecken 1 und 4) zu erfassen.

3.2   Methodik

Eye-Tracking Mithilfe einer mobilen Eye-Tracking-Brille (Pupil Labs Neon, https://pupil-labs.com/) wurde sowohl das Sichtfeld als auch die Blickrichtung der Testpersonen erfasst. Der Bildschirm des Smartphones wurde nur über das Sichtfeld aufgenommen und nicht separat erfasst, da die Interaktion mit den einzelnen App-Elementen nicht im Fokus dieser Studie lag. Der Fokus lag vielmehr auf der Aufmerksamkeitsverteilung zwischen drei wesentlichen Bereichen: die umliegende Natur, der Weg und das Smartphone (Abb. 3).

Blicke auf den Weg dienen der sicheren Fortbewegung, weisen aber kein besonderes Interesse an der umliegenden Natur auf. Blicke in die umliegende Natur bzw. in den Himmel deuten wiederum auf Interesse an der Umgebung und an eventuellen Bewegungen

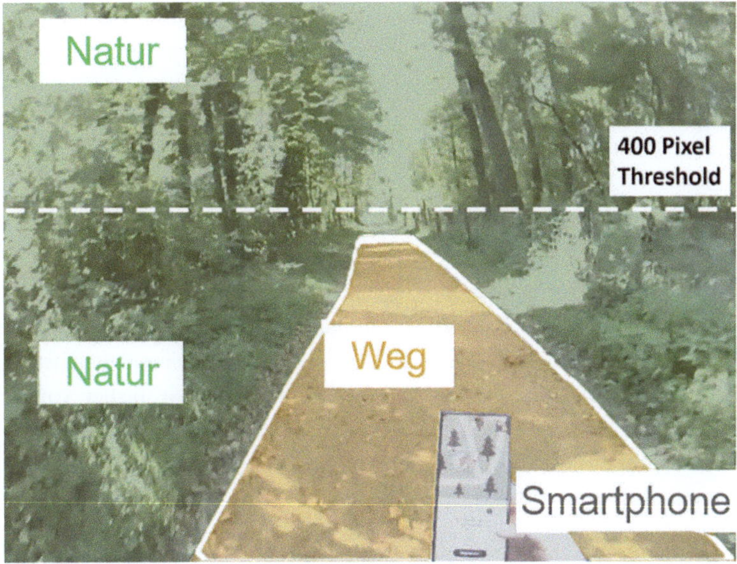

Abb. 3 Aufteilung des Sichtfelds durch die Eye-Tracking-Brille in drei Bereiche (für Darstellungszwecke eingefärbt): Natur (grün), Weg (orange) und Smartphone (grau). Das obere Drittel des Sichtfelds (oberhalb der gestrichelten Linie) wird generell als Natur kategorisiert (z. B. Himmel)

bzw. Geräuschen hin (z. B. fliegende Vögel). Blicke auf das Smartphone bedeuten in dieser Studie „Ablenkung" von der umliegenden Natur.

Die Blickdaten wurden mit der Analysesoftware Blickshift Analytics (https://www. blickshift.com/) ausgewertet. Hierzu wurde die Software auf die drei Sichtbereiche trainiert, indem ein Teil des Bildmaterials händisch annotiert und damit die Software maschinell angelernt wurde. Die entstandenen Ergebnisse wurden händisch kontrolliert und korrigiert. Die in Abschn. 4 präsentierten Ergebnisse bilden dabei nur einen Bruchteil der erhobenen Parameter ab. Neben der gesamten Blickdauer auf ein Sichtelement wurden u. a. auch die Aufmerksamkeitsverteilungen im Raum und Fixationszeiten (Verweildauer eines Blicks auf einem Punkt bzw. Objekt) erfasst.

Fragebogen Nach der Erfassung der Eye-Tracking-Daten haben die Testpersonen einen zweiteiligen Fragebogen ausgefüllt. Der erste Teil bestand aus der Kurzvariante des TAEG-Fragebogen, um die selbsteingeschätzte *Technikaffinität zu elektronischen Geräten* der Testpersonen zu bestimmen (Abb. 4, [8]). Der zweite Teil bestand aus Variationen des SUS-Fragebogens (*System Usability Scale:* Bewertung der Gebrauchstauglichkeit eines Systems [9]), angepasst an den hier dargestellten Anwendungsfall und 6 Fragen zur Erfahrung mit der App. Die Fragen und Antwortmöglichkeiten sind in Abb. 4 dargestellt.

4 Studienergebnisse

Im Folgenden werden zuerst die Ergebnisse des Fragebogens vorgestellt, um ein besseres Verständnis für die subjektive Einschätzung der Testpersonen zu erhalten. Anschließend werden die Ergebnisse der Eye-Tracking-Studie im Kontext der zwei Forschungsfragen präsentiert.

4.1 Erkenntnisse aus dem Fragebogen

Basierend auf den TAEG-Fragebogen schätzten sich die Testpersonen im Mittel als „eher technikaffin" ein (4,08 von 6 Punkten, 0,65 Standardabweichung). Durch eine Neuauflage des TEAG-Fragebogens im Jahr 2024 [8] sind die aktuellsten deutschen Normwerte zur Technikaffinität auf einer Skala von 1 bis 5 und nicht wie bisher von 1 bis 6 abgebildet. Außerdem besteht die jüngste Normgruppe aus Männern und Frauen im Alter von 18 bis 29 Jahren. Diese Normgruppe ist teils bis eher technikaffin (3,62 (0,86) bzw. 3,77 (0,75) aus 5 für Frauen bzw. Männer, Standardabweichung in Klammern. Die hier erfassten Werte sind vergleichbar, wenn nicht sogar etwas technikaffiner.

In Abb. 5 sind die SUS-Fragen (1 bis 10) sowie einige Fragen zu den subjektiven Erfahrungen mit der App (11 bis 16) und deren Auswertungen dargestellt. Die gerade nummerierten Fragen des SUS-Fragebogens müssen für die Gesamtbewertung invertiert

Im Folgenden geht es um Ihre Interaktion mit technischen Systemen. Mit ‚technischen Systemen' sind sowohl Apps und andere Software-Anwendungen als auch komplette digitale Geräte (z.B. Handy, Computer, Fernseher, Auto-Navigation) gemeint.

Bitte geben Sie den Grad Ihrer **Zustimmung** zu folgenden Aussagen an.	stimmt gar nicht	stimmt weitgehend nicht	stimmt eher nicht	stimmt eher	stimmt weitgehend	stimmt völlig
01 Ich beschäftige mich gern genauer mit technischen Systemen.	☐	☐	☐	☐	☐	☐
02 Ich probiere gern die Funktionen neuer technischer Systeme aus.	☐	☐	☐	☐	☐	☐
03 Es genügt mir, dass ein technisches System funktioniert, mir ist es egal, wie oder warum.	☐	☐	☐	☐	☐	☐
04 Es genügt mir, die Grundfunktionen eines technischen Systems zu kennen.	☐	☐	☐	☐	☐	☐

Analyse

1. Kodieren Sie die Antworten bei der Dateneingabe wie folgt: stimmt gar nicht = 1, stimmt weitgehend nicht = 2, stimmt eher nicht = 3, stimmt eher = 4, stimmt weitgehend = 5, stimmt völlig = 6.
2. Die Antworten zu den **zwei negativ formulierten Items** (Items 3 und 4) **müssen invertiert werden** (6=1, 5=2, 4=3, 3=4, 2=5, 1=6).
3. Berechnen Sie dann den Mittelwert über alle 4 Items.
4. Berichten Sie Mittelwert (*M*), Standardabweichung (*SD*) und Cronbach's alpha, üblicherweise mit zwei Nachkommastellen, z. B., $M = 3.61$, SD = 1.08, $\alpha = .87$.

Abb. 4 Kurzvariante des TAEG-Fragebogens zur Bestimmung der selbsteingeschätzten Technikaffinität zu elektronischen Geräten (https://ati-scale.org/assets/scales/ati-short-scale_german_2022-02-25.pdf)

werden, um eine konsistente Bewertung zu erhalten. Der Durchschnitt der SUS Fragebogenergebnisse waren 76,3 von 100 Punkten (Standardabweichung von 13,6 Punkten). Die SUS-Skala bewertet die Gebrauchstauglichkeit aller Geräte, die unter 50 Punkte erreichen, als nicht akzeptabel [9]. Ergebnisse zwischen 50 und 70 Punkten bewerten Geräte als grenzwertig gebrauchstauglich ein. Die App erreicht mit 76,3 Punkten eine Bewertung der Gebrauchstauglichkeit von „gut" (70–80 Punkte) aber noch nicht exzellent (80–90 Punkte). Im Einzelnen sind die Bewertungen der Testpersonen überwiegend zustimmend bzw. bei negativ formulierten Fragen ablehnend. Eine Ausnahme bildet die erste Frage (Wiederverwendung der App), hier waren die Bewertungen mittelmäßig.

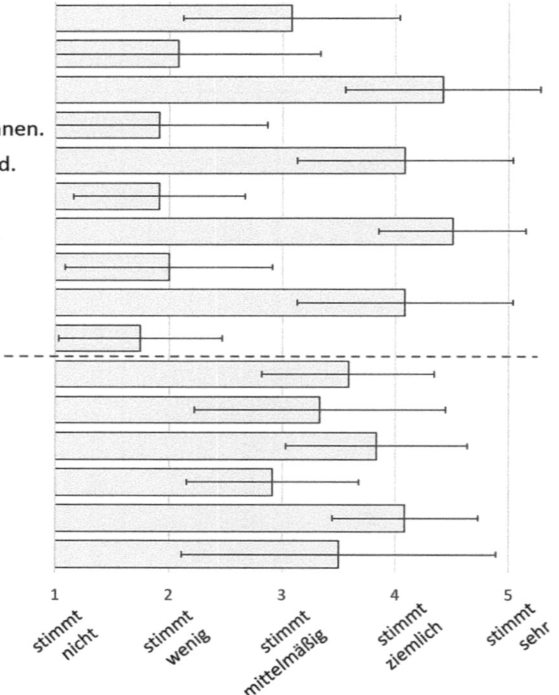

Abb. 5 Die 10 SUS-Fragen und 6 Fragen zu den Erfahrungen mit der App mit deren Ergebnissen und Standardabweichungen (getrennt durch die gestrichelte Linie)

Die Antworten auf Fragen 11 und 16 geben an, dass die App zu Teilen Interesse für neue Themen wecken und auch Wissen vermitteln konnte. Die Integration von AR in die App schnitt eindeutig positiv ab. Im Kontext der Eye-Tracking-Analyse ist vor allem die Aussage zur Ablenkung durch die App interessant: Die Benutzung der App wurde als mittelmäßig ablenkend von der Umgebung eingestuft.

4.2 Gibt es Unterschiede in der Wahrnehmung der direkten Umwelt abhängig von den digitalen Darstellungen in bzw. Interaktionen mit der App?

Ob die Art der digitalen Darstellung (z. B. AR oder VR) oder der Interaktion (z. B. Herausforderung oder Entdeckung) einen Einfluss auf die Wahrnehmung der direkten Umwelt hat, wird mithilfe der Blickdauer auf die Umgebung relativ zu der auf das Smartphone während des Aufenthalts an den einzelnen Stationen analysiert. In Tab. 1 und in Abb. 6 werden die gemittelten Ergebnisse mit Standardabweichung aufgelistet bzw. dargestellt. Für alle Stationen gilt, dass während der Ausführung einer digitalen Anwendung

Tab. 1 Gemittelte und relative Blickdauer über alle Testpersonen während dem Aufenthalt an der jeweiligen digitalen Station. Zahlen in Klammern geben die Standardabweichung an. Das Verhältnis ist grafisch in Abb. 6 dargestellt

Gemittelte Blickdauer	Specht	Kaltzeit	Libelle	Teichbewohner
Auf Smartphone [s]	90,0 (23,7)	161,4 (70,8)	162,4 (54,7)	104,8 (43,6)
In Umgebung [s]	11,4 (9,9)	4,1 (2,7)	1,1 (1,78)	2,6 (3,5)
Verhältnis „Umgebung"/ „Smartphone"	**0,127 (0,093)**	**0,022 (0,017)**	**0,005 (0,007)**	**0,024 (0,027)**

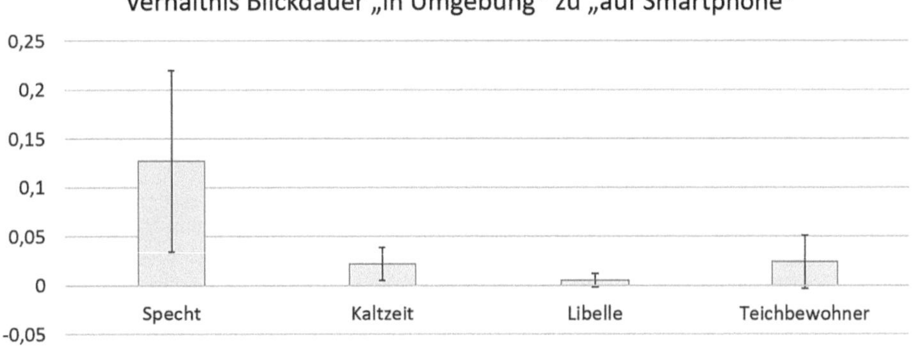

Abb. 6 Darstellung der gemittelten Verhältnisse aus Blicken in die Umgebung relativ zu Blicken auf das Smartphone (aus Tab. 1) pro Station

der Hauptfokus auf dem Smartphone liegt. Die Standardabweichung zeigt auf, dass die Art der Nutzung sehr individuell ist und unter den Testpersonen sehr variiert. Im Mittel verbringen die Testpersonen am meisten Zeit mit den Stationen „Kaltzeit" und „Libelle". Für die Station „Specht" fällt auf, dass im Vergleich zu den anderen Stationen die Standardabweichung der Blicke aufs Smartphone relativ zum Mittel am geringsten ist und dass verhältnismäßig viel in die Umgebung geblickt wird (wenngleich hoch variabel unter den Testpersonen). An den Stationen Libelle und Teichbewohner gibt es einige Testpersonen, die gar nicht in die Umgebung blicken, weshalb die Standardabweichung relativ zum Mittel der Blicke in die Umgebung größer ist. Die Stationen mit den Herausforderungen, „Specht" und „Libelle", weisen sehr unterschiedliche Nutzungsdaten auf. Die Stationen zum Erkunden, „Kaltzeit" und „Teichbewohner", zeigen ähnliche Verhältnisse in der relativen Wahrnehmung der Umwelt und auch ähnliche Variabilität in der Nutzung des Smartphones auf.

4.3   Wird die Natur nach der Nutzung der App anders wahrgenommen?

Zur Beantwortung dieser Frage hätte es eigentlich einer Kontrollgruppe bedarf, die den gesamten Weg mit Eye-Tracking-Brille, aber ohne Smartphone abläuft. Da weitere 12 Testpersonen nicht zeitlich und organisatorisch möglich waren, wird das Blickverhalten ohne Smartphone auf den einzelnen Strecken verglichen. Das experimentelle Design der vorliegenden Studie erlaubt durch den Vergleich der Streckenabschnitte 1, 3 und 4 (ohne Smartphone) mit Strecke 2 (mit Smartphone) den Einfluss eines Smartphones auf die Naturwahrnehmung einer einzelnen Testperson. In Tab. 2 und Abb. 7 ist zu sehen, dass die Testpersonen i. d. R. mehr in die Umgebung als auf den Weg geschaut haben bis auf Strecke 3 (erster Teil des Rückwegs ohne Smartphone). Besonders auf Strecke 1 ist die Blickdauer in die Umwelt fast dreimal so hoch wie die Blickdauer auf den Weg. Die relativ hohe Standardabweichung für Blicke in die Umgebung wurde von 2 Testpersonen mit einer relativ langer bzw. kurzer Blickdauer verursacht. Ohne diese wäre die gemittelte Blickdauer etwas geringer (62,3 s), aber die Standardabweichung deutlich reduziert mit nur 11,2 s. Ein ähnlicher Effekt wird auch für die Strecken 2 und 4 beobachtet. Das Blickverhalten auf den Weg ist für alle vier Strecken relativ konsistent bzw. ohne besondere Ausreiser.

Tab. 2 Gemittelte und relative Blickdauer auf den Weg bzw. in die Umgebung auf den vier Strecken und das Mittel der individuellen Verhältnisse von Blicken in die Umgebung zu Blicken auf den Weg (in Klammern ist die Standardabweichung gegeben)

Gemittelte Blickdauer	Strecke 1	Strecke 2	Strecke 3	Strecke 4
Auf Weg [s]	35,6 (17,7)	57,7 (16,0)	116,9 (28,4)	43,1 (12,1)
In Umgebung [s]	68,0 (28,7)	99,5 (33,3)	91,3 (32,3)	54,1 (26,1)
Verhältnis „Umgebung"/„Weg"	**2,75 (2,34)**	**1,81 (0,70)**	**0,85 (0,40)**	**1,53 (1,12)**

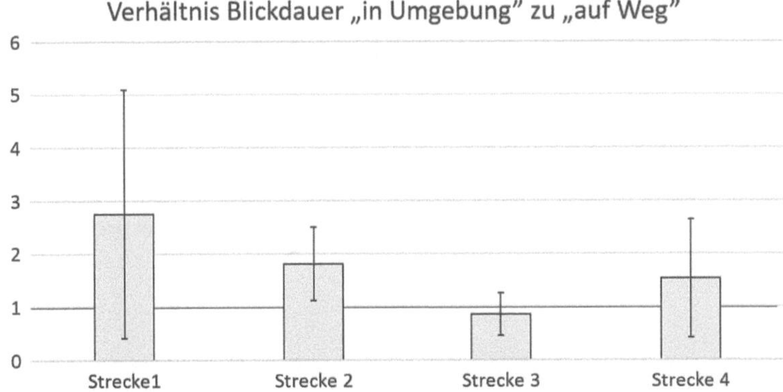

Abb. 7 Gemitteltes Verhältnis von Blickdauer in die Umgebung relativ zur Blickdauer auf den Weg. Werte größer (kleiner) eins geben mehr (weniger) Blicke in die Umgebung als auf den Weg an

Im direkten Vergleich der relativen Blickverhältnisse fällt auf, dass vor bzw. auf der Strecke mit App mehr in die Umgebung geblickt wird, als danach. Auffallend ist auch, dass die Aufmerksamkeit für die Umgebung auf Strecke 4 unter einigen Testpersonen wieder steigt.

Ein möglicher Grund für den Anstieg der Aufmerksamkeit für die Umgebung auf Strecke 4 ist eine akustische Attrappe mit Spechtklopf-Geräuschen, die etwa auf der Hälfte von Strecke 1 bzw. 4 in den Bäumen versteckt wurde. Diese Geräusche wurden vor der Nutzung der App (Strecke 1) von fünf aus elf Testpersonen bemerkt (eindeutige Blicke in Richtung der Attrappe bzw. nach oben). Nach der Nutzung der App (Strecke 4) schauten sich vier Testpersonen mehr nach dem Geräusch um (Abb. 8).

Abb. 8 Anzahl der Testpersonen (von insgesamt 11), die auf dem Hinweg (Strecke 1) bzw. auf dem Rückweg (Strecke 4) nach dem Spechtklopfen (Attrappe) Ausschau gehalten haben

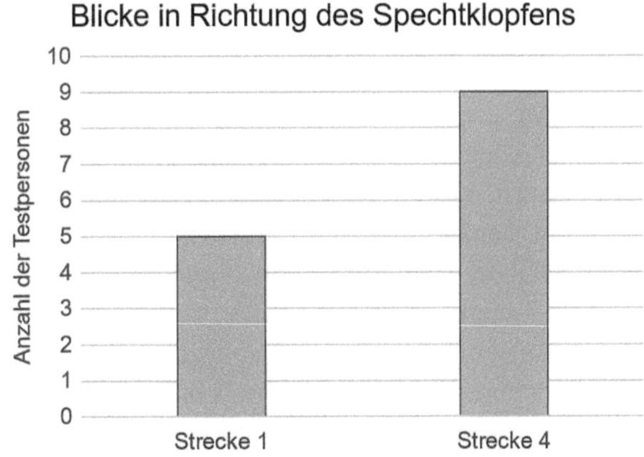

5 Interpretation und Fazit

Die Ergebnisse der Studie bieten Einblicke in die Art und Weise, wie sich Kinder visuell sowohl mit einer App als auch mit ihrer Umgebung auseinandersetzen. Sie geben Aufschluss über die mögliche Gestaltung mobiler Anwendungen, die die Wahrnehmung der Umgebung fördern sollen, anstatt sie zu vermindern. Durch die relativ geringe Anzahl der Testpersonen und das Fehlen einer Kontrollgruppe können nur qualitative Aussagen und Vermutungen getroffen werden.

5.1 Interpretation von Fragebogen und Eye-Tracking-Daten

Die Ergebnisse des TAEG-Fragebogens weisen für die hier befragten Testpersonen mit der eher technikaffinen Bewertung auf eine normale bis etwas höhere Technikaffinität im Vergleich zu den jüngsten Normwerten hin [8]. Das könnte mit der Wahl der Testpersonen zusammenhängen, da die Teilnahme an der Studie freiwillig war und sich eventuell eher technikinteressierte Testpersonen gemeldet haben. Da die Ergebnisse in der Standardabweichung der Norm liegen, wird trotzdem von einer repräsentativen Gruppe an Testpersonen ausgegangen.

Die Ergebnisse des SUS-Fragebogens weisen auf eine gute Gebrauchstauglichkeit der App hin. Daher kann davon ausgegangen werden, dass das Blickverhalten repräsentativ für andere Apps ist und nicht durch Besonderheiten der App bzw. ungewöhnlich komplexe Elemente getäuscht wird. Bezüglich der Erfahrungen mit der App schnitt die Integration von AR eindeutig positiv ab und bestätigt die gewählte Technologie. Dass die App nicht sonderlich von der Umgebung abgelenkt haben soll, ist eine subjektive Einschätzung. Dem gegenüber steht die Beobachtung, dass die Testpersonen während der Nutzung der App kaum in die umliegende Natur geblickt haben (Abb. 6). Es wird vermutet, dass die Testpersonen die Verwendung einer App gewohnt sind und daher diese nicht als besonders störend empfinden.

Abb. 6 zeigt auf, dass die Station „Specht" am meisten zu Blicken in die Umgebung angeregt hat. Da die Station „Libelle" im Gegensatz dazu am wenigsten Blicke in die Umgebung anregt hat, kann nicht pauschal gesagt werden, dass AR-Herausforderungen die Interaktion mit der Natur fördern. Entscheidender Unterschied zwischen den zwei Stationen ist, dass die Herausforderung der Station „Specht" nur durch einen realen Baum ausgelöst werden kann. Das Erkunden der umliegenden Natur ist damit ein wesentlicher Bestandteil der Station und spiegelt sich auch in den Blicken in die Umgebung wider.

Abb. 7 zeigt auf, dass die Blicke auf den Weg nach der Nutzung der App (Strecke 3) die Blicke in die Umgebung überwiegen. Dies könnte auf einen negativen Effekt der App auf die Wahrnehmung der Umwelt hinweisen. Eine weitere Ursache könnte sein, dass die Testpersonen die gleiche Strecke wieder zurücklaufen. Tatsächlich hat die Studienaufsicht beobachtet, dass die meisten Testpersonen nach Abgabe des Smartphones (Ende Strecke 2), die Studie für sich „als beendet" angesehen haben und einfach nur an den

Ausgangspunkt zurück wollten. Dies hätte eventuell mit einem anderen Studienaufbau vermieden werden können. Gegen den „negativen" Einfluss der App spricht die gestiegene Wahrnehmung des Spechtklopfens auf dem Rückweg im Vergleich zum Hinweg (Abb. 8). Aufgrund der begrenzten Zahl der Testpersonen und das Fehlen einer Kontrollgruppe ohne Smartphone können hieraus nur zwei Erkenntnisse gezogen werden: Eine Veränderung des Blickverhaltens ist in der Regel nicht monokausal und bei Studien in der Natur ist es wesentlich Trigger gründlich zu dokumentieren bzw. auch künstlich zu erzeugen (Reproduzierbarkeit).

5.2   Herausforderung beim Studienaufbau

Digitale Interaktion mit der variablen natürlichen Umgebung An der Station „Specht" muss von den Nutzenden ein Baum gesucht werden, der eine ausreichend große Oberfläche für den AR-Specht bietet. Hierbei wird vom Smartphone sowohl die Form als auch der Farbton der Oberfläche gescannt. Da durch Bewuchs und andere Umweltfaktoren sowohl die Oberfläche des Baumstamms (z. B. Efeu) als auch der Zugang zum Baumstamm (z. B. Brombeeren, Überschwemmung) eingeschränkt werden kann, musste bei der Standortwahl einer solch umgebungsabhängigen Station geprüft werden, ob ausreichend viele große Bäume in der Nähe verfügbar sind. Nur so kann garantiert werden, dass die Station das ganze Jahr über abgerufen werden kann. Durch die ausgeprägte Saisonalität unserer Klimazone ist es nicht trivial diesen Ansatz auf andere Pflanzen zu übertragen, von Tieren ganz zu schweigen. Dank der sich schnell entwickelnden Bild- und Tonerkennungstechnologien erweitert sich jedoch stets der Horizont der Möglichkeiten. In unserem Fall konnten solche Technologien jedoch nicht angebunden werden, da keine flächendeckende Mobilfunkanbindung verfügbar ist.

Offline Anwendungen Aufgrund der fehlenden flächenhaften Mobilfunkabdeckung wurden die hier präsentierten Anwendungen alle für die Offline-Nutzung und möglichst leichtgewichtig (bzgl. Speicherumfang) entwickelt. Dies bedeutete eine stete Abwägung zwischen Funktionalität und Design gegen Speicherplatz. Schlussendlich hat die App „Auen Expedition" in der hier präsentierten Version eine Größe von 595 MB. Der Einsatz von AR-Elementen ist demnach auch für Offline-Lösungen geeignet.

Studien mit Minderjährigen Die Aussagekraft einer Studie mit „nur" 11 Datensätzen ist begrenzt, was auch durch die hohen Standardabweichungen unterstrichen wird. Gleichzeitig ist ein Versuchsaufbau, bei dem einzelne Testpersonen etwa 30 bis 50 min durch die Natur laufen, nicht trivial. Logistische und natürliche Rahmenfaktoren wie Anreise, Verfügbarkeit, Witterung und Insekten sind nur einige Herausforderungen. Gleichzeitig sind Studien wie diese sehr wertvoll für die zielgruppengerechte Entwicklung von pädagogischen Angeboten. Für den Aufbau und die Planung einer ähnlichen Studie empfehlen wir den einzelnen Testpersonen mit einem großen Abstand zu folgen, um genug

Privatsphäre zu lassen, aber gleichzeitig dicht genug zu bleiben, um äußere Rahmenfaktoren gut dokumentieren zu können. Zudem hat es sich bewährt, Daten möglichst mit mehreren Methoden zu erfassen (z. B. Fragebogen und Sensoren).

Reproduzierbarkeit Motivation für die akustische Spechtattrappe war die Reproduzierbarkeit von beobachteten Effekten. Häufig werden Blicke in die Umgebung, insbesondere in der Natur, durch Geräusche und Bewegungen motiviert. Diese verändern sich jedoch in der Natur über den Tagesverlauf (z. B. Vogelzwitschern), sind witterungsabhängig (z. B. Windböen und Sonnenstrahlen) und auch nicht vorhersehbar (z. B. vorbeihuschende Tiere). Dank der Attrappe war jede Testperson dem Spechtklopfen am gleichen Ort und verlässlich ausgesetzt. Das vereinfacht sowohl die Datenerfassung als auch deren Interpretation. Die Attrappe sollte möglichst so positioniert werden, dass nicht zu viele weitere Faktoren deren Wahrnehmung beeinflussen. In dieser Studie wurde auch eine zweite akustische Attrappe (Froschquaken) am Ende von Strecke 2 versteckt. Diese erwies sich aber als zu weit weg und ging auch in der Abgabe des Smartphones unter (Interaktion mit der Studienaufsicht). Daraus lässt sich schließen, dass eine akustische Attrappe eine einfache Methode ist, Reproduzierbarkeit in einer natürlichen Umgebung zu erlangen, die Positionierung aber gut durchdacht bzw. getestet werden sollte.

Geschlechterspezifische Auswertung Für eine getrennte Auswertung nach Mädchen und Jungen hätte es mindestens fünf weiblicher Testpersonen bedurft. Tatsächlich hatten weitere Mädchen Interesse an der Teilnahme der Studie, doch durch die aufwendige Studienvorbereitung und -durchführung, konnte nur wenig Rücksicht auf die individuelle Verfügbarkeit genommen werden bzw. mussten Termine aufgrund der Witterung abgesagt werden. Da digitale Anwendungen i. d. R. für eine bestimmte Altersgruppe und geschlechtsunabhängig entwickelt wird, sollte versucht werden, diese Zielgruppe auch gänzlich bei der Wahl der Testpersonen darzustellen.

Interpretation von Eye-Tracking-Daten Die Ergebnisse dieser Studie bestätigen, dass Veränderungen im Blickverhalten i. d. R. nicht monokausal sind. Zudem kann das subjektive Empfinden ein anderes sein als das, was die Eye-Tracking-Daten suggerieren (z. B. Ablenkung durch Smartphone). Grundsätzlich lässt sich daher sagen, dass die Interpretation von Eye-Tracking-Daten durch begleitende Fragebögen und durch Beobachtungen der Testaufsicht aufgewertet wird.

5.3   Empfehlungen für pädagogische Umweltapps

Auch wenn die Nutzenden die App als nicht sonderlich ablenkend empfunden haben, lag während der Nutzung der App das Hauptaugenmerk auf dem Smartphone. Ziel der App sollte jedoch sein, dass das Interesse an der umliegenden Natur gefördert wird. Die

Ergebnisse dieser Studie zeigen, dass die Art der Integration der natürlichen Umgebung in die Interaktion mit der App dies beeinflussen können. Im Fall der Station „Specht" muss von den Nutzenden ein Baum gesucht werden, der eine ausreichend große Oberfläche für den AR-Specht bietet. An dieser Station blicken die Testpersonen am meisten in die Umwelt. Daher sollte, trotz der oben beschriebenen Herausforderungen bzgl. der Variabilität der natürlichen Umgebung, stets versucht werden verlässliche Ankerpunkte aus der Natur in die Interaktion mit der App zu integrieren. Aufgrund ihres integrativen, interaktiven und z. T. realen Charakters empfehlen wir außerdem AR-Elemente und 3D-Darstellungen in Betracht zu ziehen.

Generell sollte sowohl für die App-Entwickelnden als auch die App-Bewerbenden das Ziel sein, die Umweltinhalte und die Interaktion mit der Umwelt in den Vordergrund zu stellen und die App „nur" als Mittel zum Zweck anzusehen. Das generelle Interesse an digitalen Angeboten der Zielgruppe und die im Fragebogen angegebene gestiegene Interesse an den dargestellten Umweltthemen durch die Verwendung der App, lassen zum Schluss führen, dass der Einsatz von digitalen Medien positive Anreize für einen Ausflug in die Natur geben kann. Zudem kann über diesen Weg bei der jungen Zielgruppe Interesse an neuen Themen geweckt und Wissen über die Natur vermittelt werden. Gleichzeitig sollte der Einsatz von digitalen Medien möglichst sparsam und wenn mit direktem Bezug zur realen Umwelt gestaltet werden.

Als abschließender Hinweis ist noch zu nennen, dass das Forschungsprojekt im Oktober 2024 endete. Die App „Auen Expedition" wurde als Prototyp entwickelt und ist daher nicht zur Nutzung online zu finden.

Danksagung Wir danken für die Förderung des Projekts im Rahmen der Digitalisierungsstrategie digital.LÄND und für die Unterstützung durch das Ministerium für Umwelt, Klima und Energie Baden-Württemberg.

Literatur

1. Bouhout, Y., & Schlegel, T. (2025). Gamification-Konzept für Mobile Augmented Reality im Kontext eines Naturlehrpfads. In: F. Fuchs-Kittowski, A. Abecker, F. Hosenfeld, A. Reinecke, & M. Möller (Hrsg.), *Umweltinformationssysteme – Digitalisierung für eine nachhaltige Planetare Zukunft*, S. 263–279. Springer Vieweg Wiesbaden. https://doi.org/10.1007/978-3-658-46394-6
2. Böhme, M. (2024, 8. Mai). *Digitale Medien im Kindesalter – eine kontrovers geführte Debatte*. Fröbel PädagogikBlog. https://www.paedagogikblog.de/digitale-medien-im-kindesalter-eine-kontrovers-gefuehrte-debatte/
3. Trefzger, M. (2023, 20. Februar). *Projekt: Umwelt digital 4.0*. Ministerium für Umwelt, Klima und Energiewirtschaft Baden-Württemberg. https://um.baden-wuerttemberg.de/de/umwelt-natur/nachhaltigkeit/nachhaltige-digitalisierung/projekte/umwelt-digital-40/
4. Pokémon Go. (2025, 2. Mai). In Wikipedia. https://de.wikipedia.org/wiki/Pok%C3%A9mon_Go

5. Dotterweich, M. (2020). Natur – und Umweltbildung mit digitalen Techniken – eine kritische Bestandsaufnahme und Wege zum Erfolg. Arbeitsgemeinschaft Natur – und Umweltbildung e. V. (ANU Bundesverband) https://www.umweltbildung.de/fileadmin/Dateien/News/Natur-_und_Umweltbildung_digital_01.pdf

6. Medienpädagogischer Forschungsverbund Südwest (2024). JIM-Studie 2024 – Jugend, Information, Medien. https://mpfs.de/app/uploads/2024/11/JIM_2024_PDF_barrierearm.pdf

7. Trefzger, M., & Schlegel, T. (2023). Mobile AR in the Wild: Exploring an Augmented Reality Concept for a Nature Discovery Path and evaluating its Serious Game Elements. *Mensch und Computer 2023* (S. 513–517). ACM, New York. https://doi.org/10.1145/3603555.3608555

8. Karrer-Gauß, K., Roesler, E., & Siebert, F. W. (2024). Neuauflage des TAEG-Fragebogens: Technikaffinität valide und multidimensional mit einer Kurz – oder Langversion erfassen. *Zeitschrift für Arbeitswissenschaft, 78*, 387–406. https://doi.org/10.1007/s41449-024-00427-4

9. System Usability Score. (2024, 13. Mai). In Wikipedia. https://de.wikipedia.org/wiki/System_Usability_Scale

Digitale Zwillinge in der Umweltverwaltung

Waldinfo.NRW – Digitaler Fachzwilling zum Thema Wald in NRW

Martin Stöcker

Zusammenfassung

Waldinfo.NRW (https://www.waldinfo.nrw.de) als freies und offen zugängliches Portal für den Wald in NRW erfüllt zentrale Merkmale digitaler Zwillinge und ist der zentrale Fachzwilling zum Wald in NRW. Waldinfo.NRW ermöglicht es Nutzenden wie unter anderem Waldbesitzenden und der Forstverwaltung relevante Fragestellungen rund um den Wald zu klären und mit Prognosen und Szenarien standortgerechte und klimastabile Baumartenmischungen zu ermitteln. Waldinfo.NRW setzt hierbei vollständig auf in NRW offene, verfügbare Daten und Dienste und ermöglicht Nutzenden einen offenen und freien Zugang zu den Daten und Themen.

Schlüsselwörter

Waldinfo.NRW · Digitaler Fachzwilling Wald NRW · Klimastabile Wiederbewaldung

M. Stöcker (✉)
con terra GmbH, Martin-Luther-King-Weg 20, 48155 Münster, Deutschland
E-Mail: m.stoecker@conterra.de

© Der/die Autor(en), exklusiv lizenziert an Springer Fachmedien Wiesbaden GmbH, ein Teil von Springer Nature 2026
F. Fuchs-Kittowski et al. (Hrsg.), *Umweltinformationssysteme – Digitale Innovationen für eine nachhaltige Zukunft,* https://doi.org/10.1007/978-3-658-50065-8_9

1   Einleitung

Seit 2018 stehen relevante Daten, Informationen, Analysen und Prognosen zum Wald in NRW öffentlich und zentral über Waldinfo.NRW (https://www.waldinfo.nrw.de) zur Verfügung. Das Ministerium für Landwirtschaft und Verbraucherschutz des Landes NRW, unterstützt vom Landesbetrieb Wald und Holz NRW, verfolgt mit Waldinfo.NRW das Ziel, die zentralen und offenen Informationen zum Wald bereitzustellen und unter anderem den Waldbesitzenden und allen am Wald interessierten Nutzenden Analyse- und Prognosewerkzeuge an die Hand zu geben, um die Wiederbewaldung der Kalamitätsflächen der letzten Jahre und die Bildung klimastabiler Wälder zu ermöglichen. Waldinfo.NRW hat sich hierbei in den letzten Jahren zu einem digitalen Fachzwilling für den Wald in NRW entwickelt und profitiert von den vielfältigen Umsetzungen in den Bereichen open data, Geodateninfrastrukturen und digitale Zwillinge. Dieser Artikel wird zunächst allgemein in digitale Zwillinge und digitale Fachzwillinge im Geobereich einführen. Anschließend wird der digitale Fachzwilling Waldinfo.NRW vorgestellt und es wird erläutert, welche Merkmale Waldinfo.NRW zu einem digitalen Fachzwilling machen. Abschließend werden die bisherigen Erfahrungen mit Waldinfo.NRW zusammengefasst und es wird ein Ausblick zu den weiteren geplanten Entwicklungen gegeben.

2   Digitale Zwillinge, digitale Fachzwillinge und Raumbezug

Digitale Zwillinge (Digital Twins) sind virtuelle Repräsentationen physischer Objekte, Prozesse oder Systeme, die mit Echtzeitdaten verknüpft sind. Sie ermöglichen Simulationen, Analysen und Optimierungen über den gesamten Lebenszyklus eines Produkts oder einer Infrastruktur [1]. Durch den Einsatz von Sensordaten, maschinellem Lernen und künstlicher Intelligenz bieten digitale Zwillinge einen tiefgehenden Einblick in das Verhalten und die Leistung ihrer physischen Gegenstücke [2].

Eine spezielle Ausprägung sind digitale Fachzwillinge. Während allgemeine digitale Zwillinge oft auf physische Objekte fokussiert sind, repräsentieren digitale Fachzwillinge oft spezifische Fachdomänen, etwa im Umweltbereich, der Industrie, der Medizin oder der Verwaltung [3]. Sie integrieren domänenspezifisches Wissen, Modelle und Daten, um spezielle und fachlich getriebene Simulationen und Entscheidungsunterstützung zu ermöglichen [4]. Dadurch tragen sie wesentlich zur Effizienzsteigerung und zur Optimierung komplexer Prozesse bei [5].

Digitale Geozwillinge nutzen räumliche Daten und ermöglichen ein digitales Abbild der realen Welt inklusive präziser Darstellung von Objekten, Prozessen und Systemen im zwei-, drei- oder mehrdimensionalen Raum, sowie deren zeitliche Entwicklung. Digitale Geozwillinge werden in Bereichen wie Stadtplanung, Umweltanalyse und Infrastrukturmanagement eingesetzt und ermöglichen eine nachvollziehbare Darstellung dynamischer Entwicklungen.

Folgende Merkmale, die in einer Arbeitsgruppe innerhalb der con terra GmbH erarbeitet wurden, sind hierbei zentral für digitale Zwillinge speziell im Geobereich:

- Merkmal 1: Servicebasierte Einbindung von Daten, Datenräumen und Datenströmen mittels gängiger und interoperabler Schnittstellen
- Merkmal 2: Realitätsnahe Visualisierung und Interaktion auch im dreidimensionalen Raum und in immersiven VR- und AR-Umgebungen
- Merkmal 3: Umfassende Datenanalysen auch in Echtzeit, Simulation und Ableitung von Prognosen und Szenarien
- Merkmal 4: Kollaboration und medienbruchfreie Zusammenarbeit bei räumlichen Sachverhalten und deren Veränderungen
- Merkmal 5: Abbildung planerischer Entscheidungen und Steuerung.

3 Waldinfo.NRW der digitaler Fachzwilling des Waldes in NRW

Die Entwicklungen zu Waldinfo.NRW (https://www.waldinfo.nrw.de) begannen im Jahr 2018. Im Auftrag des Ministeriums für Landwirtschaft und Verbraucherschutz NRW entstand mit Waldinfo.NRW ein öffentlich zugängliches Portal rund um den Wald in NRW. Es werden vielfältige Informationen u. a. zu Baumarteneignungen in verschiedenen Klimaszenarien und möglichen nutzbaren Waldentwicklungstypen einschließlich Baumartenmischungen für ausgewählte Flächen bereitgestellt, die den Waldbesitzenden helfen, nach den großflächigen Waldschäden der letzten Jahre durch Trockenheit und Borkenkäfer klimastabile Wälder aufzubauen [6]. Dem Landesbetrieb Wald und Holz NRW obliegt bei Waldinfo.NRW die fachliche Koordination. Der Betrieb erfolgt beim IT-Dienstleister des Landes IT.NRW. Die technische Entwicklung führt con terra auf Basis der Komponenten der unternehmenseigenen Technologieplattform con terra Technologies durch. Zentraler Bestandteil ist hierbei map.apps als Plattform zur Erstellung und Bereitstellung von modernen Web-GIS-Anwendungen, welche die technologische Grundlage des Clients von Waldinfo.NRW bildet.

Im Zuge der Weiterentwicklungen der letzten Jahre entwickelte sich Waldinfo.NRW zunehmend zu einem digitalen Fachzwilling. Nachfolgend wird kurz dargestellt, in welcher Form Waldinfo.NRW die weiter oben eingeführten zentralen Merkmale digitaler Fachzwillinge erfüllt.

3.1   Merkmal 1: Servicebasierte Einbindung von Daten, Datenräumen und Datenströmen mittels gängiger und interoperabler Schnittstellen

Zentrale Basis für digitale Fachzwillinge sind umfassende und aktuelle Daten rund um die digital abzubildenden Objekte und Systeme. Waldinfo.NRW bündelt hierzu mannigfaltige und frei zugängliche aktuelle und relevante Geodaten zu den verschiedensten Themen rund um den Wald in NRW. Diese reichen von möglichen standortabhängigen Baumartenmischungen bei verschiedenen Klimaszenarien über relevante Informationen im Bereich Waldbrand (Löschwasserentnahmestellen usw.) bis hin zu Freizeitinformationen (Wanderwege, Reitwege usw.) und beinhalten auch aktuelle Informationen zu Kalamitätsflächen und deren zeitlicher Entwicklung. Die Geodaten werden hierbei aus unterschiedlichen Dienstetypen konsumiert. Die eingebundenen Dienste sind sämtlich öffentlich und frei verfügbar. Angebot und Bereitstellung landesweiter offener und freier Geodaten ist bereits seit vielen Jahren ein zentrales Ziel der zuständigen datenhaltenden Stellen in NRW und wird vielfältig von seiten der Landesregierung in NRW gefördert und in Open.NRW (https://open.nrw) gebündelt. Diese besondere und komfortable Situation mit Blick auf frei verfügbare Geodaten und -dienste hat die Umsetzung von Waldinfo.NRW erst ermöglicht. Aktuell steht bereits eine hohe Anzahl verschiedener Datenthemen zur Auswahl im Kartenbaum zur Verfügung. Weiterhin haben Nutzende die Möglichkeit, zusätzlich Daten aus weiteren verfügbaren Diensten unterschiedlichster Dienstetypen zu integrieren. Möglich sind hierbei:

- Offene OGC (Open Geospatial Consortium) Dienste
  - OGC API – Features
  - Web Map Service, WMS
  - Web Map Tile Service, WMTS
  - Web Feature Service, WFS
- INSPIRE View Service
- Esri Dienste
  - Map Service
  - Feature Service
  - Image Service
  - Vector Tile Service
  - Scene Service

Um einen leichten Zugang zu den mannigfaltigen Daten zu ermöglichen, verfügt Waldinfo.NRW über eine intelligente und optimierte Suche, die es Nutzenden erlaubt, nach verfügbaren Daten einschließlich Adressen und topographischen Bezeichnungen durch Eingabe der ersten Zeichen zu suchen und diese nach Auswahl aus der Ergebnisliste in die Anwendung einzubinden. Die nachfolgende Abb. 1 zeigt die Suche und die weitere Auswahlmöglichkeit vorkonfigurierter Geodienste. Weitere Dienste sind auch via Eingabe der entsprechenden URL einbindbar.

Abb. 1 Intelligente Suchfunktion und Möglichkeit der Einbindung weiterer nutzbarer Dienstetypen in Waldinfo.NRW

3.2 Merkmal 2: Realitätsnahe Visualisierung und Interaktion auch im dreidimensionalen Raum und in immersiven VR- und AR-Umgebungen

Die realitätsnahe Darstellung und entsprechende Möglichkeiten der Interaktion sind ein weiteres zentrales Merkmal von Fachzwillingen. Hierbei spielt die fachlich relevante und sinnvoll nutzbare Visualisierung im dreidimensionalen Raum eine zentrale Rolle. Waldinfo.NRW bietet den Nutzenden hierzu die Möglichkeit in den digitalen Zwilling NRW abzuspringen, der ebenfalls auf der con terra Technologie map.apps beruht. Nutzende haben so die Möglichkeit, sich in einer realitätsnahen, dreidimensionalen Visualisierung des aktuell in Waldinfo.NRW gewählten Raumausschnitts auf Basis des in NRW flächendeckend zur Verfügung stehenden 3D-Meshes zu bewegen.

Ein 3D-Mesh ist eine Darstellungsform eines 3D-Oberflächenmodells. Dargestellt wird die Geländeoberfläche inklusive Vegetation, Bebauung und weiterer künstlicher Objekte (z. B. stehende Autos). Bei der Berechnung eines 3D-Meshes werden benachbarte dreidimensionale Punkte aus der Bildkorrelation der orientierten Luftbilder zu einem Netz (engl. Mesh) verbunden. Das 3D-Mesh von NRW wird mit den zugrunde liegenden Luftbildern mit einer Bodenauflösung (GSD) von 10 cm texturiert und bereitgestellt [7].

Eine entsprechend dreidimensionale Darstellung hat hier durchaus fachliche Relevanz. So können beispielsweise schnell Abschätzungen getroffen werden, ob bspw. abgestorbene Bäume umliegende Bebauung gefährden. Die nachfolgende **Abb. 2** verdeutlicht dies.

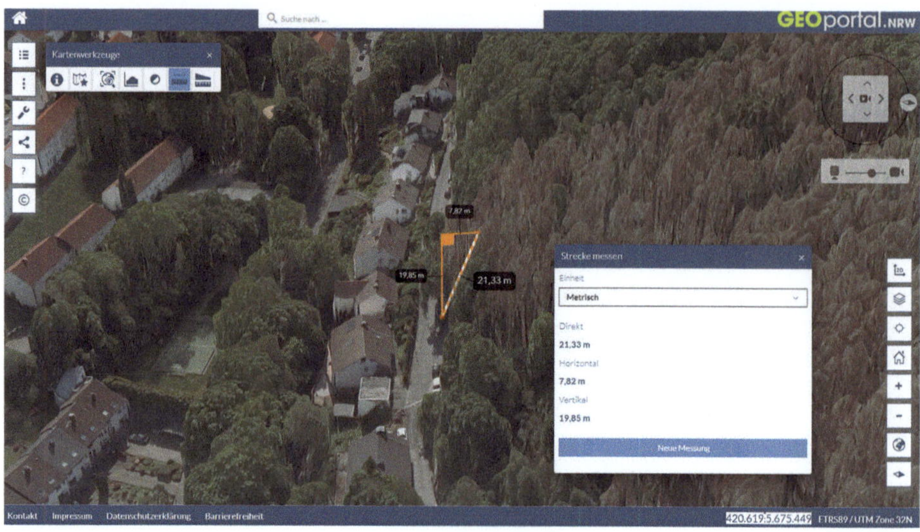

Abb. 2 Messung einer Baumhöhe bei abgestorbenen Bäumen zur Klärung der Gefährdung anliegender Bebauung

Weiterhin können sich Nutzende im Gefahren- und Katastrophenfall schnell ein realitätsnahes Bild von der Erreichbarkeit und Begehbarkeit von Bereichen und Flächen machen, und sie bekommen einen sehr guten Eindruck der dort vorliegenden Reliefsituation.

3.3 Merkmal 3: Umfassende Datenanalysen auch in Echtzeit, Simulation und Ableitung von Prognosen und Szenarien

Prägend in Waldinfo.NRW sind die umfassenden Datenanalysen und daraus abgeleiteten Prognosen und Szenarien zur Schaffung klimastabiler Wälder. Nutzende haben in der Anwendung die Möglichkeit, für eine konkret eingezeichnete Fläche abhängig vom gewählten Klimawandelszenario Empfehlungen für mögliche Baumartenmischungen zur Schaffung klimastabiler Wälder zu bekommen. Hierbei werden auf Basis der verfügbaren Standortinformationen und unter Berücksichtigung des aktuellen Waldbaukonzeptes des Landes NRW [8] entsprechende Empfehlungen zu möglichen Baumartenmischungen abgegeben. Diese werden zusätzlich noch hinsichtlich der Eignung mit Blick auf die Fauna-Flora-Habitat-Richtlinie der EU, kurz FFH-Richtlinie, gewichtet. Nutzende erhalten umfassende relevante Informationen zu Wasserhaushalt, Nährstoffen und Bodentypen von konkreten Flächen, aber auch weitere Daten zu ggf. darin befindlichen Schutzgebieten und können sich anschließend Reports ausgeben.

Als auswählbare Klimaszenarien stehen aktuell ein Szenario für mäßigen Klimawandel (RCP4.5) und ein Szenario für starken Klimawandel (RCP8.5) zur Verfügung.

Bei der Auswahl der möglichen Baumartenmischungen abhängig vom gewählten Klimawandelszenario wird hierbei eine sogenannte Standortdrift berücksichtigt. Hierunter wird die Veränderung der aktuellen Standortgegebenheiten in Folge des Klimawandels verstanden. Die Standortdrift wirkt sich in den genutzten Prognosen vor allem durch Änderungen des Wasserhaushalts der jeweiligen Standorte aus und wurde vom Geologischen Dienst NRW für die 72 ausgewiesenen Standorttypen und die beiden Klimawandelszenarien mäßiger (RCP4.5) und starker Klimawandel (RCP8.5) modelliert [8].

Hierbei steht RCP für Representative Concentration Pathways, die im fünften Sachstandberichts des Intergovernmental Panel on Climate Change, kurz IPCC entwickelt wurden [9].

Die nachfolgende **Abb. 3** zeigt beispielhaft die Ermittlung möglicher geeigneter Baumartenmischungen für eine ausgewählte Fläche und dem Szenario starker Klimawandel.

3.4 Merkmal 4: Kollaboration und medienbruchfreie Zusammenarbeit bei räumlichen Sachverhalten und deren Veränderungen

Waldinfo.NRW bietet verschiedene Möglichkeiten der kollaborativen Arbeit zu räumlichen Sachverhalten und deren Veränderungen. So können beispielsweise Geometrien mittels standardisierter Formate zwischen Beteiligten ausgetauscht werden. Gleiches gilt

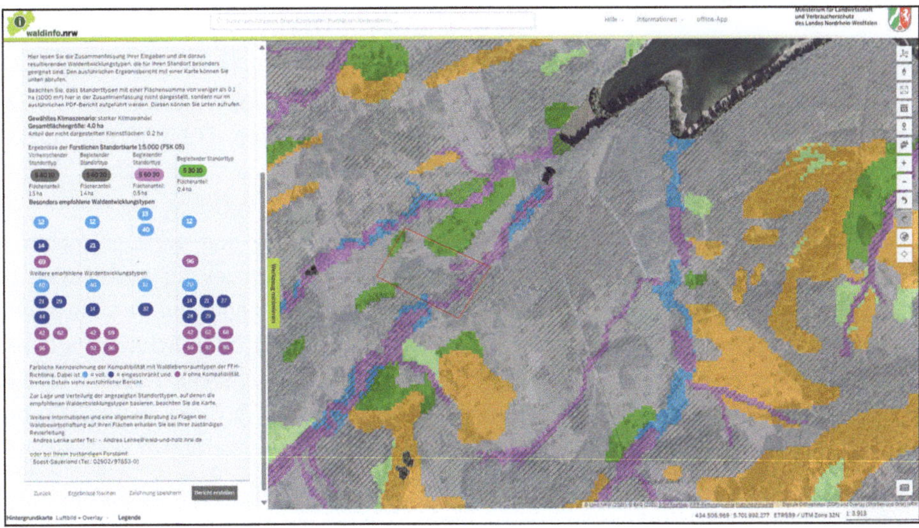

Abb. 3 Ermittlung möglicher geeigneter Baumartenmischungen bei starkem Klimawandel (RCP 8.5) für eine ausgewählte Fläche (rot im Kartenbild eingezeichnet) abhängig von den vorherrschenden Standorteigenschaften

für die jeweils aktuelle Anzeige des Kartenausschnitts inkl. der ausgewählten visualisierten Geodaten, die als sogenannte Kartenzustände gespeichert und ausgetauscht werden können. Eine spezielle Funktion ermöglicht den Austausch konkreter Treffpunkte via Mail. Hierbei können Nutzende entsprechende Treffpunkte in der Karte kennzeichnen und diese via Mail an weitere Nutzende kommunizieren. Die Anwendung hat sich hierdurch bereits als freies, effizient und gut zu nutzendes Tool im Forst- und Holzbereich in NRW mit im Schnitt einer vierstelligen Anzahl an Aufrufen pro Tag etabliert und ist im Privatwald sehr beliebt.

## 3.5	Merkmal 5: Abbildung planerischer Entscheidungen und Steuerung

In Waldinfo.NRW sind planerische Entscheidungen und Steuerung in einem digitalen Fachzwilling über das Merkmal 3 durch die Ableitung von Prognosen für klimastabile Wälder an den jeweiligen Standorten abgebildet. So können Nutzende die Eignung verschiedener Baumarten und Baumartenmischungen für eine Fläche prüfen und werden bei der Entscheidung zur Auswahl einer nachhaltigen Baumartenmischung unterstützt. Dies ist elementar für die nachhaltige Steuerung der Wiederbewaldung von Schadflächen und zum Aufbau und Ausbau klimastabiler Wälder. Im Zuge geplanter Weiterentwicklungen soll dieses Merkmal weiter ausgeprägt werden.

## 4	Fazit und Ausblick

Waldinfo.NRW (https://www.waldinfo.nrw.de) beinhaltet damit die zentralen und wesentlichen Merkmale digitaler Fachzwillinge. Die Anwendung erfreut sich großer Beliebtheit auch über die Landesgrenzen hinaus und gehört bei IT.NRW mit zu den am häufigsten aufgerufenen, frei verfügbaren Fachanwendungen. Entscheidend für die erfolgreiche Umsetzung war die große Erfahrung der beteiligten Akteure.

Das Ministerium für Landwirtschaft und Verbraucherschutz und der Landesbetrieb Wald und Holz NRW definierten die zentralen und relevanten seitens der Anwendung zu unterstützenden Fachanwendungsfälle. IT.NRW verfügt über die notwendige umfassende Erfahrung im Bereich Betrieb und performanter Bereitstellung öffentlich zugänglicher Weblösungen und con terra steuerte die notwendigen technologischen Kenntnisse und Technologien zum Aufbau der Anwendung bei. Alle Beteiligten verfügen zudem über die umfassenden Erfahrungen und Kenntnisse zur Landschaft der frei verfügbaren Daten und Dienste in NRW, ohne die diese Anwendung schwerlich umsetzbar gewesen wäre.

Als digitaler Fachzwilling rund um den Wald steht damit für die Nutzenden eine moderne, offene und nachhaltige Lösung zur Unterstützung und Klärung relevanter Fragestellungen rund um den Wald in NRW bereit.

In der aktuell in Entwicklung befindlichen weiteren Ausbaustufe erfolgt unter anderem die Schaffung eines data warehouses Wald für NRW um flexible Analysen auf unterschiedlichen organisatorischen Ebenen (Land, Bezirksregierung, Kreis, Forstamt, usw.) durchzuführen. In diesem data warehouse werden relevante Daten aus unterschiedlichen Quellen zusammengefasst und für erweiterte Szenarien und Analysen bereitgestellt. So können beispielsweise die unterschiedlichen Standorttypen der Kalamitätsflächen ausgewertet werden. Zentrales Ziel ist der an den Bedürfnissen der unterschiedlichen Nutzenden ausgerichtete weitere effiziente Ausbau von Waldinfo.NRW.

Literatur

1. Taylor, N., Human, C., Kruger, K., Bekker, A., & Basson, A. (2020). Comparison of digital twin development in manufacturing and maritime domains. In: T. Borangiu, D. Trentesaux, P. Leitão, A. Giret Boggino, & V. Botti (Hrsg.), *Service oriented, holonic and multi-agent manufacturing systems for industry of the future.* SOHOMA 2019. Studies in Computational Intelligence, vol 853. https://doi.org/10.1007/978-3-030-27477-1_12.
2. Heindl, W., & Stary, C. (2022). Structured development of digital twins – A cross-domain analysis towards a unified approach. *Processes, 10*(8). https://doi.org/10.3390/pr10081490.
3. Palchunov, D., & Vaganova, A. (2021). Methods for developing digital twins of roles based on semantic domain-specific languages. *2021 IEEE 22nd International Conference of Young Professionals in Electron Devices and Materials (EDM)*, S. 515–519. https://doi.org/10.1109/EDM52169.2021.9507716.
4. Pfeiffer, J., Lehner, D., Wortmann, A., & Wimmer, M. (2023). Towards a Product Line Architecture for Digital Twins. *IEEE 20th International Conference on Software Architecture Companion (ICSA-C)*, S. 187–190. https://doi.org/10.1109/ICSA-C57050.2023.00049.
5. Xu, H., Omitaomu, F., & Sabri, S., et al. (2024). Leveraging generative AI for urban digital twins: A scoping review on the autonomous generation of urban data, scenarios, designs, and 3D city models for smart city advancement. *Urban Informatics, 3*(29) (2024). https://doi.org/10.1007/s44212-024-00060-w.
6. Machalica, S., Franz, St. Dr., & Stöcker, M. et al. (2022). Weiterentwickeltes Waldinfo.NRW. *Die Waldbauern NRW, 1,* 15–16.
7. GeobasisNRW. (2025). 3D-Mesh. https://www.bezreg-koeln.nrw.de/geobasis-nrw/produkte-und-dienste/luftbild-und-satellitenbildinformationen/aktuelle-luftbild-und-5.
8. Ministerium für Landwirtschaft und Verbraucherschutz NRW. (2025). *Waldbaukonzept NRW.* https://www.mlv.nrw.de/wp-content/uploads/2024/01/waldbaukonzept_nrw.pdf.
9. IPCC. (2014). *Klimaänderung 2014: Synthesebericht. Beitrag der Arbeitsgruppen I, II und III zum Fünften Sachstandsbericht des Zwischenstaatlichen Ausschusses für Klimaänderungen (IPCC)* [Hauptautoren, R.K. Pachauri und L.A. Meyer (Hrsg.)]. IPCC.

Effect of Urban Trees in Eberswalde on Mean Radiant Temperature and Shadow Patterns—A Case Study

Brett Avery Michelini

Abstract

This study investigates the impact of urban tree stock on the local climate in the center of Eberswalde, Germany. Specifically, the effect of trees on shadow patterns and mean radiant temperature (T_{mrt}) are analyzed. First, aerial LiDAR data of the research area were classified into vegetation and building classes. LiDAR points under 4 m were excluded from the classification process, except for ground points and a few trees on the market square. Out of the classified LiDAR datasets two digital surface models were generated: one representing canopy cover and the other, building and ground surfaces. These models, along with land cover data and modified local weather data, were input into the SOLWEIG toolkit (UMEP extension, QGIS) to simulate T_{mrt} on an exceptionally hot summer afternoon. Maps showing shadow patterns, average T_{mrt}, and time over certain T_{mrt} thresholds were produced and analyzed, with high T_{mrt} serving as a proxy for thermal stress in vulnerable groups. The resulting maps highlight areas of elevated thermal stress and demonstrate the cooling effect of existing tree stock. Furthermore, this paper serves as a case study for city planners with access to quality LiDAR data looking to quantify or predict the effect of current and/or future trees or buildings on local climate in normal or extreme weather scenarios.

B. A. Michelini (✉)
Hochschule für nachhaltige Entwicklung Eberswalde, Schicklerstr. 5, 16225 Eberswalde, Germany
E-Mail: bmi938@hnee.de

© Der/die Autor(en), exklusiv lizenziert an Springer Fachmedien Wiesbaden GmbH, ein Teil von Springer Nature 2026
F. Fuchs-Kittowski et al. (Hrsg.), *Umweltinformationssysteme – Digitale Innovationen für eine nachhaltige Zukunft,* https://doi.org/10.1007/978-3-658-50065-8_10

Keywords

Mean radiant temperature · Outdoor thermal comfort · Thermal stress · SOLWEIG ·
LiDAR · Germany

1   Introduction

During the coming decades, climate change will become more of a reality and a threat
to life on this planet. Between 2081 and 2100, global annual temperature averages are
expected to have risen anywhere from 1.7 to 4.4 °C above pre-industrial levels [1, p. 12].
With this increase of temperature and energy in the atmosphere, the IPCC predicts with
high confidence that every global region will experience more frequent heatwaves and
droughts as well as an increase in heat-related human mortality [1, p. 13, p. 15]. In order
to save lives, innovative solutions and studies on the effectiveness of existing solutions
are needed. In urban areas, vegetation can be an effective means reducing air temperature
[2, p. 339; 3, p. 154], surface temperature [4, p. 33], and increasing thermal comfort [5,
p. 107; 6, p. 156; 7, p. 12]. This raises a few key questions: what is thermal comfort, how
can it be quantified, and what role can trees play in making us safer?

The zone of thermal comfort is "The range of ambient temperatures, associated with
specified mean radiant temperature, humidity, and air movement, within which a human
in specified clothing expresses indifference to the thermal environment for an indefinite
period" [8, p. 271]. Thermal stress occurs when thermoregulation, behavioral, autono-
mic or otherwise, fails to be effective enough to indefinitely maintain thermal comfort
[8, p. 270; 9, pp. 299–300]. In prolonged thermal stress, core body temperature may increase (or decrease in cold environments) over time, with physical and mental abilities
eventually becoming diminished. If sustained, heat exhaustion, heat stroke or heat-related death may occur [9, p. 300]. In this sense, thermal stress and thermal comfort can be
considered two mutually exclusive sides of the same coin.

An important factor in understanding and modelling thermal comfort is mean radiant temperature (T_{mrt}) [10, p. 1; 11, p. 1983; 12, pp. 90–91; 13; 14, p. 253]. T_{mrt} is the
sum of all radiant thermal fluxes that the human body is exposed to, without considering other physiological or meteorological factors such as wind, humidity, evaporative
cooling through sweating, clothing or activity level, e.g. [15, p. 342; 11, p. 1983]. These
radiation fluxes include shortwave radiation, which comprises direct, diffuse or reflected
sunlight, and longwave radiation, which includes radiant energy from the surrounding
environment as well as the atmosphere itself [12, pp. 91–92]. In the context of a clear
summer day, shortwave radiation, one component of T_{mrt}, is the most important factor
determining human thermal stress [12, p. 91].

However, the use of T_{mrt} goes beyond determining human thermal stress. T_{mrt} has
been shown to better predict and describe heat-related mortality when compared to air
temperature (T_a) and can be used to provide high-resolution, real-time heat warnings in

urban areas as well as help identify urban areas prone to overheating [15, p. 343]. Furthermore, the simulation of T_{mrt} is more validated than simulations of thermal comfort indices such as UTCI and PET [16, p. 8, p. 15], likely due to the simpler calculation [15, p. 342]. Compared to UTCI and PET, it can also be used to better estimate thresholds for increased heat-related mortality risk [15, p. 342]. For example, the T_{mrt} 55.5 °C threshold used in this study is associated with an increased risk of heat-related mortality for people over-80 of 5 % on days that cross this threshold [15, p. 338]. This means that on its own, T_{mrt} models can serve as reliable proxies for thermal comfort or thermal stress in vulnerable groups.

Research into thermal stress however does not only benefit those over 80. Many other groups are also predisposed to heat-related mortality including: the elderly generally, those of low socioeconomic status [17, p. 788], children [18, p. 15], those with certain pre-existing conditions (psychiatric and physical) [18, p. 15; 19, p. 321], unhoused people [20, p. 13], women and divorced people [21, p. 1382] as well as those in certain occupations [22]. Thus, research about regulating human thermal stress with urban trees can be beneficial for a wide range of demographic groups as well as otherwise healthy individuals.

Considering the importance of trees for thermal comfort and the role of T_{mrt} in predicting heat related mortality, a model was run to examine T_{mrt} values with and without the current urban tree stock in the north-German town of Eberswalde. Understanding where (and where not) trees are effective in reducing thermal stress can help the city plan for the complex and unpredictable effects of climate change on its most vulnerable citizens. The central question of this study therefore asks: to which extent do the trees within the research area influence the urban climate from a human thermal comfort perspective with regard to T_{mrt}?

This paper aims to model the T_{mrt} in the center Eberswalde on an exceptionally hot summer afternoon ($T_a$max 35.5 °C) using modified weather data from the nearby town of Angermünde. Eberswalde itself sits approximately 45 km northeast of Berlin within the German federal state of Brandenburg. As of 2022 it has an estimated population of around 42,000 [23]. The city is located in the *Dfb* climate zone, which, according to the Köppen-Geiger climate classification system, is characterized by a humid-continental climate [24, p. 3]. The city experiences approximately 9 days/year with a maximum air temperature greater than 30 °C ($T_a$max $\geq$ 30 °C) [25]. The research area itself is approximately 0.90 km^2 (90.17 ha) and is located east of the Eberswalde main train station.

For the analysis, a raster model of the research area was built from LiDAR data classified in ArcGIS Pro (v. 3.1.4) and run in QGIS (v. 3.28 LTR) using the SOLWEIG toolkit of the UMEP Extension (v. 4.0.4), considered to be the most accurate at modelling T_{mrt} [26, p. 23]. The model uses 2.5D rasters with 0.5 m resolution. The resulting maps can be used to analyze current T_{mrt} in Eberswalde as well as to make predictions for future weather conditions, potentially taking new buildings, tree plantings, and tree removals into account. Lastly, this study serves as an example of the uses of GIS technologies to perform city climate analyses in a high-quality, cost effective manner that is relevant to city planners and citizens alike. It not only contributes to the understanding of thermal comfort in urban areas but also provides a framework for city planners to assess and mitigate the impacts of climate change on vulnerable groups.

2   Methodology

2.1   Overview

The approach for studying thermal comfort in Eberswalde was as follows: first, the extent of the study area was derived from the urban heat island effect map (Appendix: "Bodennahe nächtliche Lufttemperatur" and p. 49) depicted in the city climate analysis [27]. Next, the LiDAR data for the study area was procured and subsequently manually classified using ArcGIS Pro. Once the LiDAR data had been classified as one of four categories, namely buildings, trees, ground surface or unclassified, it was further processed. Different digital surface models (DSMs) were generated from the now classified LiDAR datasets. One for the trees only (Canopy DSM) and one for buildings and ground surface together (Ground and Building DSM). An overview of these steps can be found in Fig. 1.

Further calculations were carried out from the various DSMs using the SOLWEIG program of the UMEP extension in the open source Quantum GIS (QGIS) software. As

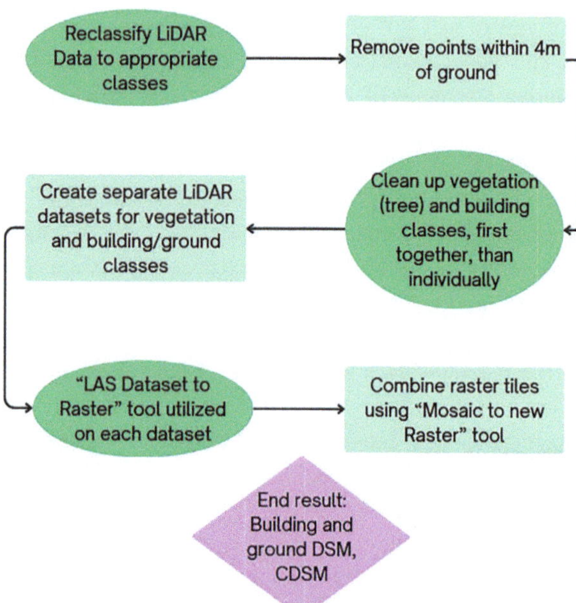

Fig. 1 An overview of LiDAR classification steps. *Source* Own depiction created with Canva.com (paid version)

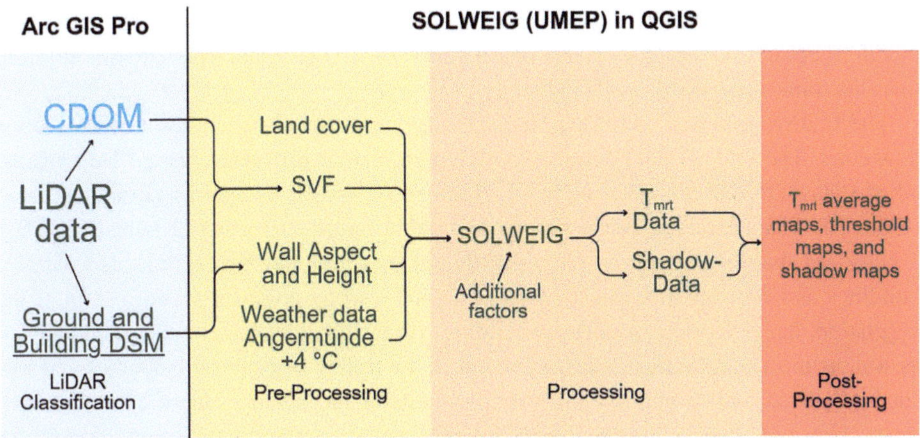

Fig. 2 An overview of the steps described in this chapter. The highlighting of CDOM serves to emphasize that it was not used in the creation of each map. *Source* Own depiction created with Canva.com (paid version)

part of the "pre-processing" in the SOLWEIG program, raster files were first created for Sky View Factor and Wall-Height, among others. This is followed by the "processing" steps in SOLWEIG. Here, the DSMs generated from LiDAR are entered into SOLWEIG together with the raster files from "pre-processing" and weather data from the Angermünde weather station. The output is various maps for shadows and mean radiation temperature relating to a specific day of the year and specific weather data. The post-processing involves preparing the output from processing in a way that meaningful insights can be easily generated from it. This includes the creation of T_{mrt} threshold maps, graphs, and tables. An overview of the entire methodology can be found in Fig. 2.

2.2 LiDAR Classification

According to the State office for Land Surveying and Geoinformation Brandenburg (LGB) the LiDAR point cloud used in this study has a sampling point density of 5 points/m^2 [28]. The data was ordered from the LGB "Geobroker" website in two separate datasets, each covering slightly less than 0.5 km^2 in area [41]. All classification was completed in ArcGIS Pro.

The goal of the LiDAR classification is the production of specialized digital surface models in raster format that are suited for use in the SOLWEIG model. The first and most essential DSM should include only the ground and the buildings, referred to as the Ground and Building DSM. The second should include only the canopies of trees/vegetation, referred to as the Canopy DSM (CDSM). These two can be easily generated out of properly classified LiDAR data. The third DSM which depicts the empty space beneath the canopies of trees can be calculated within the SOLWEIG model itself and was therefore not considered during the classification of LiDAR data. This DSM is referred to as the trunk-zone DSM or TDSM.

The LiDAR data was classified largely using the preset classification available upon download. The LiDAR data comes pre-classified in four different classes: Never Classified (Class 0), Not Assigned (Class 1), Ground (Class 2), as well as Ground Ignored (Class 20). Class 2 served as the ground and did not need correcting or adjusting. Class 1 consisted mainly of cars, noise, overhead cables for trolley busses but also parts of buildings and vegetation. Class 0 provides a good starting point for classification of the vegetation, but also contains parts of buildings (especially eaves, gutters and chimneys), as well as most street lamps, a large portion of the trolley bus cables, balconies and low sheds. Class 20 constitutes a good starting point for the manual classification of buildings. However, similar to the other classes, Class 20 often contained many parts of trees, cars and other non-building objects.

The LiDAR data was split into multiple subsectors prior to classification. This increased rendering speed and helped maintain an overview over where was or was not already manually classified. To further speed up the classification process, no LiDAR points under 4 m were included in this study with the exception of the sycamore trees on the Eberswalde market square, which are under 4 m but offer ample shade due to their unique trained canopy shape. Not considering points within 4 m of ground-level automatically removed all vehicles, bushes and short trees from the dataset, dramatically increasing classification time.

The LiDAR data manual classification process itself consisted of six key steps to prepare accurate digital surface models (DSMs) of buildings and vegetation (**Fig. 1**). First, preset LiDAR classes were reclassified for clarity: Class 0 ("Never Classified") was changed to Class 5 ("High Vegetation") and Class 20 ("Ground Ignored") to Class 6 ("Buildings"), etc. In step two, close-to-ground noise, including cars, bushes, and fences within 4 m of the surface, was identified and reclassified as Class 7 ("Noise") using height-based filtering. In step three, manual refinement followed. Vegetation and building classes were separated and corrected using 3D visualization and selection tools. This process was repeated from multiple angles, supported by satellite imagery and personal local knowledge, ensuring accurate classification. Misplaced or ambiguous points were removed to avoid distortion in the final DSMs.

In the fourth step, the classified data were split into separate LiDAR datasets for buildings and vegetation, enabling conversion into raster format. In step five, the "LAS Dataset to Raster" tool was used with specific settings: average height values for buildings to smooth rooftops, and maximum values for vegetation to preserve tree crowns. After conversion, raster tiles from all subsectors were merged using the "Mosaic To New Raster" tool to separately produce unified Canopy and Building DSMs in step six. The final Ground and Building DSM itself was created by combining the building data with an existing digital elevation model (DEM) of the research area, avoiding the need to convert ground points separately. The end result was a set of specialized DSMs for the research area in 0.5 m resolution excluding all objects below 4 m.

2.3   SOLWEIG in QGIS

Pre-Processing: Preparation of Meteorological Data. Using data from a "typical meteorological year" (TMY) from the nearby town of Angermünde, meteorological data was selected corresponding to the measurements from the hottest day in the TMY dataset with a $T_a$max of 31.5 °C at 17:00 CET. The weather data itself was obtained via Climate.OneBuilding.Org. The hottest part of the selected day occurred between the hours of 13:00 and 17:00 CET and was thus the focus of the analysis (**Table 1**).

Although the $T_a$max of 31.5 °C is a good example of a regularly occurring hot day in the region, in order to simulate an exceptionally hot day, a "worst case scenario" the T_a for the dataset was artificially increased by 4 °C across all hours. All the other weather data relating to radiation are real and unchanged from the original dataset, with just the air temperature artificially increased, giving a daily maximum temperature of 35.5 °C. Furthermore, the Angermünde weather station has recorded 29 instances of a $T_a$max of 35.5 °C or higher since 1908, including 10 times in the last 9 years alone (as of May 15, 2024) [29]. Thus 35.5 °C can be considered a good example of a regularly occurring very hot day in the future. More information on how to download and prepare weather data can be found on the UMEP Manual website [32].

Pre-Processing: Land Cover Data. Land cover data, which helps provide more true-to-life simulations in the SOLWEIG model, was accessed via ArcGIS Pro Living Atlas. Here, the European Space Agency (ESA) land cover data from 2020 is available in raster format with a resolution of 10 m. The data was reclassified in a UMEP compatible format using the "Land Cover Reclassifier" tool in the pre-processing toolbox of the UMEP extension. During this step, all areas classified as "Tree Cover" by the ESA 2020 data were reclassified to "grass". This is because UMEP is only concerned with the ground surface cover and not land cover from an aerial perspective [32]. ESA 2020 classes "Shrubland", "Grassland" and "Cropland" were also reclassified to Grass in UMEP, whereas the ESA class "Built-up" was reclassified to "paved". Building land cover data is not included in the ESA 2020 dataset, thus the building land cover data was derived from Ground and Building DSM.

Table 1   Weather data Angermünde, 3rd of July, 1986

Time of day	Ta (°C) Real measurement	Ta (°C) +4 degrees	Global radiation (Wh/m^2)	Incoming diffuse shortwave radiation (Wh/m^2)	Incoming direct shortwave radiation (Wh/m^2)
13:00–13:59	29.8	33.8	700	182	602
14:00–14:59	31.4	35.4	634	185	529
15:00–15:59	31.3	35.3	539	205	416
16:00–16:59	31.5	35.5	453	192	368

Table 1 data source: [30]. For help interpreting the weather data and creating this table: [31], [32], and [33] were also consulted.

As the land cover classification can significantly affect the surface temperature in the output of the T_{mrt} maps (**Fig. 8**), it was important to manually correct the ESA data slightly, as many paved surfaces were falsely classified as grass, for example. The corrections were carried out using the Serval (v3.32.0) extension in QGIS. More information on how to prepare land cover data can be found on the UMEP Manual website.

Important to mention is that the "grass" cover type for land cover model itself reflects a low-maintained, moist grass field and not a highly maintained lawn; the site was mowed only every 3 weeks during the summer months and had a high clay content resulting in water retention [34, p. 5]. For sites with soil moisture, soil composition and maintenance regimes different to the calibration conditions, the land cover model is likely less accurate [34, p. 5, p. 8].

SOLWEIG Processing. For the calculation of T_{mrt} all of the data prepared up until now (DSMs, weather data, land cover data) was entered into the Mean Radiant Temperature (SOLWEIG) calculator. The values for absorption of shortwave and longwave radiation were left as the default values of 0.7 and 0.95 respectively and the human body is set to standing. The values for the emissivity of walls (0.9) and albedo of walls (0.2) was also left unchanged from the default input. The trunk zone, i. e. the amount of open space between the ground and the bottom of the canopy was assumed to be 25 %, also the same at the default input [32]. The SOLWEIG calculator was run several times to account for different variables, including different sky-view-factor-grids (with and without vegetation) and the inclusion or exclusion of the CDSM. For further information on the output from the processing steps please see the UMEP website [32].

SOLWEIG Post-Processing. The output from the SOLWEIG calculator includes hour by hour maps for incoming shortwave and incoming longwave radiation, outgoing shortwave and outgoing longwave radiation, diffuse shortwave and diffuse longwave radiation, as well as shadow and T_{mrt} the 24-h period of July 3rd 1986. For the purposes of this paper, only the afternoon results of shadow coverage and T_{mrt} are analyzed, with afternoon hours defined as being from 13:00 to 17:00 CET. The shadow and T_{mrt} maps for this time frame were respectively averaged together using the SOLWEIG Analyzer in the post-processing toolbox. The maps of these afternoon averages for T_{mrt} and shadow coverage with and without trees can be found in the results chapter.

Additionally, the SOLWEIG Analyzer tool was used to create "threshold maps" of mean radiant temperature. For the creation of these threshold maps, the single hour T_{mrt} maps from 13:00, 14:00, 15:00, and 16:00 CET were used as input. The tool scans the maps for areas that go above a certain T_{mrt} threshold determined by the end-user. In accordance with Thorsson et al.'s finding that the 55.5 °C T_{mrt} threshold indicates increased risk of heat-related mortality for over-80's of 5 % on days that cross it, this temperature was used in the creation of the threshold maps [15]. The resultant maps show the amount of time certain parts of the research area exceed the T_{mrt} threshold with and without tree coverage during the afternoon.

Post-processing involved not only using the post-processing toolbox of UMEP, but also built-in QGIS Tools like Cell Statistics. The main goal of post-processing was to sort out irrelevant results and prepare the relevant data in an easier to understand format. Additional information on post processing steps can be found on the UMEP Manual website [32].

3   Results

3.1   LiDAR Classificiation

The results of the LiDAR classification are two DSMs, the Ground and Building DSM and the CDSM. Using raster analytics, buildings can be seen to occupy approximately $0.24\ km^2$ of the $0.9\ km^2$ research area, or slightly less than 27 %. A similar analysis of the CDSM reveals that vegetation over 4 m covers slightly less than 14 % of the research area at approximately $0.13\ km^2$.

3.2   Shadow Maps

In this section the extent of shadow coverage within the research area is presented. The results are presented in text as well as in Figs. 3 and 4. In these figures, black represents areas that experience shade via buildings or trees for all four hours and light yellow represents areas not shaded at all during the same time period. To fully understand the shadow coverage extent, it should be kept in mind that the entire research area covers an area of about 90.17 ha ($0.90\ km^2$). Of these 90.17 ha, at least 23.93 ha is covered by buildings (gray) and was left out of the total shade analysis. This leaves 66.24 ha of potentially unshaded ground.

Over the course of the afternoon, the buildings fully or partially shade 17.24 ha, or 26.03 % of the 66.24 ha. However, this also means that 49.00 ha (73.97 % of research area) experienced no shading whatsoever during the same time period (**Fig. 3**). It is also clear that without trees the only areas that experience shade during the whole afternoon are narrow streets that run from northwest to southeast. This can be seen most clearly in the Schillerstr., the street directly southeast of the label for Ammonpark.

Meanwhile Fig. 4 shows that many areas in the center of Eberswalde experience at least *some* shadow on a summer afternoon with trees. Nonetheless, larger areas without any shadow still exist, most notably the intersection of Breitestr. and Eisenbahnstr./Bundesstr. 167, approximately 150 m north of the Market Square. In Fig. 4, the total area that experiences no shade whatsoever drops from 49.00 ha to 15.14 ha. This means, in addition to the 17.24 ha provided solely by the buildings in Eberswalde, a further 33.86 ha of some form of shade is provided over the period of a sunny afternoon. Conversely, the total area experiencing at least some shade over the course of the afternoon

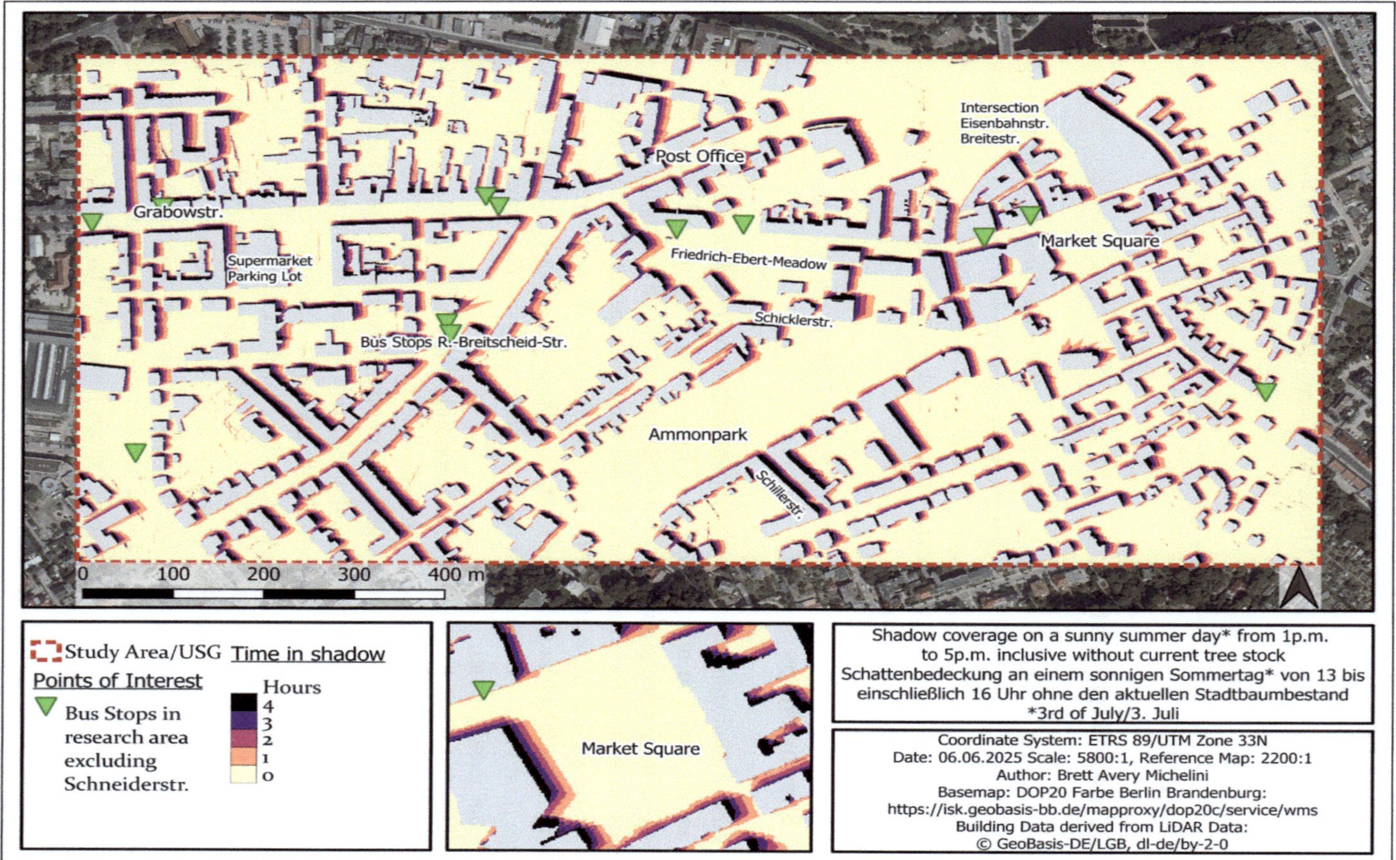

Fig. 3 Extent of afternoon shade in research area *without* trees

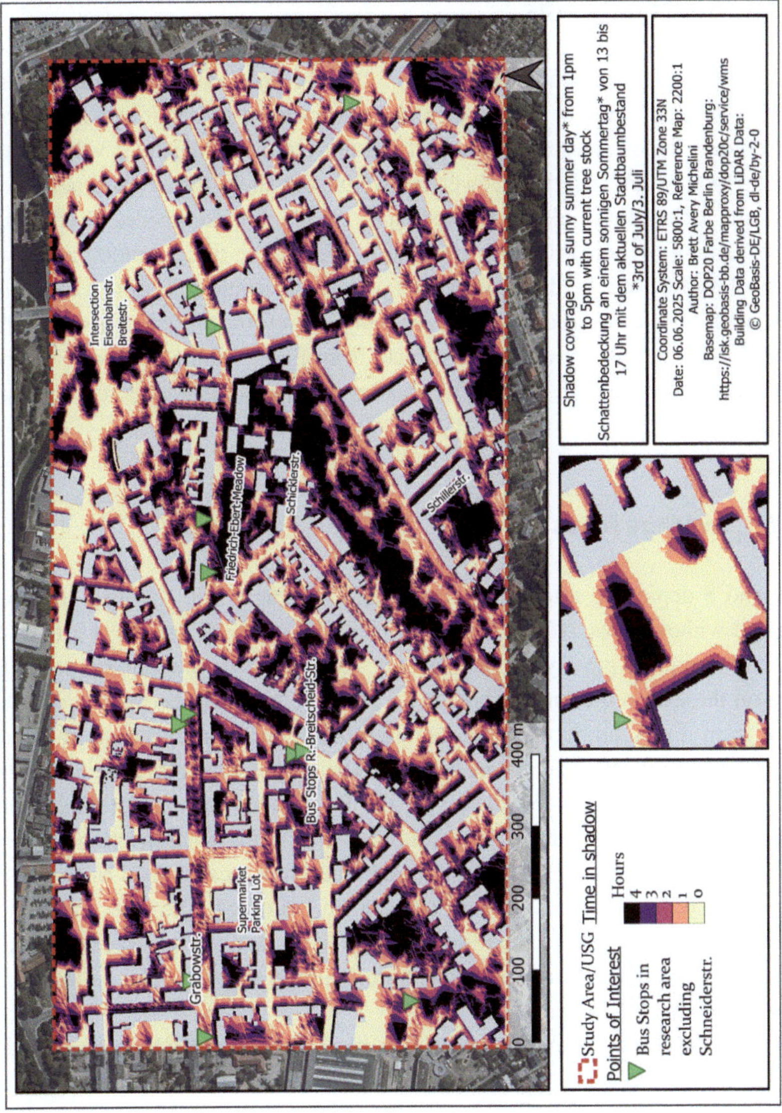

Fig. 4 Extent of afternoon shade in research area *with* trees

increased from 17.24 ha to 51.10 ha, or 77.14 % of the ground in the research area, resulting in a total increase of shadow coverage by 51.11 % with respect to the whole research area, or a nearly 200 % increase over the shadow coverage from buildings alone.

3.3 T_{mrt} Threshold Maps

Figures 5 and 6 depict the time over T_{mrt} 55.5 °C threshold value during the afternoon (13–17 CET) of a July 3rd in Eberswalde. All maps depict the entire research area. In both figures, dark blue represents areas that did not cross the threshold value at all during the afternoon, whereas red areas were above the threshold the entire time. The areas most often above the thresholds are located on the southern/eastern sides of buildings, as these areas naturally receive the most insolation. Similar to the afternoon average T_{mrt} maps (**Figs. 7 and 8**), the land cover type plays a more visible role in the scenario without trees, with land cover type "grass" generally decreasing the likelihood of an area crossing the threshold. Overview tables of data from Figs. 5 and 6 can be found below. Overall, the time over the 55.5 °C T_{mrt} threshold within the study area is reduced by trees (Tables 2 and 3).

3.4 T_{mrt} Average Maps

In Figs. 7 and 8 depict the afternoon (13–17 CET) average of T_{mrt} within the research area with and without trees. All T_{mrt} values are approximately 1.1 m above ground level, relating to the center of gravity for an "average" person [35 as cited in 36, p. 312]. The gray areas on the map represent the buildings. The blue areas on the maps are areas that are shaded from direct sunlight during the afternoon, either through trees or buildings, resulting in a lower mean radiant temperature. The darker blue/turquoise the area, the lower the T_{mrt}, the redder the area, the higher the T_{mrt}. Compare the location of the bluer areas with shadow coverage during the afternoon in Fig. 4. Closer inspection of the maps also reveals that the areas near to southern/eastern building façades tend to be a few T_{mrt} °C warmer than other areas not directly adjacent to buildings. The peak value of each map is probably located next to a building façade, likely due to the increased longwave radiation and reflected shortwave radiation from building surfaces. This is true for both the maps with and without trees.

For the map with trees, the minimum value is likely located in the heavily shaded northeast corner of Ammonpark. For the maps without trees the minimum value is likely to be within a fully shaded courtyard, as without trees, buildings are the only source of significant shade. In the treeless maps the importance of land cover type can be most clearly observed. In Fig. 8 the areas with a "grass" land cover type has a T_{mrt} of approximately 4–5 °C cooler than the adjacent "paved" areas. This contrast is especially visible along the main paved path through Ammonpark. Overall, average T_{mrt} values within the study

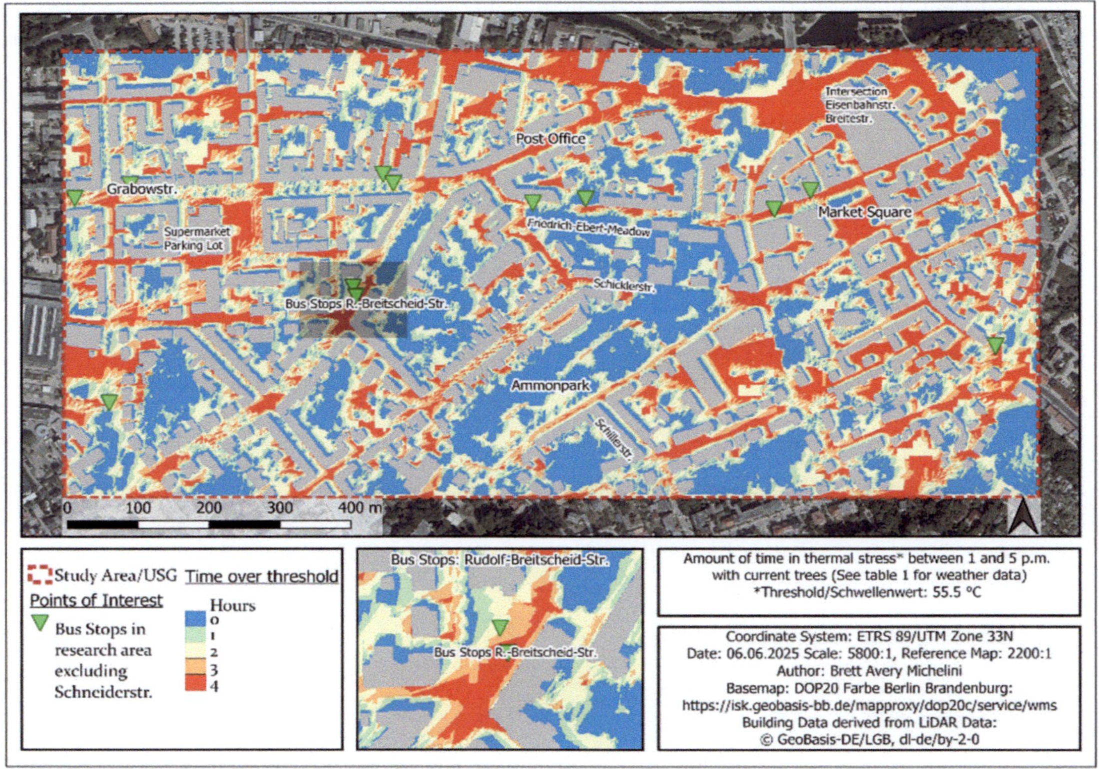

Fig. 5 55.5 °C Threshold *with* trees. In Fig. 5, the average location (excluding building roofs) exceeds the T_{mrt} threshold of 55.5 °C for one hour and forty-one minutes. Excluding the area covered by buildings, 33.05 % of the research area does not cross the threshold at all, 15.70 % crosses the threshold for one hour, 19.78 % crosses the threshold for two hours, 13.57 % crosses the threshold for three hours and 17.91 % for all four hours

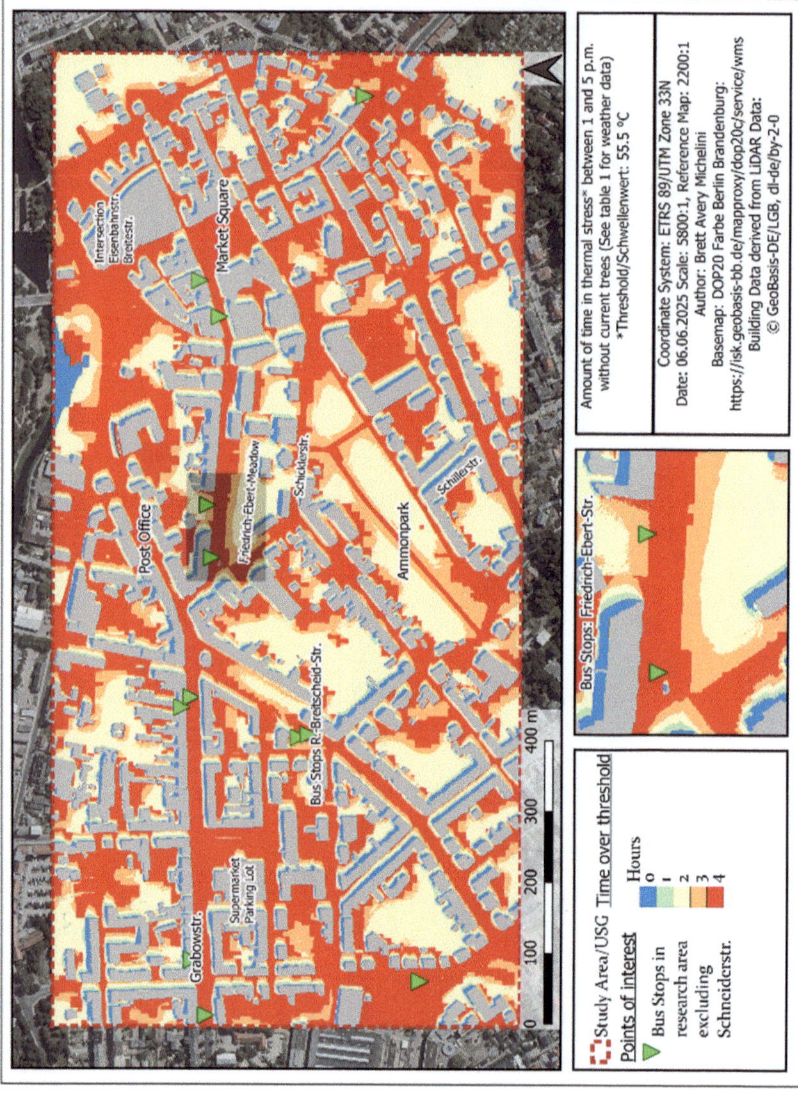

Fig. 6 55.5 °C Threshold *without* trees. In Fig. 6, the average location (excluding building roofs) exceeds the T_{mrt} threshold of 55.5 °C for two hours and fifty-two minutes. Excluding the area covered by buildings, 7.08 % of the research area does not cross the threshold at all, 5.24 % crosses the threshold for one hour, 25.82 % crosses the threshold for two hours, 17.58 % exceeds the threshold for three hours and 44.27 % for all four hours

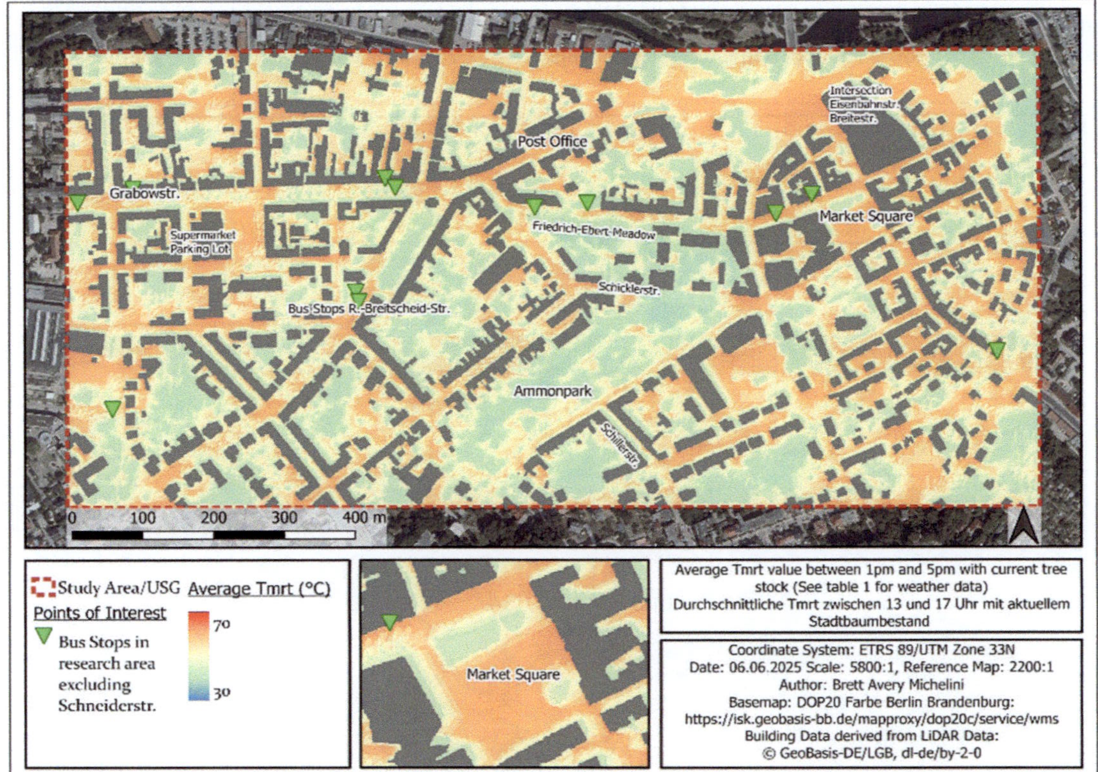

Fig. 7 Average T_{mrt} *with* trees between 1 and 5 pm. The average T_{mrt} value in Fig. 7 excluding rooftops is 50.42 °C. The highest value on this map is a T_{mrt} of 66.73 °C and the lowest is 38.31 °C. The orange areas of the map mostly have a T_{mrt} of between 58 and 62 °C, whereas the turquoise areas of the map range from 38 to 42 °C

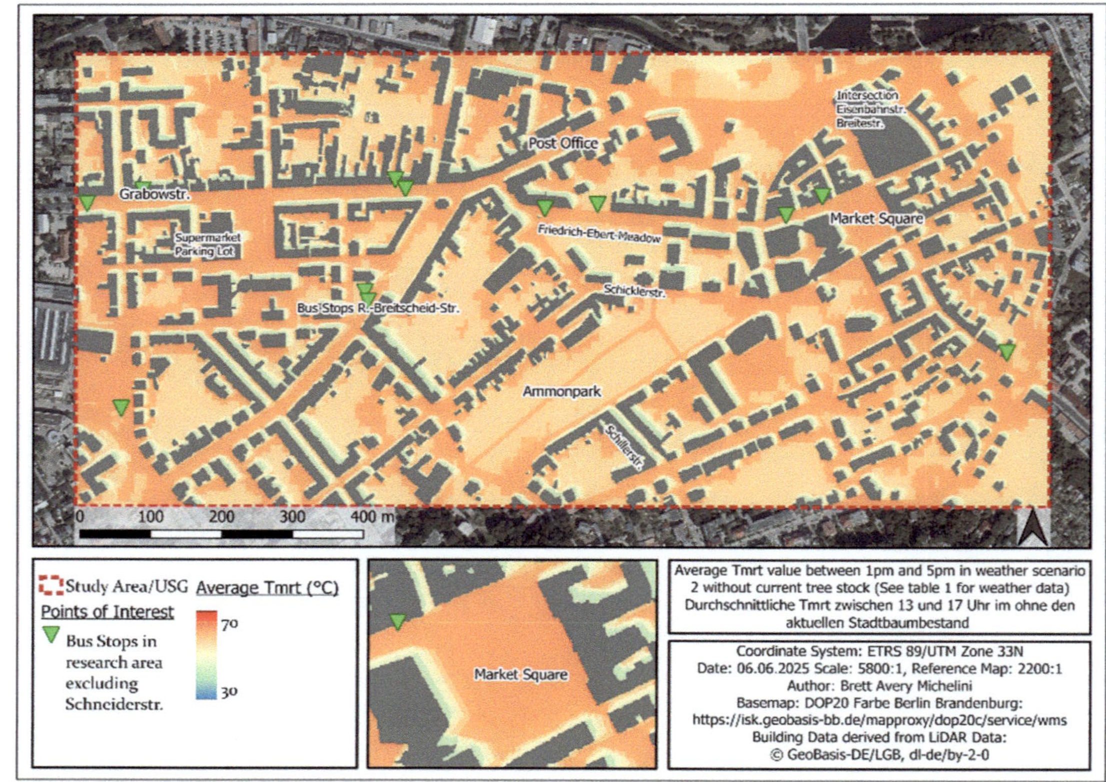

Fig. 8 Average T_{mrt} *without* trees between 1 and 5 pm. The average T_{mrt} value in Fig. 8 excluding rooftops is 56.71 °C. The highest value on this map is a T_{mrt} of 66.85 °C and the lowest is 39.80 °C. The light orange areas of the map (Ammonpark, e.g.) mostly have a T_{mrt} of around 55–56 °C, whereas the dark orange areas of the map (market square, e.g.) range mostly from 60 to 63 °C

Table 2 Percentage T_{mrt} threshold results for 55.5 °C

Corresponding Figure	With Trees?	Percent* 0 h over threshold†	Percent 1 h over threshold	Percent 2 h over threshold	Percent 3 h over threshold	Percent 4 h over threshold
5	Yes	33.0	15.7	19.8	13.6	17.9
6	No	7.08	5.24	25.8	17.6	44.3

Table 3 Area T_{mrt} threshold results for 55.5 °C

Corresponding Figure	With Trees?	Area* (ha) 0 h over threshold†	Area (ha) 1 h over threshold	Area (ha) 2 h over threshold	Area (ha) 3 h over threshold	Area (ha) 4 h over threshold
5	Yes	21.89	10.40	13.10	8.99	11.86
6	No	4.69	3.47	17.10	11.64	29.32

* Buildings excluded, total area therefore 66.24 ha. †Threshold: T_{mrt} of 55.5 °C

area are reduced by trees. Without trees, the average T_{mrt} is 56.71 °C, well above the thermal stress threshold of 55.5 °C. However, with trees the T_{mrt} falls by 6.29 °C to 50.42 °C.

4 Discussion

4.1 Shadow Maps

Examining the afternoon average shade maps in Eberswalde (**Figs. 3 and 4**) reveals several interesting results relevant for outdoor and indoor thermal comfort. The most obvious result is the high degree of overlap between low T_{mrt} areas and shaded areas. Comparing the Figs. 3 and 4 to the T_{mrt} maps shows that where there is shade, there is always (partially) reduced T_{mrt}. This is consistent with several other studies that emphasize the importance of tree shade in thermal comfort [5, p. 107; 6, p. 156; 37, p. 477]. The maps also reveal that during a midsummer afternoon, the shadows from trees and buildings in Eberswalde fall in a northeasterly direction. This means the southwesterly façades of buildings are especially exposed. This direct solar radiation could lead to high levels of indoor thermal discomfort in buildings with many or large south/west facing windows. If the building is air-conditioned, having trees surrounding it can reduce cooling electricity costs [38, p. 308]. Such findings could inform planning decisions for energy efficient new buildings. However, it must be kept in mind that the sky position of the sun is constantly shifting throughout the year and shadow analyses in different seasons should always be conducted before optimizing for the summer.

The afternoon average shadow maps also underscore the importance of groups of mature trees for shade as opposed to smaller individual trees. The shadow map reveals how over the course of the afternoon, a small lone tree will not provide continual shade to adjacent ground, but rather that its shadow moves with the sun, shading an almost completely new area every hour. Of course, it is also the case for groups of mature trees that their shadows move with the sun. However, the contiguous canopy of a group of mature trees results in a large area that remains continually shaded during the entire course of the afternoon, unlike smaller lone trees.

4.2 Mean Radiant Temperature Threshold Maps (13–17 CET)

Using mean radiant temperature as a proxy for thermal comfort can provide valuable information about the state of thermal comfort within the research area. Because the interpretation of T_{mrt} is not always clear, the threshold maps (**Figs. 5 and 6**) can be used to help understand where in the research area gets dangerously hot during a sunny summer day. Looking at the threshold maps, the decisive effect of tree shade can be easily seen. Without trees, much of the research area might be dangerous for those at high risk for heat-related mortality, and certainly for those over 80, with a majority of the research area spending some 3 out of 4 h above the 55.5 °C threshold.

This finding is consistent with Massetti et al. who found trees in Florence, Italy to be the most important "landscape strategy" for reducing thermal stress in summer [39, p. 477]. The areas that lose the most in terms of thermal comfort when trees are removed, are the areas with the largest groups of trees and least amount of buildings. One such example is Ammonpark, where shade is entirely provided by natural vegetation. Meanwhile small courtyards remain generally cool even after the removal of trees, as their limited sky-view-factor and high amount of shade provided by the surrounding building(s) keeps out direct solar radiation much in the same way a tree would.

The threshold maps with trees also show exactly where within the research area it is currently dangerous for heat-sensitive groups on a sunny summer afternoon. Many of the wider streets within the research area running east to west spend all four hours over the threshold values. This is especially true for the south-facing side of streets, where the insolation is often unobstructed. Moreover, many intersections and open parking lots are also hot spots for consistently high T_{mrt} values. Their wide-open nature, with high sky-view-factor, paved surfaces and generally low amount of vegetation, make these areas some of the worst for thermal comfort in Eberswalde, with or without trees. The intersection of Breitestr. and Eisenbahnstr./Bundesstr. 167 directly north of the old town (northeastern section of research area), or the parking lot of the supermarket Edeka "Alte Brauerei" are both good examples for such low shade and paved open areas (see Figs. 5–8). Luckily, most intersections, sidewalks, and parking lots are generally transient areas, meaning that most people using these areas are on their way to another location and will therefore spend more than a few minutes there.

The same cannot be said for some bus stops or the market square, which represent areas that pedestrians visit and stay at even on the hottest days. For example, the bus stops Sandbergstr. and Weinbergstr. (see Fig. 9 or the reference map in Fig. 5) in the Rudolf-Breitscheid-Str. These stops serve the line 865, which ferries passengers to and from the Werner-Forßmann-Hospital or the Eberswalde Zoo, among other locations. Here, as with other bus stops, it is not unusual to wait five to ten minutes for the bus. Yet the stops receive high amounts of insolation during the afternoon with little to no shadow resulting in high T_{mrt} values of around 60 °C. While there are bus-stop shelters and saplings near these bus stops, they are below 4 m and were therefore not considered in this analysis. Moreover, the trees are still too small and sparse to provide meaningful shade and the bus stop shelters may not provide any meaningful shade at all depending on the angle of the sun.

There are, however, reasons to be hopeful when examining the results. When looking specifically at the performance of the research area with trees, a large majority of the research area is not above the threshold for all four hours, with 33.0 percent of the area not exceeding the threshold at all. If tree coverage in the coming decade remains the same or increases, the chances of large areas exceeding a T_{mrt} of 55.5 °C will stay relatively low even in the midst of rising temperatures. Overall, the findings of the T_{mrt} threshold analysis generally agree with the findings of the Eberswalde city climate analysis, which found that while there is room for improvement, the city is generally in a good position to cope with future climate related challenges [27, p. 62].

Fig. 9 In the Rudolf-Breitscheid-Str. there are the bus stops Weinbergstr. (left) and Sandbergstr. (right) on a July day. The stops are highlighted by large bus stop (H) signs. *Source* Google Street View July 2023, accessed April 2024. maps.google.com. Modified by author

4.3   Mean Radiant Temperature Average Maps (13–17 CET)

The T_{mrt} maps depicting the afternoon averages (**Figs. 7 and 8**) provide insights similar to those of the threshold maps, albeit with slightly more nuance. Here it can be seen that not all shaded areas are created equal. The lowest T_{mrt} values are located under groups of mature trees, implying the importance of tree size and grouping for thermal comfort. Smaller single trees conversely, provide less meaningful reductions in T_{mrt}. This can be observed near the Grabowstr., in the Eisenbahnstr. at the northeast of the study area. The currently small and relatively isolated trees lining the Eisenbahnstr. provide a much smaller reduction in T_{mrt} than the stand of mature trees on the Friedrich-Ebert-Meadow or in Ammonpark, e.g. Overall, the current tree stock is effective at reducing T_{mrt}.

The afternoon average maps also allow more detail to be seen in the areas directly next to buildings. Southern and eastern facing building façades absorb sunlight and emit environmental longwave radiation, or reflect shortwave radiation, increasing the mean radiant temperature directly next to the structures. Although exactly how much radiation is reflected or absorbed and reemitted is dependent on the buildings specific albedo and building material, among other factors [12, p. 92; 15, p. 334; 39, p. 8]. Nonetheless, the areas right next to buildings are not expected to cause worse thermal stress [36, p. 320], and should therefore not be of extreme concern.

5   Conclusion

The findings indicate that trees have a substantial beneficial impact on thermal comfort with regard to T_{mrt} in Eberswalde and thus likely contribute to the safety of the local citizens. Compared to simulations without trees, the current tree stock results in an increase of shade coverage by nearly 200 %, and a decrease in average T_{mrt} over the afternoon by 5–6 °C, potentially saving lives on the hottest days. Other important findings show that T_{rmt} can be about 20 °C lower in shaded areas compared to adjacent sunny areas. This shows it is possible to significantly decrease thermal stress simply by moving into a shaded area, further underscoring the importance of sufficient shade provision in summer months via trees or otherwise.

Additionally, the T_{mrt} threshold analyses imply that the research area with its current tree stock performs passably at staying under the T_{mrt} thresholds of 55.5 °C, even on the hottest days. Though more studies are needed in order to make a proper comparison of the city's ability to stay cool. Nonetheless, the city's trees currently protect the most vulnerable in many areas of the city from extreme thermal stress. There is, however, much room for improvement in areas where pedestrians may stand outside regardless of heat (bus stops, market square, e.g.) and in streets that run roughly southwest to northeast. Many intersections and parking lots would also benefit from more shade. However, seeing as they are transient areas, they should perhaps not be prioritized as much as bus stops or the market square, where pedestrians may congregate regardless of weather.

Analysis of the T_{mrt} results as a whole indicate that the areas that most benefit from the cooling effects of trees have groups of mature trees grow in relatively close proximity to one another. Conversely smaller lone trees generally provide much less cooling. This finding should be considered when planting shade trees in the most affected parts of the research area.

While not the main focus of this paper, the results also indicate that land cover type can play an important role in modulating mean radiant temperature. T_{mrt} values are simulated to be generally 4–5 °C less 1.1 m above grassy surfaces than above paved ones. Thus, where planting trees is not an option, a change in land cover type may increase thermal comfort, consistent with Lindberg et al. [34, pp. 7–8]. However, it must be kept in mind that this finding is likely only valid for well-watered and infrequently managed grassy areas [34, p. 5, 7–8; 40, p. 8].

When interpreting the results of this study, it should be always kept in mind that UMEP/SOLWEIG is a modelling program which can make predictions about T_{mrt} and related indices. These predictions likely reflect something close to the truth, but not in every case. Additionally, depending on factors such as the actual albedo or emissivity values of building surfaces and land cover types, mean radiant temperature values in real life may vary from those predicted by the model (Introduction and 2.2 Pre-processing: Land Cover Data). Nonetheless, the strengths of the model mean that it still has potential for a climate friendly, citizen-focused use in city planning.

References

1. IPCC. (2023). Summary for Policymakers. In Core Writing Team, H. Lee, & J. Romero (Ed.), *Climate change 2023: Synthesis report. Contribution of working groups I, II and III to the sixth assessment report of the intergovernmental panel on climate change* (pp. 1–34). Ipcc.
2. Oke, T. R. (1989). The micrometeorology of the urban forest. *Philosophical Transactions of the Royal Society of London. B, Biological Sciences, 324*(1223), 335–349.
3. Bowler, D. E., Buyung-Ali, L., Knight, T. M., & Pullin, A. S. (2010). Urban greening to cool towns and cities: A systematic review of the empirical evidence. *Landscape and Urban Planning, 97*(3), 147–155.
4. Gillner, S., Vogt, J., Tharang, A., Dettmann, S., & Roloff, A. (2015). Role of street trees in mitigating effects of heat and drought at highly sealed urban sites. *Landscape and Urban Planning, 143*, 33–42.
5. Saaroni, H., Amorim, J. H., Hiemstra, J. A., & Pearlmutter, D. (2018). Urban Green Infrastructure as a tool for urban heat mitigation: Survey of research methodologies and findings across different climatic regions. *Urban Climate, 24*(1), 94–110.
6. Takács, Á., Kovács, A., Kiss, M., Gulyás, Á., & Kántor, N. (2016). Study on the transmissivity characteristics of urban trees in Szeged, Hungary. *Hungarian Geographical Bulletin, 65*(2), 155–167.
7. Kántor, N., Gál, C. V., Gulyás, Á., & Unger, J. (2018). The Impact of Façade Orientation and Woody Vegetation on Summertime Heat Stress Patterns in a Central European Square: Comparison of Radiation Measurements and Simulations. *Advances in Meteorology, 2018*, 1–15.

8. Bligh, J., & Johnson, K. G. (2001). Glossary of terms for thermal physiology: Third Edition. *The Japanese Journal of Physiology, 51*(2), 245–280. https://www.ghhin.org/assets/Glossary-of-terms-for-thermal-phys.pdf.

9. Gosling, S. N., Bryce, E. K., Dixon, P. G., Gabriel, K. M. A., Gosling, E. Y., Hanes, J. M., et al. (2014). A glossary for biometeorology. *International journal of biometeorology, 58*(2), 277–308.

10. Holmer, B., Lindberg, F., Rayner, D., & Thorsson, S. (2015). How to transform the standing man from a box to a cylinder—a modified methodology to calculate mean radiant temperature in field studies and models. In *9th International Conference on Urban Climate jointly with 12th Symposium on the Urban Environment*. Toulouse, France.

11. Thorsson, S., Lindberg, F., Eliasson, I., & Holmer, B. (2007). Different methods for estimating the mean radiant temperature in an outdoor urban setting. *International Journal of Climatology, 27*, 1983–1993.

12. Kántor, N., & Unger, J. (2011). The most problematic variable in the course of human-biometeorological comfort assessment—The mean radiant temperature. *Open Geosciences, 3*(1), 90–100.

13. Mayer, H., Holst, J., Dostal, P., Imbery, F., & Schindler, D. (2008). Human thermal comfort in summer within an urban street canyon in Central Europe. *Meterologische Zeitschrift, 17*(3), 241–250.

14. Kántor, N., Chen, L., & Gál, C. V. (2018). Human-biometeorological significance of shading in urban public spaces—Summertime measurements in Pécs, Hungary. *Landscape and Urban Planning, 170*, 241–255.

15. Thorsson, S., Rocklöv, J., Konarska, J., Lindberg, F., Holmer, B., Dousset, B., & Rayner, D. (2014). Mean radiant temperature—A predictor of heat related mortality. *Urban Climate, 10*, 332–345.

16. Lam, C. K. C., Lee, H., Yang, S.-R., & Park, S. (2021). A review on the significance and perspective of the numerical simulations of outdoor thermal environment. *Sustainable Cities and Society, 71*, 1–30.

17. Benmarhnia, T., Deguen, S., Kaufman, J. S., & Smargiassi, A. (2015). Review article: Vulnerability to heat-related mortality: A systematic review, meta-analysis, and meta-regression analysis. *Epidemiology (Cambridge, Mass.), 26*(6), 781–793.

18. Smith, C. J. (2019). Pediatric thermoregulation: Considerations in the face of global climate change. *Nutrients, 11*(9), 1–24.

19. Stafoggia, M., Forastiere, F., Agostini, D., Biggeri, A., Bisanti, L., & Cadum, E., et al. (2006). Vulnerability to heat-related mortality: A multicity, population-based, case-crossover analysis. *Epidemiology (Cambridge, Mass.), 17*(3), 315–323.

20. Romaszko, J., Cymes, I., Dragańska, E., Kuchta, R., & Glińska-Lewczuk, K. (2017). Mortality among the homeless: Causes and meteorological relationships. *PLoS ONE, 12*(12), Article e0189938.

21. Vésier, C., & Urban, A. (2023). Gender inequalities in heat-related mortality in the Czech Republic. *International journal of biometeorology, 67*(8), 1373–1385.

22. Kamijo, Y., & Nose, H. (2006). Heat illness during working and preventive considerations from body fluid homeostasis. *Industrial health, 44*(3), 345–358.

23. Bürgeramt der Stadt Eberswalde. (2023). *Ortsteilstatistik August 2023,* from Bürgeramt der Stadt Eberswalde. https://www.eberswalde.de/publications/Ortsteilstatistik/Ortsteilstatistik_August_2023.pdf.

24. Beck, H. E., Zimmermann, N. E., McVicar, T. R., Vergopolan, N., Berg, A., & Wood, E. F. (2018). Present and future Köppen-Geiger climate classification maps at 1-km resolution. *Scientific data, 5*, 1–12. Retrieved May 15, 2024.

25. Deutscher Wetterdienst. (n. d.). *Vieljährige Mittelwerte an Klimastationen für verschiedene Bezugsperioden, berechnet aus ausreichend vielen Werten (>= 25 Jahre) und bezogen auf den*

Stationsstandort. https://opendata.dwd.de/climate_environment/CDC/observations_germany/climate/multi_annual/mean_91-20/.

26. Gál, C. V., & Kántor, N. (2020). Modeling mean radiant temperature in outdoor spaces, A comparative numerical simulation and validation study. *Urban Climate, 32*, 1–26.

27. Burghardt, R., Burghardt, N., Hilden, F., & Richtzenhain, J. (2022). *Stadtklimaanalyse für die Stadt Eberswalde.* Burghardt und Partner, Ingenieure. https://www.eberswalde.de/publications/Stadtentwicklung/Gesamtst%C3%A4dtische-Konzepte/Stadtklimaanalyse-2022/221015_Bericht_Stadtklimaanalyse_klein.pdf.

28. Landesvermessung und Geobasisinformation Brandenburg (LGB). (2024). *Laserscandaten.* https://geobasis-bb.de/lgb/de/geodaten/3d-produkte/laserscandaten/. *Accessed 27. Febr. 2024.*

29. Deutscher Wetterdienst. (n. d.). *Tägliche Stationsmessungen des Maximums der Lufttemperatur in 2 m Höhe in °C.* https://cdc.dwd.de/geoserver/CDC/OBS_DEU_P1D_T2M_X/wfs. Accessed 15. May 2024.

30. Lawrie, L. K., & Crawley, D. B. (2021). *Angermünde TMY Metadata.* https://climate.onebuilding.org/WMO_Region_6_Europe/DEU_Germany/index.html. *Accessed 15. May 2024*

31. U.S. Department of Energy. (2022). *EnergyPlus™ Version 22.1.0 Documentation: Auxiliary Programs.* https://energyplus.net/assets/nrel_custom/pdfs/pdfs_v22.1.0/AuxiliaryPrograms.pdf. *Accessed 15. March 2024.*

32. Lindberg, F., Grimmond, C. S., Gabey, A., Jarvi, L., Kent, C. W., & Krave, N., et al. (2019). *Urban Multi-scale Environmental Predictor (UMEP) Manual,* from University of Reading UK, University of Gothenburg Sweden, SIMS China. https://umep-docs.readthedocs.io/.

33. Lawrie, L. K., & Crawley, D. B. (n. d.). EnergyPlus weather file (EPW) data dictionary. https://climate.onebuilding.org/papers/EnergyPlus_Weather_File_Format.pdf. Accessed 27. May 2024.

34. Lindberg, F., Onomura, S., & Grimmond, C. S. B. (2016). Influence of ground surface characteristics on the mean radiant temperature in urban areas. *International journal of biometeorology, 60*(9), 1–15.

35. Fanger, P. O. (1970). *Thermal comfort. Analysis and applications in environmental engineering.* Copenhagen: Danish Technical Press.

36. Lindberg, F., & Grimmond, C. S. B. (2011). The influence of vegetation and building morphology on shadow patterns and mean radiant temperatures in urban areas: Model development and evaluation. *Theoretical and Applied Climatology, 105*(3–4), 311–323.

37. Massetti, L., Petralli, M., Napoli, M., Brandani, G., Orlandini, S., & Pearlmutter, D. (2019). Effects of deciduous shade trees on surface temperature and pedestrian thermal stress during summer and autumn. *International journal of biometeorology, 63*(4), 467–479.

38. Akbari, H., Pomerantz, M., & Taha, H. (2001). Cool surfaces and shade trees to reduce energy use and improve air quality in urban areas. *Solar Energy, 70*(3), 295–310.

39. Colter, K. R., Middel, A. C., & Martin, C. A. (2019). Effects of natural and artificial shade on human thermal comfort in residential neighborhood parks of Phoenix, Arizona, USA. *Urban Forestry & Urban Greening, 44*(11), 1–9.

40. Rahman, M. A., Stratopoulos, L. M., Moser-Reischl, A., Zölch, T., Häberle, K.-H., Rötzer, T., et al. (2020). Traits of trees for cooling urban heat islands: A meta-analysis. *Building and Environment, 170*(7), Article 106606.

41. Landesvermessung und Geobasisinformation Brandenburg. (2021). *Laserscandaten Brandenburg,* 05.12.2019 (Collected), 29.11.2021 (Published). Scanner Model: RIEGL LMS-Q780, LMS-VQ780i. Pulse Rate: 400 kHz. Scan rate: 200 Hz. Scan angle: 25/30 Degrees. Altitude: 450m agl. Flight speed: 260 km/h. Point density: 5pts/m2. https://geobroker.geobasis-bb.de/basiskarte.php?mode=startup&aProductId=d9895ec2-7039-4c0d-914c-a68f227a7069. Accessed 20. March 2024.

KI-gestützte Datenaufbereitung für einen Digitalen Zwilling der Umwelt

Von der Geodatenintegration über die Analyse …

Jasmin Müller, Lars Behrens und Peter Saiger-Bonnas

Zusammenfassung

Digitale Zwillinge ermöglichen simulationsgestützte Analysen und datenbasierte Entscheidungen durch die virtuelle Abbildung der physischen Welt. Die Kombination von Geoinformationssystemen (GIS) und künstlicher Intelligenz (KI), speziell GeoAI und Generative AI, optimieren die Erfassung, Analyse und Visualisierung von Geodaten. Dieser Beitrag zeigt anhand dreier praxisnaher Szenarien, wie verschiedene KI-Technologien in den Entstehungsprozess eines Digitalen Zwillings der Umwelt integriert werden können: (1) eine Landbedeckungsklassifikation mittels eines vortrainierten Deep-Learning-Modelles, (2) eine Waldbrandrisikobewertung auf Basis von Totholzdetektion und Vegetationsfeuchte sowie (3) eine ökologische Standortbewertung von Windparks unter Nutzung generativer KI-Assistenten. Die Szenarien verdeutlichen unterschiedliche Reifegrade der KI-Integration, von etablierten Modellarchitekturen bis hin zu textbasierten Assistenzsystemen. Die ArcGIS-Plattform dient dabei als zentrales Werkzeug für die Datenintegration, Analyse, Visualisierung und Ergebnispräsentation. Herausforderungen wie Datenqualität, Modelltransparenz und Rechenaufwand werden durch kuratierte Datenquellen, nachvollziehbare Workflows und skalierbare Cloud-Dienste adressiert. Die Kombination von GIS und KI bietet

J. Müller (✉) · L. Behrens · P. Saiger-Bonnas
Esri Deutschland GmbH, Ringstraße 7, 85402 Kranzberg, Deutschland
E-Mail: j.mueller@esri.de

L. Behrens
E-Mail: l.behrens@esri.de

P. Saiger-Bonnas
E-Mail: p.saiger-bonnas@esri.de

F. Fuchs-Kittowski et al. (Hrsg.), *Umweltinformationssysteme – Digitale Innovationen für eine nachhaltige Zukunft*, https://doi.org/10.1007/978-3-658-50065-8_11

damit einen robusten methodischen Rahmen zur effizienten, nachvollziehbaren und anwendungsnahen Umweltanalyse, ein wichtiger Schritt hin zu automatisierten, dynamischen Digitalen Zwillingen der Umwelt.

Schlüsselwörter

Digitaler Zwilling · GeoAI · Deep Learning · Generative AI · Umweltmonitoring · ArcGIS

1   Einleitung

Digitale Zwillinge, als virtuelle Abbilder der physischen Welt, verbessern Entscheidungsfindungen und ermöglichen Simulationen sowie dynamische Analysen, ohne Einfluss auf die reale Umwelt zu nehmen. [1] Sie bilden eine wichtige Grundlage für datengetriebene Entscheidungsprozesse, insbesondere im Kontext nachhaltiger Umweltentwicklung.

Die Vielzahl an Anwendungsszenarien stellt eine Herausforderung in Bezug auf die Übertragbarkeit von festen Workflows und die Integration heterogener Geodaten dar. Geoinformationssysteme (GIS) dienen dabei als zentrales System zur Aufnahme, Verwaltung, Überlagerung, Analyse und Visualisierung von Geodaten [2] und ermöglichen die Einbindung von künstlicher Intelligenz (KI), Automatisierungen und Datenmodellen. Die fortschreitende Integration von KI in GIS eröffnet hierbei neue Potenziale.

Ziel dieses Beitrags ist es, zu zeigen, wie verschiedene KI-Technologien in GIS-basierte Workflows integriert werden können, um einen Digitalen Zwilling der Umwelt datenbasiert aufzubauen und ressourcenschonende Geodatenanalysen zu ermöglichen.

2   Methodischer Ansatz zur Erstellung eines Digitalen Zwillings

2.1   GIS-Komponenten und Systemarchitekturansätze

In diesem Beitrag wird die Esri GIS-Software verwendet. Dabei werden Analysen zum Großteil lokal im Desktop-GIS und Visualisierungen in verschiedenen cloudbasierten Software-as-a-Service-Lösungen durchgeführt. Die nahtlose Interaktion verschiedener Software-Komponenten innerhalb einer Plattform ermöglicht einen durchgängigen Workflow bei der Datenaufbereitung und Erstellung eines Digitalen Zwillings.

Für die in diesem Beitrag gezeigten Beispiele werden überwiegend kleine Testdatensätze verwendet. Bei der Ausweitung auf größere geographische Räume sind bestimmte Analyseschritte auszulagern und damit Ressourcen zu skalieren. Beispielsweise durch die Prozessierung in der Cloud oder serverseitig in der eigenen IT-Infrastruktur.

2.2   KI und GIS

Die Integration von KI in die bestehende GIS-Umgebung bietet erweiterte Analyse- und Automatisierungsmöglichkeiten. Mit KI-gestützten Algorithmen lassen sich Muster in großen Datensätzen erkennen. Umweltveränderungen können so frühzeitig identifiziert werden. [3]

In der ArcGIS-Software werden beispielsweise externe Open Source Frameworks und Bibliotheken, wie Conda, PyTorch oder TensorFlow, genutzt, um KI als Kerntechnologie zu ermöglichen und zu befähigen. Diese bringen verschiedene Pakete, Dienste, Klassen sowie Funktionen mit sich. [4]

Generell wird in diesem Beitrag zwischen zwei Ansätzen von KI-Integration unterschieden:

1. Die Anwendung von GeoAI bei der Geodatenanalyse, wie etwa durch Merkmalsextraktion und Mustererkennung.
2. Die Nutzung von Generative AI, um Bedürfnisse des Nutzers zu verstehen, beispielsweise bei der Anwendung von KI-Assistenten zur Abfrage, Erstellung und Visualisierung thematischer Daten, Karten und Anwendungen. [5]

In verschiedenen Szenarien wird im Folgenden versucht, diese zwei Ansätze in der GIS-Umgebung anzuwenden. Dabei wird GeoAI für die Datenextraktion sowie räumliche Analyse und Generative AI, über KI-Assistenten für die Unterstützung des Endnutzers eingesetzt.

2.3   Datenquellen und -integration

Ein zentraler Vorteil der ArcGIS-Plattform ist die nahtlose Integration heterogener Geodaten, wie beispielsweise Fernerkundungsdaten, LiDAR-Scans sowie Sensordaten. Gleichzeitig können alle relevanten Datenformate verarbeitet werden. [6]

Der Esri Living Atlas of the World (https://livingatlas.arcgis.com/) dient als Geodatenquelle, die kuratierte Datensätze für Analysen kostenlos bereitstellt. [7] Zudem bietet der Esri Living Atlas of the World die Möglichkeit auf vortrainierte Deep-Learning-Modelle zuzugreifen. Diese vereinfachen die Umsetzung KI-gestützter Umweltanalysen.

3   KI-Anwendungsfälle

Die DIN SPEC 91607 klassifiziert Digitale Zwillinge in verschiedene Reifegradstufen, welche den Entwicklungsstand und die Interaktion mit der physischen Welt beschreiben. ArcGIS bietet die Möglichkeit verschiedene Reifegradstufen umzusetzen. KI ist ein Teil dieser Entwicklung und nimmt mit steigender Stufe immer mehr Einfluss auf diesen Interaktionsprozess. [8]

Die folgenden Szenarien verdeutlichen drei unterschiedliche Integrationsstufen von KI innerhalb eines Digitalen Zwillings im GIS.

3.1　Szenario 1: Entwicklung einer Tagebaulandschaft

Die Umwelt befindet sich in einem stetigen Wandel. Frei verfügbare Fernerkundungsdaten bilden dabei eine wertvolle Grundlage für ein kontinuierliches Monitoring der Landschaft. Ziel dieser Analyse ist die Klassifizierung unterschiedlicher Landbedeckungen im Rahmen einer Zeitreihenanalyse. Dabei werden Deep-Learning-Methoden angewandt. Deep Learning stellt eine spezielle Ausprägung des maschinellen Lernens dar und basiert auf der Nutzung künstlicher neuronaler Netze. Diese Netze ermöglichen es, komplexe Muster und Strukturen zu erkennen, zu analysieren und zu modellieren. [9]

Für dieses Szenario wird ein vortrainiertes Deep-Learning-Modell angewandt Die Analyse wurde am Beispiel der Tagebaue Nochten und Reichwalde in der Oberlausitz in Sachsen durchgeführt.

Vorteile bei der Nutzung von vortrainierten Modellen sind beispielsweise die Vereinfachung des gesamten Deep-Learning-Workflows, Zeit- und damit Kostenersparnisse.

Für die Analyse wurden Tools der ArcGIS Image Analyst-Erweiterung in ArcGIS Pro genutzt und lokal ausgeführt.

Vortrainierte Deep-Learning-Modelle für die semantische Segmentierung. Für die Landbedeckungsklassifikation kam das vortrainierte Modell „Land Cover Classification (Sentinel-2)" zum Einsatz. Das Modell basiert auf der U-Net-Architektur mit einem ResNet34-Backbone und wurde auf Sentinel-2 Level-2A-Daten mit einer räumlichen Auflösung von 10 m, mit der Bandkombination Rot-Grün-Blau (RGB) trainiert. [10]

Das Modell kann für eine überwachte pixelbasierte Klassifizierung verwendet werden. Dabei klassifiziert es Pixel nach dem standardisierten Schema „CORINE Land Cover Classification (CLC)". Die Herausgeber des vortrainierten Deep-Learning-Modells nennen eine durchschnittliche Genauigkeit bei CLC-Level-2 mit 15 Klassen von 84,00 %. Für CLC-Level-1 mit 5 Klassen beträgt die durchschnittliche Genauigkeit 90,79 %. [10, 11]

Datengrundlage. Als Eingabedaten dienten Sentinel-2 Level-2A-Bilder mit einer räumlichen Auflösung von 10 m. Für eine hohe atmosphärische und saisonale Vergleichbarkeit wurden nahezu wolkenfreie Szenen mit einer maximalen Wolkenbedeckung von weniger als 10 % ausgewählt. Die Auswahl umfasste Aufnahmen aus unterschiedlichen Zeitpunkten (jährlich), um die Grundlage für eine mehrjährige Zeitreihe zu schaffen. Die Verarbeitung erfolgte in einem einheitlichen UTM-Koordinatensystem, um geometrische Verzerrungen über Zeitvergleiche hinweg zu minimieren.

Modellinferenz. Die Inferenz erfolgte unter Verwendung der Standardparameter der Modellanleitung. Dabei beträgt die Tile Size 512 Pixel, wodurch ein hinreichend räumlicher Kontext pro Patch gewährleistet werden kann. Ein Padding von 128 Pixel reduziert Redundanz zwischen überlappenden Tiles und verbessert die Generalisierungsfähigkeit. Die Batch Size wurde auf 16 gesetzt, was einen Kompromiss zwischen Trainingsstabilität und Speichernutzung darstellt. [12]

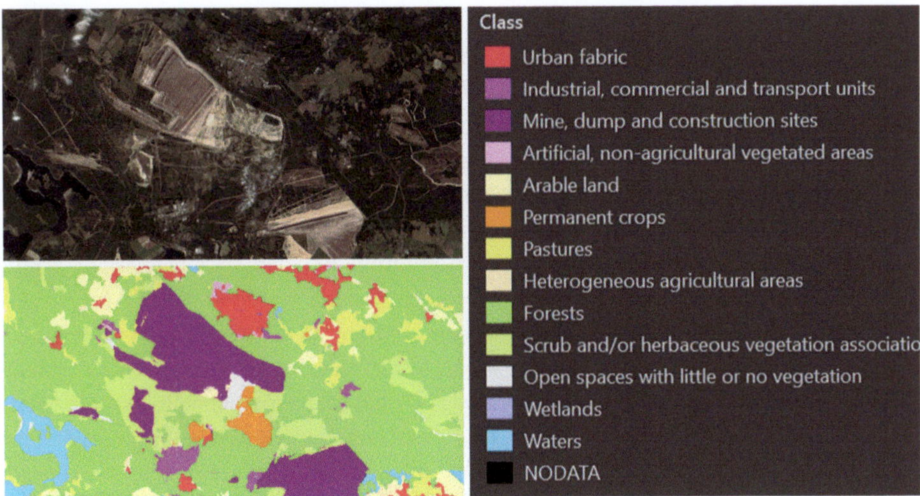

Abb. 1 Vergleich des Sentinel-2 Level-2A-Satellitenbildes (RGB) und des Klassifizierungsergebnisses aus der Deep-Learning-Analyse nach dem CORINE Land Cover Classification-Schema für das Jahr 2021

Die Übernahme der empfohlenen Parameter gewährleistete eine hohe Kompatibilität mit der Trainingsdomäne des Modells und ermöglichte eine robuste Klassifikation ohne die Notwendigkeit des Nachtrainierens.

Ergebnis und Evaluierung. Die identifizierten Landbedeckungsklassen bildeten die Basis für eine zeitlich vergleichende Analyse der Landbedeckung. Durch die konsistente Anwendung des identischen Modells auf alle Zeitpunkte konnte eine standardisierte und objektive Klassifikation gewährleistet werden. Aus der Analyse gehen eine kontinuierliche Veränderung und Weiterentwicklung der Tagebaulandschaft hervor. Das Ziel ist die Erstellung einer mehrjährigen Zeitreihe, die räumliche Muster von Landbedeckungsveränderungen sichtbar macht und als Entscheidungsgrundlage für nachhaltige Entwicklung von Tagebaulandschaften dient. In Abb. 1 sind beispielhaft eines der Sentinel-2 Level-2A-Bilder als RGB (links oben) neben dem Klassifikationsergebnis der Deep-Learning-Analyse (links unten) sowie die identifizierten Klassen (rechts) zu sehen. Da für diese Analyse die gleiche Datengrundlage und -struktur wie für das Training des vortrainierten Modells verwendet wurde, nähern sich die Genauigkeiten der Ergebnisse denen der Trainingsergebnisse stark an.

3.2 Szenario 2: Analyse und Überwachung von Waldbrandrisiken

Der Forest Burned Index (FBI) beschreibt das Risiko der Waldbrandentstehung auf Grundlage des Vorkommens von Totholz und dem Feuchtegehalt der Vegetation. Im zweiten Szenario wurde ein kombinierter Analyseansatz gewählt. Hierbei wurden die Detektion von Totholz mittels Deep Learning mit der quantitativen Erfassung des Feuchtegehalts der Vegetation über den Normalized Difference Moisture Index (NDMI) kombiniert. Die gesamte Analyse wurde in ArcGIS Pro durchgeführt. Das Ziel war die Erstellung von Hochrisikokarten für die Waldbrandprävention und gleichzeitige Identifizierung und Überwachung von Totholzvorkommen.

Die Datengrundlage bildeten hochaufgelöste Luftbilder der Landesforsten Niedersachsen. Für die Bewertung des Feuchtegehalts der Vegetation wurden Sentinel-2 Level-2A-Daten verwendet. Das Untersuchungsgebiet erstreckt sich über den gesamten Nordwestharz in Niedersachsen. Dies umfasst eine Fläche von rund 96.000 ha.

Totholz identifizieren mittels Objekterkennung. Bei der Totholzdetektion wurde der Fokus auf stehendes Totholz gelegt. Liegendes Totholz wurde in dieser Analyse ausgeschlossen. Für die Detektion von stehendem Totholz wurde eine Single Shot Detector (SSD)-Modellarchitektur mit einem ResNet-34 als Backbone verwendet, ein objektbasiertes Convolutional Neural Network (CNN), das auf eine schnelle objektbasierte Identifikation spezialisiert ist. [13] Die Trainingsdaten wurden manuell durch Labeling relevanter Bildbereiche erstellt. Nach einem initialen Modelltraining erfolgte eine visuelle Validierung und Bereinigung fehlerhafter Detektionen. Anschließend wurden die bereinigten Ergebnisse erneut als Trainingsdaten exportiert und für das Nachtrainieren des Modells verwendet. Es ergab sich eine deutliche Verbesserung der Ergebnisse. Der Workflow der Deep-Learning-Analyse ist in Abb. 2 zu sehen.

Berechnung des Forest Burned Index. Für die Indexberechnung wurde das gesamte Untersuchungsgebiet in 1 ha Kacheln eingeteilt. Parallel dazu wurde der NDMI

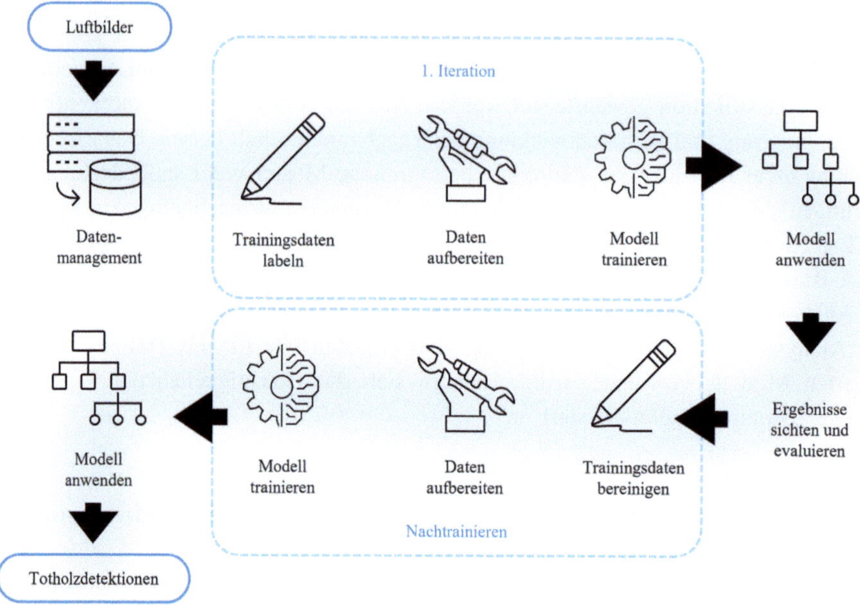

Abb. 2 Workflow der Deep-Learning-Analyse in ArcGIS Pro zur Detektion von Totholz

aus Sentinel-2 Level-2A-Daten (Bänder B8 und B11) abgeleitet, um den Feuchtegehalt der Vegetation flächenhaft zu quantifizieren. Mithilfe des Werkzeugs Zonale Statistik wurde der durchschnittliche NDMI-Wert je 1 ha Kachel berechnet und mit der Anzahl der Totholzdetektionen verschnitten. Jede 1 ha Kachel besitzt somit Informationen zum Feuchtegehalt der Vegetation sowie zur Anzahl an Totholzdetektionen (COP, Count of Points) innerhalb dieser Fläche. Auch dieser Workflow wurde innerhalb eines Schemas in Abb. 3 visualisiert.

Basierend auf diesen zwei Kenngrößen wurde der FBI definiert, der als zusammengesetzter Indikator sowohl trockene Vegetationsbedingungen (niedriger NDMI) als auch Totholzanreicherungen (hoher COP) berücksichtigt.

Herausforderungen und Ergebnisse. Der FBI wurde in diesem Szenario für die Sommermonate 2022 berechnet. Dabei konnte eine Zeitreihe generiert werden, um die Entwicklung des Waldbrandrisikos von Mai bis August zu monitoren. Bei dieser Analyse gab es drei Herausforderungen, welche es zu bewältigen galt

1. Die Verkippung auf den zur Verfügung gestellten Luftbildern, welche sich aus den verschiedenen Aufnahmewinkeln der Luftbilder ergeben hat.
2. Die radiometrische Inkonsistenz, welche sich aus unterschiedlichen Farbgebungen der Nadeln der Bäume sowie aus Schatteneffekten auf Waldwegen ergeben hat.
3. Die erhöhte Rechenleistung, welche bei der Deep-Learning-Analyse notwendig war.

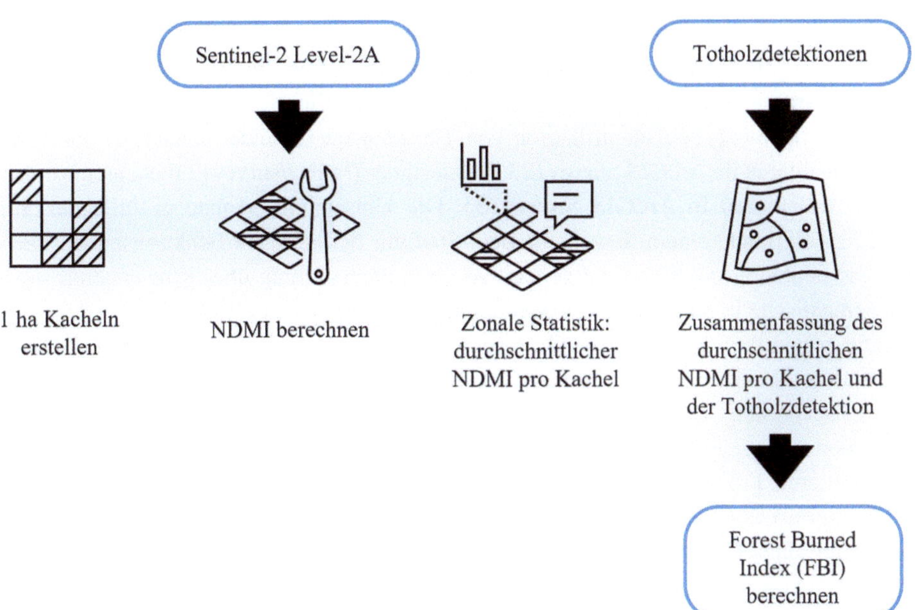

Abb. 3 Workflow der FBI-Berechnung auf Grundlage des NDMI und der Totholzdetektionen

Der erste und zweite Punkt konnte durch das Nachtrainieren des Modells korrigiert werden. Für eine verbesserte Detektion der verkippten Bäume, wurden dazu weitere Labels auf unterschiedlich stark verkippten Luftbildern erstellt.

Die als Totholz identifizierten Waldwege wurden mithilfe von Open Street Map (OSM)-Daten identifiziert. Hierbei wurden Wege aus den OSM-Daten eingeladen und ein Puffer um die Vektordaten generiert. Durch eine selektive Abfrage konnten alle sich mit dem Puffer überlagernden Tothölzer selektiert und anschließend aus dem Datensatz gelöscht werden.

In diesem Szenario wurden alle Berechnungen lokal vorgenommen. Insgesamt konnten 998.894 tote Bäume im Untersuchungsgebiet detektiert werden. Dabei dauerte die erste Iteration rund einen Tag, die zweite Iteration rund 8 Tage und die endgültige Anwendung des Modells etwa 16 h. Entscheidend war hier eine Grafikkarte, welche den Systemanforderungen für Deep-Learning-Analysen in ArcGIS Pro entspricht. Im Vergleich zur analysierten Fläche und der Anzahl an detektierten Tothölzern ist die Dauer der Modellinferenz positiv einzuschätzen. Bei dieser Analyse waren vor allem schnelle Ergebnisse notwendig. Mit einer Modellinferenz von 16 h konnte die Erwartung erfüllt werden. Es zeigt sich, dass mit wenigen Ressourcen schnelle und zuverlässige Ergebnisse erzielt werden konnten, um ein effizientes Monitoring des Waldbrandrisikos zu gewährleisten.

3.3 Szenario 3: Ökologische Standortbewertungen von Windparks

Für die effektive ökologische Standortbewertung neuer und bestehender Windenergieanlagen ist eine systematische Erfassung tierkundlicher Beobachtungen essenziell. Ziel des dritten Anwendungsszenarios war die Entwicklung eines intelligenten Formulars zur Erkennung und Identifikation von Tierarten im Gelände, unterstützt durch KI-Funktionalitäten im ArcGIS Survey123 Webdesigner (https://survey123beta.arcgis.com).

KI-Assistenten in ArcGIS Survey123. Die Umsetzung erfolgte mithilfe der Survey123 Assistants, einem derzeit im Beta-Stadium befindlichen Funktionspaket. Diese KI-Assistenten ermöglichen die generative Formularerstellung über Konversation sowie die semantische Interpretation von Mediendateien, insbesondere Bilder. [14]

Die zugrunde liegenden Modelle basieren auf den Microsoft Azure OpenAI-Diensten und kombinieren Large Language Models (LLMs) mit cloudbasierter multimodaler Datenverarbeitung. Dabei sind die verwendeten Modelle speziell auf geodatenbezogene Workflows angepasst und können natürliche Sprache und visuelle Inhalte semantisch interpretieren. [14, 15]

Formularerstellung. Die Erstellung des Formulars begann mit der Konfiguration innerhalb eines Chat-basierten Assistenten. Dieser generiert auf Basis eines textuellen Prompts automatisiert einen anwendungsbezogenen Formularentwurf. Eine beispielhafte Eingabeaufforderung im Survey123-Assistant ist in Abb. 4 zu sehen.

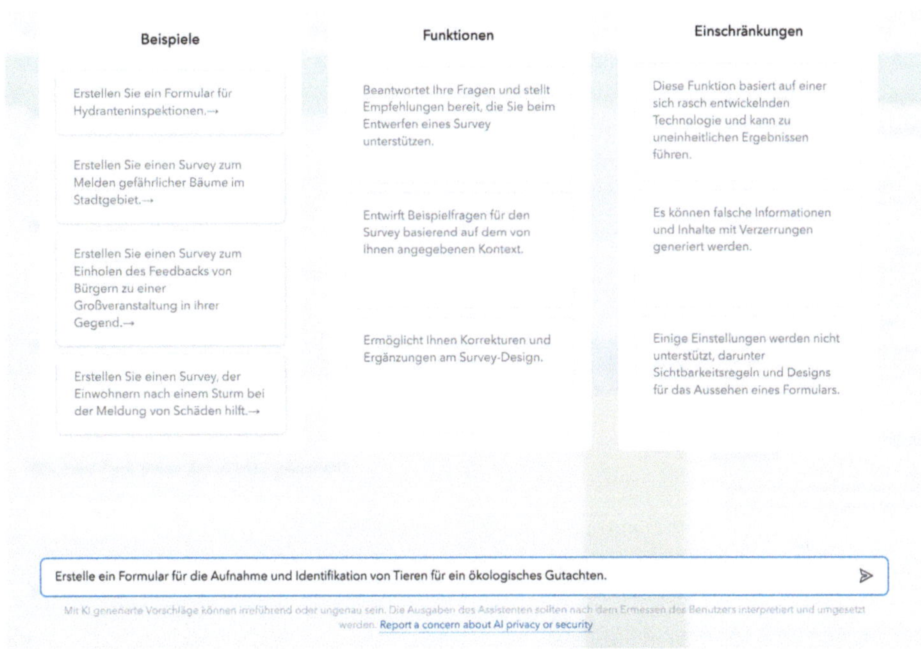

Abb. 4 Oberfläche des Survey123-Assistenten zum Entwerfen und Erstellen eines Formulars in ArcGIS Survey123

Auf Grundlage einer erweiterten Eingabeaufforderung wurden folgende Formularfelder vorgeschlagen:

- Fotoaufnahme/Upload
- Standortinformationen
- Datum und Uhrzeit der Sichtung
- Tierart
- Anzahl der gesichteten Tiere dieser Art
- Zustand des Tieres (Auswahl aus „lebend", „Verletzungen vorhanden", „tot")
- Zusätzliche Beobachtungen

Der Vorschlag wurde anschließend manuell überarbeitet und in seiner Struktur an spezifische Erhebungsanforderungen angepasst.

Bildinterpretation. Zur Identifikation der dokumentierten Tierarten wurde im Formular ein weiterer KI-Assistent integriert. Dieser führt auf Grundlage eines hochgeladenen Bildes eine multimodale Analyse durch. Hierbei wird ein textueller Prompt, beispielsweise „Welche Tierart ist auf dem Bild zu sehen?", mit dem Bildinhalt kombiniert verarbeitet. In Abb. 5 ist die Integration des KI-Assistenten sowie die originale textbasierte Eingabeaufforderung zu erkennen.

Das Ergebnis der KI-gestützten Analyse wird als strukturierter Text in ein String-Feld des Formulars zurückgegeben. Zusätzlich wurde ein weiterer Prompt zur automatisierten Bestimmung des Schutzstatus der identifizierten Art implementiert. Beide sind in der aktuellen Beta-Version manuell in den Workflow einzubinden.

Evaluierung. Beide KI-Funktionen befinden sich derzeit in der Entwicklung mit eingeschränkter Dokumentation und Nutzerzugänglichkeit. Die semantische Bildanalyse konnte im Test korrekt zwischen verschiedenen Arten differenzieren und lieferte in mehreren Fällen konsistente Ergebnisse hinsichtlich des Schutzstatus. Alle Ergebnisse wurden durch manuelle Recherche validiert

Die Kombination aus dialoggestützter Formularentwicklung und Bildinterpretation eröffnet neue Möglichkeiten für eine teilautomatisierte ökologische Datenerhebung,

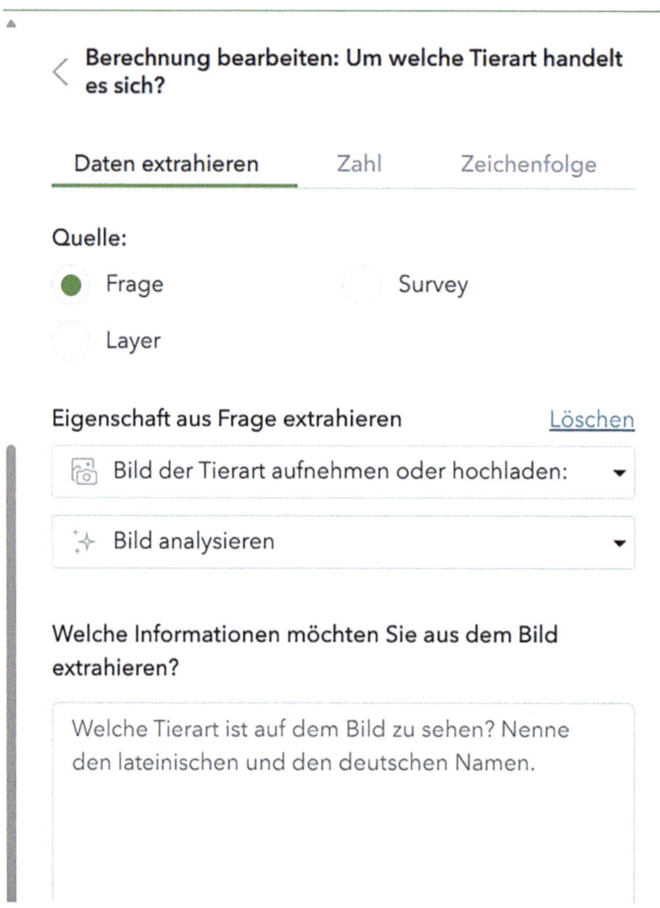

Abb. 5 Hinzufügen des KI-Assistenten im Formularentwurf von ArcGIS Survey123 Webdesigner mit Übersicht der Eingabeaufforderung zur Interpretation der Tierart aus Bildern

wie sie insbesondere für Standortbewertungen im Rahmen von Umweltverträglichkeitsprüfungen von hoher Relevanz ist.

4　KI-Anwendungsfälle vereint in einem Digitalen Zwilling

Die drei vorgestellten Szenarien thematisieren verschiedene Reifegrade der KI-Implementierung nach dem Konzept eines Digitalen Zwillings in Anlehnung an den DIN SPEC 91607 Urbanen Digitalen Zwilling (UDZ). [8] Jeder dieser Anwendungsfälle trägt zur Automatisierung von Workflows in der Geodatenanalyse und -generierung bei. Im Falle eines Digitalen Zwillings der Umwelt dienen die in den Szenarien erzeugten Informationen als wertvolle Inhalte zur Abbildung von komplexen Prozessen der realen Welt.

Beispielhaft wurden die Einzelergebnisse der Anwendungsszenarien innerhalb einer 3D-Webszene vereint. Hierfür wurde der Scene Viewer in ArcGIS Online (https://www.arcgis.com) verwendet. Dieser ermöglicht eine interaktive 3D-Anwendung zur Begutachtung verschiedener umweltrelevanter Themen innerhalb eines bestimmten Untersuchungsgebietes. Wie in Abb. 6 zu sehen, lassen sich verschiedene Szenarien in unterschiedlichen Ansichten strukturieren und ermöglichen so eine gezielte und gefilterte Visualisierung. Die Abb. 6 zeigt dabei die Totholzdetektionen aus Szenario 2. Die unterschiedlichen Farben und Höhen zeigen die jeweilige Wahrscheinlichkeit der Detektion an. Dieses Beispiel lässt sich auf verschiedene Anwendungsbereiche übertragen.

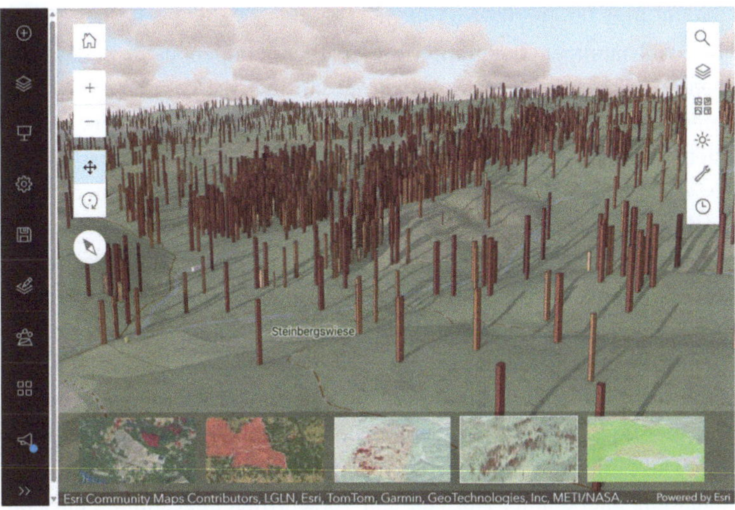

Abb. 6 3D-Webszene in ArcGIS Online mit den drei KI-gestützten Szenarien, visualisiert in fünf Ansichten (Kacheln), innerhalb eines Digitalen Zwillings der Umwelt

5   Evaluierung der KI-Implementierung

Die Anwendung künstlicher Intelligenz im GIS-Kontext bringt spezifische Herausforderungen mit sich, insbesondere im Hinblick auf Datenschutz, Transparenz, Sicherheit und Nachvollziehbarkeit. Die im Rahmen des vorliegenden Beitrags eingesetzten KI-Technologien lassen sich dabei in zwei Kategorien einteilen:

1. Implementierte Technologien und
2. in Entwicklung befindliche Technologien

Zu den implementierten Technologien zählen die in den ersten zwei Szenarien eingesetzten Deep-Learning-Modelle. Diese verfügen über eine umfassende Dokumentationsgrundlage bezüglich Modellarchitektur, Trainingsdaten, Datenschutzaspekten und Anwendungshinweisen. Aufgrund dieser Reife ist eine nachvollziehbare und vertrauenswürdige Anwendung gewährleistet. Die Modellbibliothek der vortrainierten Deep-Learning-Modelle wird dabei kontinuierlich erweitert und bestehende Modelle regelmäßig aktualisiert. Beim eigenständigen Training eines Deep-Learning-Modells kann aus einer Vielzahl verfügbarer Netzarchitekturen und Konfigurationen gewählt werden, wodurch ein hohes Maß an Anpassbarkeit ermöglicht wird.

Demgegenüber stehen KI-gestützte Assistentensysteme, wie sie beispielsweise im dritten Szenario zum Einsatz kamen. Diese befinden sich derzeit noch in der Beta-Phase und sind nur über eingeschränkte Zugriffsmechanismen verfügbar. Die Dokumentation dieser Funktionen ist zum gegenwärtigen Zeitpunkt noch unvollständig. Dies schränkt die Transparenz und Interpretierbarkeit der Ergebnisse ein. Es ist jedoch zu erwarten, dass mit der vollständigen Integration dieser Technologien in die GIS-Software auch eine Ausweitung der Dokumentation und eine normative Absicherung erfolgt, um den Anforderungen vertrauenswürdiger KI-Entwicklung gerecht zu werden.

Vertrauenswürdige KI. Die Entwicklung und Anwendung künstlicher Intelligenz unterliegen zunehmend internationalen und regionalen Regulierungen. Insbesondere mit dem im Jahr 2024 verabschiedeten EU-AI Act hat die Europäische Union einen umfassenden Rechtsrahmen geschaffen. Dieser stellt klare Anforderungen an Transparenz und Risikomanagement an KI-Systeme. Auch in anderen Regionen entstehen durch Initiativen zur KI-Governance neue Leitlinien zur Begrenzung von Verzerrungen, Sicherheitsrisiken und ethischen Konflikten. [5]

Esri reagiert auf diese regulatorischen Entwicklungen mit einem proaktiven Ansatz zur Implementierung vertrauenswürdiger KI-Prinzipien innerhalb des gesamten ArcGIS-Ökosystems. Die zur Verfügung gestellten KI-Implementierungen werden systematisch auf die Einhaltung anerkannter Normen und Vorschriften abgestimmt, einschließlich der Vorgaben des EU-AI Acts. Dies umfasst unter anderem

- die Dokumentation und Nachvollziehbarkeit von Trainingsdaten und Modellarchitekturen,
- die Minimierung algorithmischer Voreingenommenheit,
- die Erklärbarkeit von Modellergebnissen, beispielsweise Explainable AI [16] sowie
- die Sicherstellung menschlicher Kontrolle bei kritischen Entscheidungsprozessen.

Durch die konsequente Ausrichtung auf internationale Standards positioniert sich Esri als verantwortungsbewusster Anbieter geografischer KI-Lösungen. Die Einhaltung von Prinzipien und Standards wie dem NIST AI 600-1 zum Risikomanagement Framework für generative KI sowie dem NIST 8312 zur Erklärbarkeit von KI wird über das ArcGIS Trust Center transparent kommuniziert. Dies bildet die Grundlage für eine vertrauensvolle Integration von KI in behördliche, wissenschaftliche und wirtschaftliche Anwendungen. [5]

6   Ausblick

Das AI-Framework stellt eine technische Grundlage dar, um KI in GIS zu integrieren und zu befähigen. Generative KI ist ein dynamisch wachsendes Technologiegebiet. Mit zukünftigen Entwicklungen in GIS-Software ist zu erwarten, dass KI-gestützte Assistenten zunehmend vielfältigere Aufgaben erhalten. Aktuell liegt der Fokus vor allem bei der Dokumentation, Recherche und Beantwortung technischer Fragen sowie der Support-Kommunikation. Perspektivisch wird auch die automatisierte Erstellung von Karten und Anwendungen dem Aufgabenspektrum der KI-Assistenten zugeordnet.

Durch sogenannte Skill Functions, welche Funktionen umfassen, die durch KI-Assistenten ausgeführt werden können, wird der Assistent zum Agenten. Dabei kann dieser auf Anfragen in natürlicher Sprache reagieren und geeignete Aktionen ausführen. [17]

Für die Qualität solcher KI-gestützten Prozesse spielen hochwertige Ausgangsdaten, etwa aus global verfügbaren Datensammlungen wie dem Esri Living Atlas of the World, eine zentrale Rolle. [18] Ebenso wird die systematische Pflege von Metadaten entscheidend an Bedeutung gewinnen.

Dieser technologische Ausblick zeigt einen ersten Schritt, Digitale Zwillinge mithilfe von KI nicht nur mit datenbasierten Inhalten anzureichern, sondern auch die Erstellung von Digitalen Zwillingen selbst zu automatisieren.

7   Fazit

Durch die gezielte Integration von KI in GIS können Geodatenanalysen ressourcenschonender gestaltet und die Erstellung sowie Visualisierung thematischer Karten und Anwendungen optimiert werden. Darüber hinaus verdeutlicht die Thematisierung von Prinzipien vertrauenswürdiger KI, wie Transparenz, Datenschutz und Erklärbarkeit, die wachsende Relevanz regulatorischer und ethischer Aspekte im Umgang mit KI in GIS-Systemen.

In diesem Beitrag wurden drei beispielhafte Szenarien aus verschiedenen Umweltbereichen gezeigt. Alle drei thematisierten unterschiedliche Reifegrade der KI-Integration, um die Datenaufbereitung und -erstellung zu automatisieren und Entscheidungsunterstützungen effizient zu gestalten. Gleichzeitig spiegelt dieser Vergleich das Potenzial von ArcGIS in Kombination mit KI-Modellen und cloudbasierten Diensten wider.

Digitale Zwillinge können dadurch nicht nur als statische Abbilder, sondern als dynamische Entscheidungshilfen im Umweltkontext genutzt werden. Dieser Beitrag liefert einen Ausblick darauf, wie sich Umweltmonitoring, Planung und Schutz durch KI-gestützte GIS-Workflows nachhaltig weiterentwickeln lassen.

Literatur

1. Guckenbiehl, P., Hess, S., Mumme, M., Swarat, G., Vogt-Hohenlinde, S., Burton, S., & Roscher, K. (2021). *Der Digitale Zwilling für smarte Städte, zwischen Erwartungen und Herausforderungen*. Fraunhofer-Gesellschaft e. V. https://www.iese.fraunhofer.de/content/dam/iese/publikation/smart-city-digitale-zwillinge-fuer-smarte-staedte-fraunhofer-iese.pdf?
2. Piccoli, F., Locatelli, S., Napoletano, P., & Schettini, R. (2023). A unified platform for GIS data management and analytics. *Sensors, 23*(8), 3788. https://doi.org/10.3390/s23083788
3. Esri. (o. J.). *Geospatial AI platform*. ArcGIS Architecture Center. https://architecture.arcgis.com/en/overview/introduction-to-arcgis/geospatial-ai.html.
4. Esri. (22.05.2025). *Deep learning frameworks for ArcGIS* [Computer software]. GitHub. https://github.com/Esri/deep-learning-frameworks.
5. Esri. (o. J.). *Trusted AI in ArcGIS*. ArcGIS Trust Center. https://trust.arcgis.com/de/trusted-ai/trusted-ai.htm.
6. Where Next Redaktion. (11. Oktober 2024). *DIN SPEC 91607 und ArcGIS: Gemeinsam die Basis für digitale Zwillinge in Smart Cities schaffe*. WhereNext. https://wherenext.esri.de/din-spec-91607-der-digitale-masterplan-fuer-smart-cities/?utm_term=&utm_campaign=WhereNext+(NL+%2B+Beitr%C3%A4ge+RT)+MDE+220-02-01+(Standard)&utm_source=adwords&utm_medium=ppc&hsa_acc=3883173544&hsa_cam=21261269424&hsa_grp=&hsa_a.
7. Matthews, S. (5. Januar 2015). *Esri's Living Atlas of the World and Community Maps 2014 Year-End Review*. ArcGIS Blog. https://www.esri.com/arcgis-blog/products/arcgis-living-atlas/imagery/esris-living-atlas-of-the-world-and-community-maps-2014-year-end-review/.
8. DIN e. V. (2024). *DIN SPEC 91607 Digitale Zwillinge für Städte und Kommunen*. Open SPEC. https://doi.org/10.31030/3575521.
9. Esri (o. J.). *Einführung in Deep Learning*. ArcGIS Pro. https://pro.arcgis.com/de/pro-app/latest/help/analysis/deep-learning/what-is-deep-learning-.htm.
10. Esri. (27.12.2024). *Land cover classification (Sentinel-2)*. Esri Living Atlas of the World. https://esridech.maps.arcgis.com/home/item.html?id=afd124844ba84da69c2c533d4af10a58.
11. European Commission. (o. J.). *CORINE land cover*. Land Monitoring Service. https://land.copernicus.eu/en/products/corine-land-cover?tab=technical_summary.
12. Esri. (2025). *Use the model*. ArcGIS pretrained models. https://doc.arcgis.com/en/pretrained-models/latest/imagery/using-land-cover-classification-sentinel-2-.htm.

13. Esri. (o. J.). *How single-shot detector (SSD) works?*. ArcGIS API for Python. https://developers.arcgis.com/python/latest/guide/how-ssd-works/.
14. Verzonis, M. (12.11.2024). *Survey123-Assistenten (Beta)*. Esri Community. https://community.esri.com/t5/arcgis-survey123-blog/survey123-assistants-beta/ba-p/1554063.
15. Microsoft. (o. J.). *Azure OpenAI in foundry models*. Azure. https://azure.microsoft.com/en-us/products/ai-services/openai-service.
16. Phillips, P. J., Hahn, C. A., Fontana, P. C., Yates, A. N., Greene, K., Broniatowski, D. A., & Przybocki, M. A. (2021). NISTIR 8312 – Four principles of explainable artificial intelligence. *NIST*. https://doi.org/10.6028/NIST.IR.8312
17. Esri. (26.03.2025). *ArcGIS Pro SDK for .NET: Extend ArcGIS Pro AI Assistant with Skill Functions*. [Video]. Esri Mediaspace. https://mediaspace.esri.com/media/t/1_2bwwwu53#:~:text=A%20skill%20function%20is%20any,Microsoft%20Semantic%20Kernel%20and%20LLM.
18. Manners, S. (12. November 2024). *Unlocking GeoAI: Smarter Spatial Analysis with ArcGIS*. ArcGIS Blog. https://resource.esriuk.com/blog/geoai-smarter-spatial-analysis-with-arcgis/.

Maschinelles Lernen und Künstliche Intelligenz

TextLocator – KI-basierte Identifikation von Ortsbezügen in Texten

Jörn Kohlus, Laura Noetzel, Robin Recklies und Lukas Rücker

Zusammenfassung

Bei umweltbezogenen Fragestellungen bestimmt sich die Relevanz von Publikationen nicht nur durch die Thematik, sondern auch über den Raum, in dem diese gewonnen wurden. Beispielsweise werden touristische Gutachten für einen Küstenabschnitt gesucht. Der Ortsbezug von Publikationen wird in Literaturdatenbanken nur durch ein oder einige Toponyme hergestellt. So muss bei der Suche nach Tourismusgutachten für die deutsche Nordseeküste mit mehreren hundert Gemeindenamen und weiteren Bezeichnungen von Verwaltungsbezirken gesucht werden. Ziel unseres Vorhabens ist es, für Texte eine polygonale Georeferenz zu erstellen, die die Suche nach ihnen mittels Koordinaten ermöglicht. Grundlage für das Vorhaben sind die im „Deutschen Küstengazetteer" enthaltenen georeferenzierten Toponyme. Als Anwendungsfall

J. Kohlus (✉)
Landesbetrieb für Küsten- und Meeresschutz und Nationalpark Schleswig- Holstein, Nationalparkverwaltung, Schlossgarten 1, 25832, Tönning, Deutschland
E-Mail: joern.kohlus@lkn.landsh.de

L. Noetzel · R. Recklies · L. Rücker
Dataport AöR, Altenholzer Straße 10-14, 24161 Altenholz, Deutschland
E-Mail: laura.noetzel@dataport.de

R. Recklies
E-Mail: robin.recklies@dataport.de

L. Rücker
E-Mail: lukas.ruecker@dataport.de

F. Fuchs-Kittowski et al. (Hrsg.), *Umweltinformationssysteme - Digitale Innovationen für eine nachhaltige Zukunft*, https://doi.org/10.1007/978-3-658-50065-8_12

dient die Georeferenzierung wissenschaftlicher Veröffentlichungen in deutscher und englischer Sprache mit Bezug zu den deutschen Küstenregionen. Als Grundannahme geht ein, dass sich aus den in einem Text enthaltenen Toponymen der Ortsbezug des Dokumentes ergibt. Nicht jedes in einem Dokument verwendete Toponym ist für die Lokalisation eines Textes relevant. So ist z. B. ein Erscheinungsort im Literaturverzeichnis keine relevante Örtlichkeit im Sinne des Textinhalts. Es wird daher zunächst eine Textstrukturanalyse mittels Bilderkennung durchgeführt. Als relevant definierte Segmente werden anschließend mithilfe von Optical Character Recognition (OCR) in ein maschinenlesbares Format umgewandelt, um eine gezielte Analyse durch Named Entity Recognition (NER) zur Identifikation geographischer Begriffe wie z. B. Orts- und Gewässernamen durchzuführen. Die extrahierten Ortsnamen eines Textes werden in einer Datenbank gespeichert und zur Georeferenz des Textes akkumuliert. Mit dem aktuellen, weiter optimierbaren System werden bereits über 90 % der relevanten Toponyme in den genutzten Daten identifiziert. Das entwickelte Verfahren zur Textstrukturanalyse kann durch Training auch für andere Dokumenttypen als die hier bearbeiteten Fachpublikationen angepasst werden, sofern diese erkennbare und wiederkehrende Strukturen aufweisen.

Schlüsselwörter

Künstliche Intelligenz · Georeferenzierung · Named Entity Recognition · Computer Vision · Literaturrecherche · Gazetteer · Toponyme

1   Einleitung

1.1   Problemstellung

Ein großer Teil menschlicher Kommunikation hat einen räumlichen Bezug. Sogar fiktive Texte wie z. B. Romane haben meistens einen dezidierten und relevanten Handlungsraum. Nachrichten werden häufig sogar mit einem räumlichen Bezug begonnen. In Gutachten, Untersuchungs- und Forschungsberichten sind Ortsbezüge meist ein unabdingbarer Bestandteil und entscheidend für ihre Nutzung bei Aufgaben der Planung und Organisation wirtschaftlichen und staatlichen Handelns.

Im Rahmen des Projektes wurde sich auf wissenschaftliche Fachtexte mit Bezug zu den deutschen Küsten in deutscher und englischer Sprache begrenzt und an dem Bedarf der Nutzergruppe Verwaltung und Forschung orientiert. Im Bereich des Umweltmonitoring und der Umweltwissenschaften besteht ein besonders ausgeprägter Bedarf, Informationen zu einem spezifischen Gebiet oder aus einer bezüglich der Fragestellung vergleichbaren geographischen Lage zu erhalten. Zudem ist der TextLocator als ein Modul für die Marine Dateninfrastrukturdeutschland (MDI-DE) geplant.

Obwohl Ortsbezüge zu den ältesten Komponenten der Kommunikation gehören, Benennungen über sehr lange Zeiträume tradiert werden und sie ein zentraler Bezugspunkt für die Kommunikation sind, sind praktische Methoden für eine räumliche Suche nach Texten nur schlecht entwickelt. Bibliothekskataloge u. Ä. beschränken sich meist auf Toponyme, die als Schlagworte den Texten manuell hinzugefügt werden.

Anhand einiger Ortsbezeichnungen lassen sich wichtige Aspekte, die einer effektiven Nutzung solcher räumlichen Verschlagwortung entgegenstehen, einfach nachvollziehen: Ortsnamen können in verschiedenen Sprachen unterschiedlich sein – Föhr im Deutschen oder Feer auf Friesisch. Zudem verändern sich Namen über die Zeit, der Name „Toenningen" wird zum heutigen „Tönning". Solche Namensformen über Sprache und Zeit lassen sich hingegen häufig mittels eines Gazetteers auflösen.

Aber auch der Zusammenhang zwischen Ortsnamen und ihrer räumlichen Entsprechung ist komplex. Sylt kann als Naturraum aber auch als organisatorische Einheit verwendet worden sein – Ortsbezeichnungen können unterschiedlichen Hierarchien angehören und bezeichnen zwar gleichlautend unterschiedliche Gebiete.

Möchte man sich mittels räumlicher Verschlagwortung über einen Sachverhalt auf den „Nordfriesischen Inseln" informieren, können die gesuchten Informationen ebenso unter den einzelnen Inselnamen, Gemeinden oder sogar enthaltenen Naturräumen verschlagwortet sein. Sie können aber auch durch den übergeordneten Bezug Nordfriesisches Wattenmeer, Schleswig-Holsteinisches Wattenmeer usw. verortet worden sein.

Wer schließlich Informationen zu den Gemeinden Schleswig-Holsteins sucht, wird mittels hunderter Gemeindenamen suchen müssen.

1.2 Lösungsansatz

Diese komplizierten Verhältnisse lassen sich bei einer geometrischen Betrachtung der räumlichen Entsprechungen der Ortsbezeichnungen durch Umrisspolygonen in Erdkoordinaten als überlappend, identisch, beinhaltend oder als Teilmenge ansprechen.

Der Deutsche Küstengazetteer [1] liefert für Ortsbezeichnungen aus der deutschsprachigen Küstenregion nicht nur verschiedene Namensformen und Eigenschaften, sondern auch solche Umrisspolygone. So lässt sich der räumliche Suchbegriff „Nordfriesische Inseln" direkt in eine Geometrie transformieren.

Um aber ganze Texte mittels geometrischer Verfahren suchen zu können, muss deren Ortsbezug zuvor in eine stellvertretende Geometrie transformiert werden.

Hierfür wurden die in der jeweiligen Publikation enthaltenen Toponyme genutzt. Für diese Namen wurden die entsprechenden vorhandenen Polygone aus dem Gazetteer entnommen. Die Geometrien im Gazetteer besitzen einen einzigen Fehlerwert für die Lagegenauigkeit. Der Fehlerwert ist die abgeschätzte mittlere Lageabweichung einer Begrenzungslinie in Meter. Dieser liefert aber nur einen groben Anhaltspunkt, da die Abgrenzung von Ortsbezeichnungen sehr unterschiedlich gegenüber den benachbarten Objekten sein kann – z. B. bei einem spezifisch benannten Nordteil eines Wattrückens, der relativ scharf an einem Prielufer endet, aber kaum festlegbar in einen anders benannten Südteil übergeht [1]. Andere Gazetteers bieten gar keine Genauigkeitsinformationen oder bieten grundsätzlich für die Georeferenz nur Bounding Boxen an. Hierbei wird bereits deutlich, dass sich die Genauigkeit der räumlichen Abgrenzung nach dem Typus des den Namen tragenden Objektes richtet. Zudem unterliegt die vektorielle Abgrenzung der Erfassungsgenauigkeit und zeitlichen Veränderungen.

Für die Georeferenzierung der Publikationen wurden die Geometrien der einzelnen Toponyme nach Relevanzkriterien gewichtet und miteinander verknüpft.

Weitere Herausforderungen ergeben sich dadurch, dass nicht jeder erwähnte Ort in einem Dokument relevant für die Lokalisation eines Textes ist. So gibt der Erscheinungsort einer referenzierten Quelle im Literaturverzeichnis kaum einen hilfreichen Hinweis auf die Örtlichkeit im Sinne des Textinhalts.

Die Identifikation von Ortsnamen wird zudem dadurch erschwert, dass Ortsbezeichnungen keine eindeutige Form haben. Sie können wie z. B. die schleswig-holsteinischen Gemeindenamen „Ekel", „Echte" oder „England" anderen Begrifflichkeiten oder Örtlichkeiten entsprechen. Des Weiteren kommen sie oft in Kombinationen („Nordfriesische Inseln") oder als Relativangaben („nördlich von Föhr") vor.

Kann letztlich für eine Publikation eine geometrische Repräsentation abgeleitet werden, kann diese dann einem Literaturzitat in einer Datenbank als weitere Metainformation ergänzend angefügt werden und steht danach für eine räumliche Suche dauerhaft zur Verfügung.

Der hier beschriebene Lösungsansatz, von der Georeferenzierung einer Publikation bis zur räumlichen Suche in den analysierten Publikationen, kann als WEB-Anwendung bereitgestellt werden oder als Service einer Literaturdatenbank angegliedert werden. Aktuell ist die Anwendung als Komponente für die Marinen Dateninfrastruktur Deutschland (MDI-DE) [2, 3] konzipiert, um dort neben Umwelt- und Planungsdaten auch Fachtexte räumlich verfügbar zu machen.

2 Textstrukturanalyse

Bevor räumliche Bezüge sinnvoll aus den genutzten wissenschaftlichen Veröffentlichungen extrahiert werden können, müssen als irrelevant definierte Textabschnitte ausgeschlossen werden, wie das oben erwähnte Literaturverzeichnis.

Da die für dieses Projekt verwendeten wissenschaftlichen Veröffentlichungen in der Regel einer festen optisch gut erkennbaren Struktur folgen, bietet sich zur Textstrukturanalyse die Nutzung von Bilderkennung zur Klassifikation der einzelnen Bestandteile an. So beinhalten beispielsweise die meisten Deckblätter der wissenschaftlichen Veröffentlichungen einen Titel, eine Zusammenfassung, Schlagworte und Informationen zu den Verfassenden und ggf. den Herausgebenden. Für diese Auswahl wurde ein Objekterkennungsalgorithmus gewählt, dessen Ergebnisse mittels der Metriken Precision, Recall und F1-Score evaluiert wurden.

2.1 Modellentwicklung

Modellauswahl. Zur Gliederung der Texte in Teile unterschiedlicher Relevanz für die Georeferenzierung wurden verschiedene Modelle recherchiert und geprüft, die Layout-Analysen ohne zusätzliches Training leisten können. Dies waren LiLT [4], LayoutLM [5], Donut [6], VILA [7] und Detectron2 [8]. Keines dieser vorhandenen Modelle lieferte die notwendigen feinkörnigen Merkmalsklassen, so dass eine Nutzung ohne Nachtraining für jedes dieser Modelle nicht möglich war.

Statt eines der oben genannten Modelle für ein Nachtraining zu nutzen, wurde ein allgemeines Objekterkennungsmodell der YOLO-Architektur [9] gewählt. Im Vergleich zu einigen der oben genannten Modelle gliedert das YOLO-Modell die Inhalte der Dokumente nach optischen Kriterien in Merkmalsklassen auf und bezieht textliche Informationen nicht explizit mit ein. Dadurch werden zwar potentiell vorhandene wertvolle Informationen nicht genutzt, aber es bietet einen sprachunabhängigen Ansatz. Daher lässt sich dieser Ansatz einfach auch auf andere Dokumenttypen übertragen, z. B. historische Dokumente mit altdeutscher Schrift.

Bei der gewählten Architektur handelt es sich um Supervised Learning, es muss also für ein Training des Modells ein annotierter Datensatz vorliegen.

Datengrundlage. Die Datengrundlage für das Modelltraining und die Evaluation besteht aus naturwissenschaftlichen Veröffentlichungen mit insgesamt 2.444 Seiten im PDF-Format. Bevor diese Daten für ein Training verwendet werden konnten, mussten sie vorverarbeitet werden. Die einzelnen Dokumente wurden seitenweise aufgeteilt und die einzelnen Seiten in das Bilddatenformat PNG umgewandelt. Für das Training wurden, basierend auf optisch wiederkehrenden Elementen in wissenschaftlichen Veröffentlichungen, 24 Merkmalsklassen (Tab. 1) definiert. Diese wurden dann manuell auf den jeweiligen Seiten im vier-Augen-Prinzip annotiert, sodass jede Textpassage einer Merkmalsklasse entspricht. Als relevant für die Georeferenzierung der Dokumente wurden in dieser Arbeit die Klassen „Title“, „Text“, „Abstract“, „Table“, „Infobox“ und „Keywords“ definiert („Relevanzgruppe“), da erwartet wird, in diesen Textabschnitten die inhaltlich relevanten Orte zu finden. Um bei möglichen zukünftigen Erweiterungen eine flexible Definition des Relevanzbegriffs zu ermöglichen, wurden die einzelnen optischen Klassen feingranular annotiert und erst in der Auswertung zusammengefasst. Abb. 1 zeigt die resultierende Verteilung der Klasseninstanzen. Die verschiedenen Klassen sind nicht gleichverteilt. Die Klasse Text findet sich über 3.000 Mal im Datensatz, wohingegen die Klasse Line Number nur zehn Mal vorkommt.

Modelltraining. Für das Modelltraining wurde der Datensatz in Trainings-, Validierungs- und Testdatensatz aufgeteilt, mit je 70 %, 20 % und 10 % der gesamten annotierten Textpassagen. Während des Trainingsprozesses werden Merkmale aus den Daten iterativ extrahiert und nach jedem Durchlauf mit den Validationsdaten abgeglichen. Die Ergebnisse werden in der nächsten Iteration berücksichtigt. Hiermit wird eine Überanpassung an die Verteilung der Eigenschaften im Trainingsdatensatz

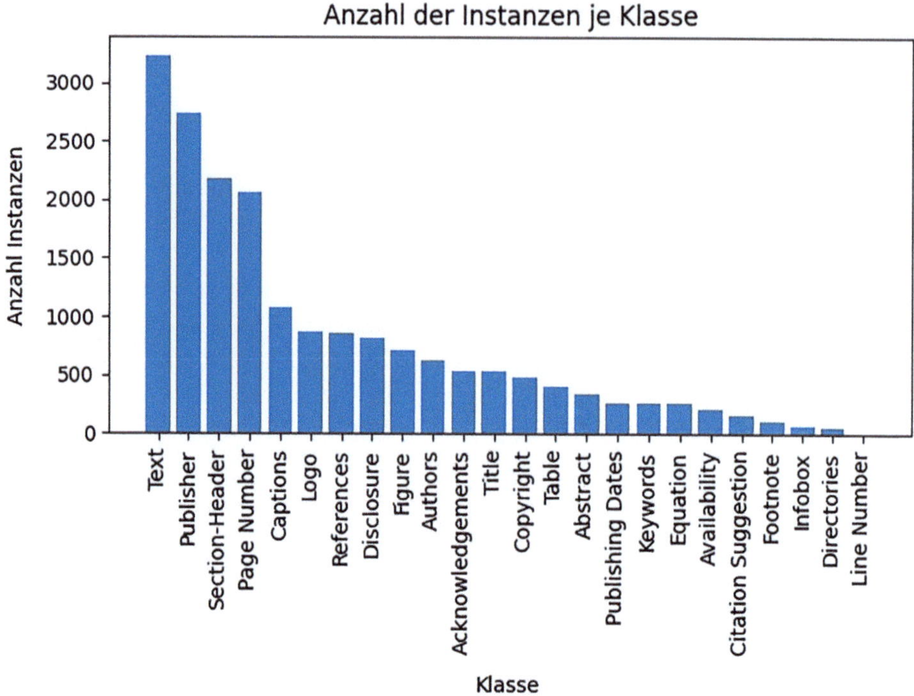

Abb. 1 Verteilung der Merkmalsklassen für die Objekterkennung im gesamten Datensatz. Eine Instanz beschreibt einen in sich geschlossenen Block in einem Dokument. So kann eine Seite mehrere „Text"-Instanzen beinhalten, falls diese durch einen anderen Abschnitt, z. B. eine Grafik („Figure"), getrennt sind

unterdrückt. Die Vorhersagen des finalen Modells werden an einem unabhängigen Testdatensatz überprüft. Beim Aufteilen der Daten wurde darauf geachtet, dass die Klassenverteilung in den drei Datensätzen der Gesamtverteilung entspricht. Als Optimierungsalgorithmus wurde AdamW [10] genutzt, da so bessere Ergebnisse erzielt wurden als bspw. mit RMSProp [11].

2.2 Ergebnisse zur Auswahl relevanter Passagen

Die Metriken des finalen Modells sind in Tab. 1 zu sehen. Der Recall ist der Anteil der wahren Merkmalsklassen, die korrekt gefunden werden. Die Precision ist der Anteil der vorhergesagten Merkmalsklassen, die tatsächlich korrekt sind. F1 ist das harmonische Mittel von Precision und Recall. Zusätzlich wurden Ergebnisse auch qualitativ evaluiert. Dies umfasste eine manuelle Betrachtung und Bewertung der Vorhersagen.

Tab. 1 Die Tabelle zeigt die Ergebnisse des besten Objekterkennungsmodells zur Textstruktur-analyse auf den Testdaten (10 % der Gesamtdaten). Der obere Abschnitt enthält die Metriken Precision, Recall und F1 je Klasse. Die für die Georeferenzierung relevanten Klassen sind mit einem * gekennzeichnet. Der untere Abschnitt enthält die durchschnittlichen Metriken für alle Klassen gemeinsam und je Oberkategorie relevant/irrelevant

Klassenname	Beschreibung	Precision (%)	Recall (%)	F1 (%)
Abstract*	Zusammenfassung	92	97	94
Acknowledgements	Danksagungen	81	81	81
Authors	Informationen zu den Verfassenden	95	95	95
Availability	Verfügbarkeiten des Papers o. der Daten	87	57	68
Captions	Grafik-/Bild- u. Tabellenunterschriften	91	89	90
Citation Suggestion	Zitationsvorschläge	100	88	93
Copyright	Lizenzinformationen	100	100	100
Directories	Abbildungs-/Inhalts-/Tabellen-/Abkürzungsverzeichnis	63	83	71
Disclosure	Offenlegungen und rechtliche Hinweise	85	85	85
Equation	Nummerierte Gleichungen	66	53	58
Figure	Grafiken und Bilder	91	88	90
Footnote	Fußnoten	67	50	57
Infobox*	In Boxen dargestellte Informationen	88	88	88
Keywords*	Schlagworte auf der Titelseite	92	92	92
Line Number	Zeilennummerierung	100	100	100
Logo	Logos	100	99	99
Page Number	Seitenzahlen	88	88	88
Publisher	Herausgeber- und Journalinformationen	94	91	92
Publishing Dates	Datumsangaben	92	89	91
References	Literaturverzeichnis	99	95	97
Section-Header	Überschriften im Text	92	93	93
Table*	Tabellen	95	100	98
Text*	Fließtext	95	94	95
Title*	Titel des Papers inklusive Untertitel	83	92	88
Mittelwert (alle)		92	91	91
Mittelwert (relevant)		94	94	94
Mittelwert (irrelevant)		91	89	90

Eine binäre Betrachtung, bei der ausschließlich zwischen relevanter und irrelevanter Gruppe unterschieden wird, ist in Abb. 2 zu sehen. Bei dieser Betrachtung ist zu erkennen, dass 99 % der relevanten Abschnitte korrekt identifiziert wurden. Die Modellvorhersage für relevante Abschnitte war in 97 % der Fälle korrekt. Die bessere Performanz bei der binären Betrachtung ggü. den Durchschnittswerten der einzelnen Klassen (Tab. 1) erklärt sich dadurch, dass falsche Vorhersagen eines relevanten Abschnitts häufiger durch Verwechselung mit einem anderen relevanten Abschnitt entstehen. Die binäre Betrachtung ist für das Gesamtkonzept dieser Arbeit entscheidend. Die Textstrukturanalyse dient als Mittel, relevante von irrelevanten Textstellen zur Ortsnamenerkennung zu unterscheiden. Daher hat eine Fehlidentifizierung nur dann einen Einfluss, wenn es einen Abschnitt von der relevanten Gruppe in die nicht-relevante Gruppe oder umgekehrt verschiebt. So ist es beispielsweise für diese Arbeit auch ausreichend, dass die Precision der Klasse „Titel" mit 83 % die niedrigste in der Relevanzgruppe aufweist. Die Ursache der niedrigen Precision ist, dass nicht nur die Nennung des Titels auf der Titelseite, sondern auch weniger prominente Vorkommen – etwa klein in der Kopfzeile auf Folgeseiten – in diese Klasse einbezogen werden. Dies muss bei der Anwendung auf andere Dokumente als wissenschaftliche Publikationen erneut überprüft werden.

Ein besonders kritischer Abschnitt ist das Literaturverzeichnis („References"). Hier treten Ortsnamen sehr häufig in Form von Erscheinungsorten auf, welche die Georeferenzierung eines Dokumentes verfälschen können. Im Testdatensatz ist nur bei einem von 85 Literaturverzeichnisabschnitten eine falsche Vorhersage in eine Klasse innerhalb der

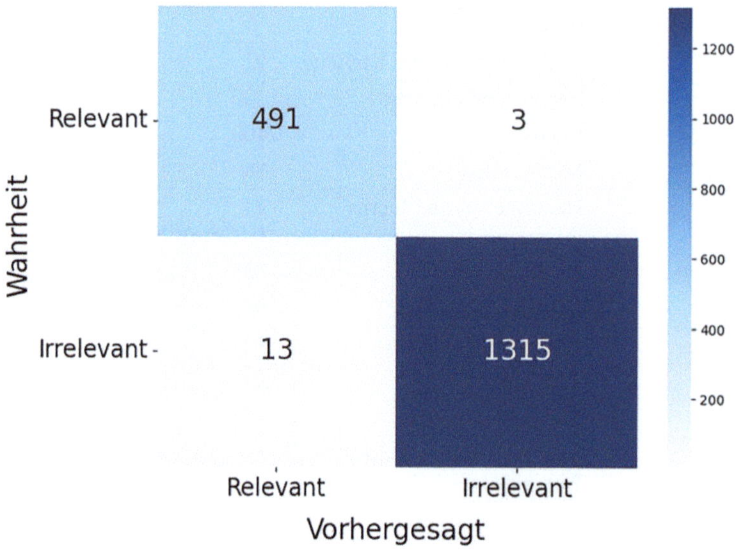

Abb. 2 Konfusionsmatrix der Objekterkennung. Die einzelnen Klassen sind in relevant/irrelevant zusammengefasst

Relevanzgruppe vorgekommen. Die untersuchten Publikationen enthalten durchschnittlich drei Literaturverzeichnisabschnitte. Auf Grundlage dieser Werte ergäbe sich eine falsche Vorhersage eines Literaturverzeichnisabschnitts in nur etwa einem von 28 Dokumenten.

In Tab. 1 ist zu sehen, dass die Modellvorhersagen für relevante Dokumentenabschnitte eine mittlere Precision von 94 % erreichen. Dabei ist der Anteil der korrekt gefundenen relevanten Passagen ebenfalls bei 94 %. Diese Kategorisierung der Abschnitte in relevant und irrelevant ist vom Anwendungsfall abhängig. Bei Betrachtung aller Klassen ergibt sich eine durchschnitte Precision von 92 % und ein Recall von 91 %. Die Auswahl anderer Klassen als relevant wäre mit ähnlich guter Performanz möglich. Allerdings ist in Tab. 1 zu erkennen, dass verschiedene Klassen unterschiedlich zuverlässig erkannt werden. Dies kann an der ungleichen Klassenverteilung in den Trainingsdaten liegen (siehe Abschn. 2.1) und an zu wenigen Einheiten, um die definierenden Eigenschaften jeder Klasse zu erlernen. Daraus kann eine Neigung resultieren, eine Passage der häufigsten Klasse zuzuordnen. Für einen anderen Anwendungsfall müssten daher ggf. gezielt Daten annotiert werden, welche die unterrepräsentierten Klassen enthalten.

3   Named Entity Recognition

Das Extrahieren der Toponyme aus dem Text wurde mit verschiedenen Methodiken aus dem Bereich der Named Entity Recognition (NER) umgesetzt. Die NER ist eine Technik aus dem Bereich des Natural Language Processing (NLP), die Entitäten in unstrukturiertem Text identifiziert und klassifiziert. Als Entitäten werden beispielsweise Personen, Organisationen oder auch Orte bezeichnet, die sich durch Eigennamen auszeichnen. Hierfür wurde zunächst ein Exact-Match-Ansatz verfolgt. Dieser ist der Vergleich eines Worts im Text mit jedem im Küstengazetteer gespeicherten Namen eines räumlichen Objektes. Hierbei ist zu beachten, dass Homonyme falschpositive Treffer erzeugen können. So gibt es in Schleswig–Holstein zum Beispiel die Gemeinde „Ekel", deren Ortsbezeichnung daher auch in der Liste der bekannten Ortschaften im Küstengazetteer existiert. Um zu vermeiden, dass das Gefühl „Ekel" als Toponym fehlerhaft klassifiziert wird, wird der Exact-Match-Ansatz mit einem Part-of-Speech-Tagging Algorithmus [12, 13] verbunden. Hierbei wird für jedes Wort eine Vorhersage bezüglich seiner grammatikalischen Kategorie, z. B. Verb, Adjektiv, Substantiv, Eigenname, getroffen. Nur Wörter, welche als Eigennamen klassifiziert wurden und in der Liste der im Gazetteer vorkommenden Orte gefunden wurden, wurden für das Dokument als Ortsbezug genutzt.

Der eins-zu-eins Abgleich von Toponymen im Gazetteer mit den Ortsbezeichnungen im Text liefert unvollständige Ergebnisse, denn, sind Ortsbezeichnungen mehrteilig mit einem Adjektiv als Bestandteil, wie z. B. „Nordfriesische Inseln", verändert sich die Schreibweise mit dem Kasus. Außerdem stehen nicht alle existenten Toponyme im Küstengazetteer. Um diese Orte dennoch zu erkennen, wurden bereits existierende Modelle für die NER (siehe Abschn. 3.2) genutzt.

3.1 Datenaufbereitung

Die Datengrundlage für die Evaluation der NER Modelle umfasst zehn wissenschaftliche Veröffentlichungen mit Bezug zur deutschen Küste in deutscher und englischer Sprache. Aus zeitlichen Gründen konnten nicht mehr Texte für die Analyse annotiert werden. Aus diesen Dokumenten wurden die als relevant definierten Textabschnitte mit Hilfe des Modells zur Textstrukturanalyse extrahiert und mittels der OCR Komponente easyOCR [14] in ein maschinenlesbares Textformat umgewandelt. Die extrahierten Texte auf den einzelnen Seiten wurden zu jeweils einem Fließtext je Dokument zusammengefasst und manuell alle Orte im vier Augen Prinzip annotiert.

Insgesamt umfasst der Testdatensatz 861 Toponyme, die beispielsweise Städte, Gemeinden, Buchten, Gewässer, Länder, Gebirge bezeichnen, und die eine feste geografische Zuordnung besitzen.

Für die Erkennung wurden die Texte auf Satzebene aufgesplittet und die Sätze einzeln an die NER-Komponente übergeben. Innerhalb dieser Komponente wird der gesamte Text vor der Verarbeitung in Token aufgeteilt („Tokenisation"). Token sind in diesem Kontext Worte oder Bestandteile dieser. Durch das vorherige aufsplitten der Texte auf Satzebene wurde sichergestellt, dass die verschiedenen Kontextgrenzen der Modelle gewahrt werden, die z. B. bei einigen der evaluierten BERT-Modelle bei 512 Token liegt [15]. Text, der über die Kontextgrenzen eines Modells hinausgeht, wird vom Modell abgeschnitten und nicht betrachtet. Eine Aufteilung nach der maximalen Anzahl erlaubter Token im Kontext eines Modells wurde vermieden, um Texte nicht mitten im Satz aufzuteilen.

3.2 Modellevaluation

Die Evaluation der Modelle erfolgte quantitativ über die Metriken Precision und Recall (siehe Abschn. 2.2). Der Recall wurde höher gewichtet als die Precision, da sichergestellt werden soll, dass möglichst viele relevante Toponyme eines Textes extrahiert werden. Ein weiteres Kriterium war, dass die Erkennung von Ortsnamen in deutscher und englischer Sprache funktioniert, da fachliche Publikation in den deutschen Küstenregionen in beiden Sprachen zu erwarten sind. Zur Berechnung beider Metriken wurden ausschließlich perfekte Übereinstimmungen mit den annotierten Testdaten als richtig erkannt angenommen. Durch die Tokenisation der Modelle kann es passieren, dass eine Vorhersage nicht das gesamte Wort umfasst. Diese partiellen Übereinstimmungen mit annotierten Orten, z. B. nur „Schleswig" aus „Schleswig–Holstein" wird erkannt, werden als falsch bewertet, da sie wegen des unvollständigen Teilausdrucks nicht sinnvoll verwendet werden können. Um partielle Vorhersagen zu minimieren, wurden Modellvorhersagen entfernt, wenn die unmittelbar angrenzenden Zeichen Buchstaben oder Bindestriche sind. Würden partielle Übereinstimmungen als korrekt bewertet werden, so würde sich die Precision in Tab. 2 um 8–21 Prozentpunkte verbessern.

Tab. 2 Evaluationsergebnisse für die jeweiligen Modelle. Der obere Abschnitt zeigt die Ergebnisse des Exact-Match-Ansatzes. Der mittlere Abschnitt beinhaltet die Ergebnisse der evaluierten Modelle. Modelle, die keine Vorhersagen getroffen haben, sind mit einem einen Strich gekennzeichnet. Die besten Modelle, die auch qualitativ betrachtet wurden, sind mit einem Stern* gekennzeichnet. Der unterste Abschnitt zeigt die Ergebnisse des ausgewählten Ensembles, das die fett gedruckten Modelle enthält

Modell	Precision (%)	Recall (%)
Exact Match*	84	25
guitap/bert-base-multilingual-uncased-finetuned-ner-geocorpus [20]	–	–
dslim/bert-large-ner [21]	76	77
dslim/bert-base-ner [22]	66	57
dslim/distilbert-ner [23]	58	22
51la5/roberta-large-NER [24]*	78	81
51la5/electra-large-NER [25]	81	75
51la5/distilbert-large-NER [26]	64	26
MassMin/Multilingual-NER-Tagging [27]	–	–
numind/NuNER-multilingual-v0.1 [28, 29]	–	–
julian-schelb/roberta-ner-multilingual [30, 31]	25	21
davlan/bert-base-multilingual-cased-ner-hrl [32]*	81	84
flair/ner-multi [33–35]*	70	75
Ensemble	74	93

Insgesamt wurden 13 verschiedene Modelle geprüft (siehe Tab. 2). Drei dieser Modelle lieferten beim Testen keine Resultate und wurden verworfen. Die meisten der 13 Modelle basieren auf der Transformer-Architektur [12, 15–18]. Zusätzlich wurde das GLiNer Modell getestet, welches als zero-shot-model trainiert wurde [19]. Hierbei sind die Entitäten nicht wie bei den anderen genutzten Modellen vordefiniert, sondern werden von den Nutzenden selbst definiert. Die Performanz ist jedoch im Vergleich mit den übrigen Modellen niedrig, daher wurde das Modell nicht weiter berücksichtigt. Die genannten Modelle berücksichtigen bei der Aufgabe der NER durch den Attention-Mechanismus die Semantik und Struktur des Textes [18]. Tab. 2 enthält die Ergebnisse der restlichen Modelle für die Entität „Location".

Die Performanz der einzelnen Modelle ist unterschiedlich. Einige Modelle identifizieren keine Toponyme in den Testdaten, andere hingegen identifizieren beinahe alle gesuchten Ortsnamen. Der Exact-Match-Ansatz liefert, wie zu erwarten, hohe Precision-Werte, da nur Orte vorhergesagt werden, die im Küstengazetteer vorhanden sind. Durch diesen exakten Abgleich werden jedoch viele Orte nicht gefunden, was sich im niedrigen Recall von 25 % widerspiegelt. 51la5/electra-large-ner wurde trotz des Recall-Wertes über 75 % nicht weiter betrachtet, da eine große Diskrepanz in der Performanz zwischen englischen und deutschen Texten besteht. Deutschsprachige Texte hatten einen sehr schlechten Recall von im Mittel unter 30 %. Dslim/bert-large-ner wurde aus einem ähnlichen Grund nicht weiter betrachtet. Hier war die Precision auf den deutschen Texten mit im Mittel unter 20 % zu gering. Dslim/bert-base-ner wurde trotz des hohen Recalls nicht weiter betrachtet, da die Precision mit weniger als 50 % sehr niedrig war.

Eine Auswahl der quantitativ performantesten Modelle wurde zusätzlich auch qualitativ evaluiert. Diese Modelle sind in Tab. 2 mit einem Stern gekennzeichnet. Bei der qualitativen Evaluation der Ergebnisse wurde überprüft, welche Ortsbezeichnungen nicht oder falsch erkannt wurden. Typische Probleme sind beispielsweise Personennamen, die als Orte erkannt werden, von der OCR falsch aufgeteilte Orte, wie z. B. „**Hilde** sheim" aus dem nur „**Hilde**" als Ort erkannt wird, und Adjektive, die Teil eines Eigennamens geworden sind, wie z. B. Pacific in Pacific Oyster. Von den verbleibenden Modellen wurde das flair/ner-multi Modell aussortiert, da es schlechtere Werte für den Recall und die Precision aufwies als die beiden anderen.

Die verbliebenen zwei Modelle, 51la5/roberta-large-NER und davlan/bert-base-multilingual-cased-ner-hrl, wurden beide wegen ihrer ähnlich guten Ergebnisse mit dem Exact-Match-Ansatz kombiniert, sodass alle drei ein Ensemble ergeben. Hierbei klassifiziert jedes Modell eigenständig, die Ergebnisse werden dann folgendermaßen zusammengefasst: Zusätzlich zu der oben erwähnten Aufbereitung der Ergebnisse der einzelnen Modelle werden Dopplungen eliminiert. Ebenso werden kürzere Vorhersagen des einen Modells zugunsten längerer Vorhersagen eines anderen Modells an der gleichen Textstelle eliminiert. Längere Vorhersagen weisen hier darauf hin, dass ein Ort eher vollständig erkannt wurde. Erkennt ein Modell aus dem Ort „Schleswig–Holstein" nur das „Schleswig" und das andere Modell erkennt „Schleswig–Holstein", wird der kürzere Treffer „Schleswig" aussortiert. Das Ensemble zeichnet sich durch den sehr guten Recall von 93 % aus. Es fällt auf, dass die Precision niedriger ist, als der Mittelwert der drei einzelnen Modelle. Dies erklärt sich dadurch, dass die korrekten Vorhersagen der Modelle nur einfach gezählt werden, während sich die falschen Vorhersagen in der Regel nicht überlappen und damit addieren. Beispielsweise erkennt Modell 1 in dem Satz „Vor Sylt gibt es viele Muschelbänke" den Ort „Sylt" korrekt, aber fälschlicherweise auch „Muschelbänke". Modell 2 erkennt in dem Satz ebenfalls „Sylt" korrekt, aber fälschlicherweise auch „viele". In diesem Beispiel fließt „Sylt" als richtig erkanntes Toponym nur einmal in die Precision ein, die falsch erkannten Worte aber jeweils auch. Der Verlust in der Precision wird zu Gunsten des Recalls akzeptiert.

4   Anwendung

Die in den vorigen Abschnitten beschriebenen Modelle bilden gemeinsam mit dem deutschen Küstengazetteer die Grundlage für eine räumliche Suche in unserer Anwendung. Die Ortsnamen werden durch die Modelle einmalig extrahiert und in einer Datenbank mit anderen Metadaten abgelegt, beispielhaft dargestellt in Abb. 3. Der Inhalt der einzelnen Dokumente wird hierbei nicht gespeichert.

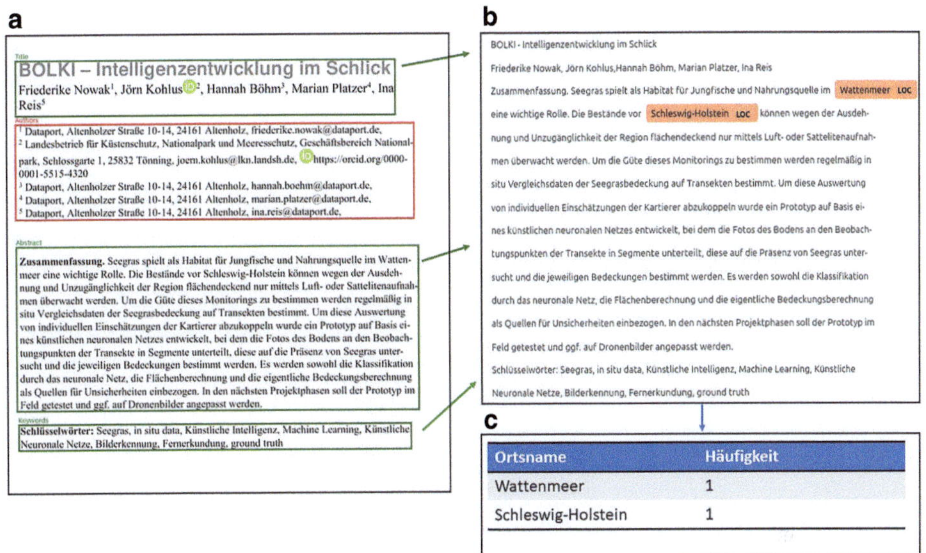

Abb. 3 Beispielhafte Darstellung des Prozesses zur automatischen Erkennung der Ortsnamen in relevanten Textstellen. a) Erkannte Klassen aus dem Objekterkennungsmodell. Die grün eingefärbten Boxen gehören in die relevante Gruppe. b) Ausgelesener Text aus den grünen Boxen. Die durch das NER erkannten Ortsnamen sind in Orange markiert. Bereich c) zeigt beispielhaft das Speichern der Ortsnamenextraktion in einer Datenbank

Kern der Anwendung ist eine kartenbasierte Suche, im Rahmen derer man ein beliebiges Polygon als Suchraum festlegen kann. Aus diesem Suchraum heraus werden jene Orte aus dem Gazetteer ermittelt, deren Umrisspolygone Überschneidungen mit dem Suchraum aufweisen, woraus sich eine Liste mit Ortsbezeichnungen ergibt. Diese Ortsliste wird im nächsten Schritt mit den hinterlegten Ergebnissen der Ortsnamenserkennung abgeglichen. Texte mit Bezügen zum Suchraum werden als Suchergebnis ausgegeben. Die Reihenfolge der Ausgabe ergibt sich aus der Häufigkeit der jeweiligen Ortsnennungen in einem Dokument, wobei Nennungen im Titel mit einem interimistisch festgelegten Faktor zehn gezählt werden. Diese kartenbasierte Suche ist in Abb. 4 dargestellt. Die Anwendung bietet auch eine Suche nach einzelnen Titeln über Stichworte und das Auflisten der enthaltenen Toponyme an. Dadurch ist es z. B. möglich, andere Publikationen mit ähnlichem räumlichem Bezug zu finden. Die Suche beschränkt sich auf in der Anwendung hinterlegte und analysierte Dokumente.

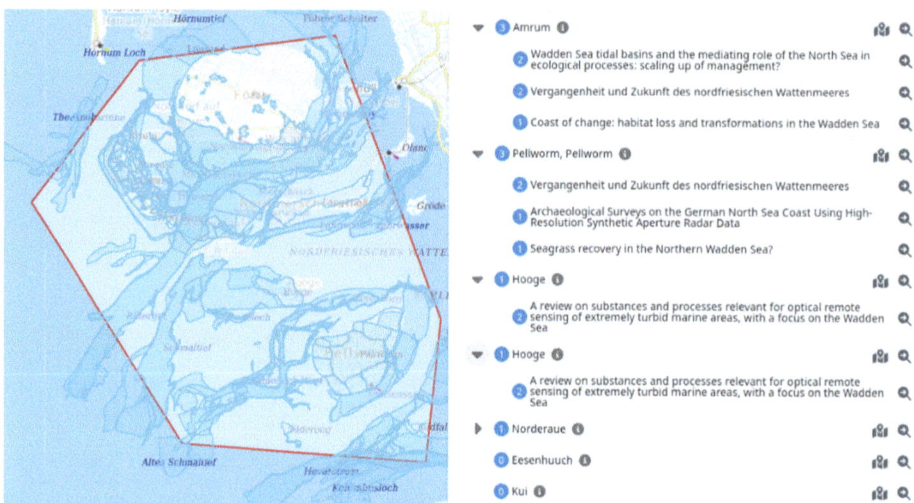

Abb. 4 Kartenbasierte Suche. In Rot ist ein beliebig wählbares Suchpolygon dargestellt. In Hellblau sind die zugehörigen Umrisspolygone aus dem Küstengazetteer für alle Ortsbezeichnungen im Ausschnitt gezeigt, welche eine Überschneidung mit dem Suchpolygon aufweisen. Die enthaltenden Toponyme werden rechts aufgelistet, zusammen mit den jeweiligen Titeln der georeferenzierten Publikationen, in denen der jeweilige Ortsname identifiziert wurde

5 Fazit

Die vorgestellte Arbeit zeigt, dass eine automatisierte, von künstlicher Intelligenz unterstützte, Extraktion der Ortsnamen am Beispiel von wissenschaftlichen Publikationen funktioniert. Dies ermöglicht eine skalierbare Verknüpfung von Dokumenten mit räumlichen Bezügen und somit eine räumliche Literatursuche. Die Umsetzung in einer Webanwendung unter Nutzung der Modelle und des deutschen Küstengazetteers bestätigt die Machbarkeit. Die vorgestellte Anwendung ermöglicht es, aufwändige Suchen, bei denen ansonsten mit vielen Ortsnamen sequentiell gesucht werden müsste, mit wenigen Mausklicks durchzuführen.

Eine Qualitätssteigerung kann insbesondere durch Lemmatisierungsalgorithmen realisiert werden, die die Wortformen eines Kasus mit den im Gazetteer bereitgestellten Grundformen verbinden.

Ebenso ist eine Erweiterung für die Behandlung von Homonymen, also verschiedenen Landschaftsbestandteilen gleicher Namen, wie beispielsweise die Sandbank „Mittelbank", geplant. Die Berechnung der Distanz zu den übrigen im Dokument gefundenen Orten soll für eine Priorisierung bei diesen Uneindeutigkeiten genutzt werden.

Außerdem sollen in einem weiteren Schritt verschiedene Möglichkeiten zur Gewichtung von Suchergebnissen bereitgestellt werden, z. B. Gewichtung je nach Fläche der Orte oder Gewichtung je nach Überschneidung mit dem Suchpolygon.

Für eine produktive Anwendung soll eine Kontextsuche, z. B. durch die enthaltenen Schlagworte, ermöglicht werden, um die gefundene Literatur auch fachlich zu filtern. Und die Ergebnisausgabe soll an die Standards für Literaturzitate angepasst werden. Eine Kopplung mit Bibliotheks- und Archivsystemen erscheint sinnvoll.

Das hier vorgestellte Projekt war auf wissenschaftliche Publikationen beschränkt. Die gleiche Vorgehensweise lässt sich jedoch auf verschiedenste Dokumententypen anwenden. Im Bedarfsfall müsste für die Strukturanalyse (siehe Abschn. 2) ein erweitertes Training mit neu hinzukommenden Dokumenttypen durchgeführt werden.

Für eine erweiterte räumliche Nutzung des Systems müsste der verwendete Gazetteer erweitert werden oder andere geeignete Liefersysteme für Ortsbezeichnungen und Referenzgeometrien eingebunden werden.

Literatur

1. Kohlus, J., Sellerhoff, F., Thang-Trong-Nhan, V., Lehfeldt, R., Roosmann, R., & Alcacer-Labrador, D. (2014). Der Deutsche Küstengazetteer, ein service-basiertes Instrument zur Referenz und Kommunikation von Ortsbezeichnungen. *Die Küste, 82,* 81–96. Marine Daten-Infrastruktur Deutschland MDI-DE.
2. Gerstmann, H., Lehfeldt, R., & Binder, K. (2023). Marine Daten-Infrastruktur Deutschland (MDI-DE) technisch modern und nutzerfreundlich überarbeitet. In R. Bill, & M. Zehner (Hrsg.), *Geoinformation – Gefragter denn je! Tagungsband zum 19. GeoForum MV 2023.* (S. 101–107). Rostock. ISBN 978-3-347-98310-6.
3. Lehfeldt, R., & Melles, J. (2018). MDI-DE – Marine Daten-Infrastruktur Deutschland. *Die Küste, 86,* 33–48. Karlsruhe: Bundesanstalt für Wasserbau.
4. Wang, J., Jin, L., & Ding, K. (2022). Lilt: A simple yet effective language-independent layout transformer for structured document understanding. arXiv preprint arXiv:2202.13669.
5. Xu, Y., Li, M., Cui, L., Huang, S., Wei, F., & Zhou, M. (2020, August). Layoutlm: Pre-training of text and layout for document image understanding. In *Proceedings of the 26th ACM SIGKDD International Conference on Knowledge Discovery & Data Mining,* S. 1192–1200.
6. Kim, G., Hong, T., Yim, M., Nam, J., Park, J., Yim, J., Hwang, W., Yun, S., Han, D., & Park, S. (2022). OCR-free document understanding transformer. In *European Conference on Computer Vision* (S. 498–517). Springer Nature, Cham.
7. Shen, Z., Lo, K., Wang, L. L., Kuehl, B., Weld, D. S., & Downey, D. (2022). VILA: Improving structured content extraction from scientific PDFs using visual layout groups. *Transactions of the Association for Computational Linguistics, 10,* 376–392.
8. Cheng, B., Collins, M.D., Zhu, Y., Liu, T., Huang, T. S., Adam, H., & Chen, L.C. (2019). Panoptic-deeplab: A simple, strong, and fast baseline for bottom-up panoptic segmentation. arXiv preprint arXiv: 1911.10194.
9. Redmon, J., Divvala, S., Girshick, R., & Farhadi, A. (2015). You only look once: Unified, real-time object detection (2015). arXiv preprint arXiv:1506.02640.
10. Loshchilov, I. (2017). Decoupled weight decay regularization. arXiv preprint arXiv:1711.05101.
11. Hinton, G. (2012). Neural Networks for Machine Learning: Lecture 6e [Vorlesungsunterlagen]. University of Toronto. https://www.cs.toronto.edu/~tijmen/csc321/slides/lecture_slides_lec6.pdf.

12. Sanh, V., Debut, L., Chaumond, J., & Wolf, T. (2019). DistilBERT, a distilled version of BERT: Smaller, faster, cheaper and lighter. arXiv Preprint arXiv:1910.01108.
13. Hugging Face. (2021). flair/upos-multi [Software]. Hugging Face, Inc. https://huggingface.co/flair/upos-multi.
14. JadedAI. (2024). easyOCR (Version 1.7.2) [Software]. https://github.com/JaidedAI/EasyOCR.
15. Devlin, J., Chang, M.-W., Lee, K., & Toutanova, K. (2018). BERT: Pre-training of deep bi-directional transformers for language understanding. CoRR, abs/1810.04805. http://arxiv.org/abs/1810.04805.
16. Clark, K., Luong, M.-T., Le, Q.V., & Manning, C.D. (2020). ELECTRA: Pre-training text encoders as discriminators rather than generators. CoRR, abs/2003.10555. https://arxiv.org/abs/2003.10555.
17. Conneau, A., Khandelwal, K., Goyal, N., Chaudhary, V., Wenzek, G., Guzmán, F., Grave, E., Ott, M., Zettlemoyer, L., & Stoyanov, V. (2019). Unsupervised cross-lingual representation learning at scale. arXiv Preprint arXiv:1911.02116.
18. Vaswani, A., Shazeer, N., Parmar, N., Uszkoreit, J., Jones, L., Gomez, A.N., Kaiser, L., & Polosukhin, I. (2017). Attention is all you need. CoRR, abs/1706.03762. http://arxiv.org/abs/1706.03762.
19. Zaratiana, U., Tomeh, N., Holat, P., & Charnois, T. (2024). GLiNER: Generalist model for named entity recognition using bidirectional transformer. In *Proceedings of the 2024 Conference of the North American Chapter of the Association for Computational Linguistics: Human Language Technologies (Volume 1: Long Papers)* (S. 5364–5376). Association for Computational Linguistics.
20. Hugging Face. (2024). GuiTap/bert-base-multilingual-uncased-finetuned-ner-geocorpus [Software]. Hugging Face, Inc. https://huggingface.co/GuiTap/bert-base-multilingual-uncased-finetuned-ner-geocorpus.
21. Hugging Face. (2020). dslim/bert-large-NER [Software]. Hugging Face, Inc. https://huggingface.co/dslim/bert-large-NER.
22. Hugging Face. (2020). dslim/bert-base-NER [Software]. Hugging Face, Inc. https://huggingface.co/dslim/bert-base-NER.
23. Hugging Face. (2024). dslim/distilbert-NER [Software]. Hugging Face, Inc. https://huggingface.co/dslim/distilbert-NER.
24. Hugging Face. (2022). 51la5/roberta-large-NER [Software]. Hugging Face, Inc. https://huggingface.co/51la5/roberta-large-NER.
25. Hugging Face. (2022). 51la5/electra-large-NER [Software]. Hugging Face, Inc. https://huggingface.co/51la5/electra-large-NER.
26. Hugging Face. (2022). 51la5/distilbert-base-NER [Software]. Hugging Face, Inc. https://huggingface.co/51la5/distilbert-base-NER.
27. Hugging Face. (2024). MassMin/Multilingual-NER-tagging [Software]. Hugging Face, Inc. https://huggingface.co/MassMin/Multilingual-NER-tagging.
28. Bogdanov, S., Constantin, A., Bernard, T., Crabbé, B., & Bernard, E. (2024). NuNER: Entity recognition encoder pre-training via LLM-annotated data. arXiv [Cs.CL]. http://arxiv.org/abs/2402.15343.
29. Hugging Face. (2023). numind/NuNER-multilingual-v0.1 [Software]. Hugging Face, Inc. https://huggingface.co/numind/NuNER-multilingual-v0.1.
30. Schelb, J., Ehrmann, M., Romanello, M., & Spitz, A. (2022). ECCE: Entity-centric corpus exploration using contextual implicit networks. In *Companion Proceedings of the Web Conference 2022*. https://doi.org/10.1145/3487553.3524237.
31. Hugging Face. (2022). julian-schelb/Roberta-ner-multilingual [Software]. Hugging Face, Inc. https://huggingface.co/julian-schelb/roberta-ner-multilingual.

32. Hugging Face. (2021). Davlan/bert-base-multilingual-cased-ner-hrl [Software]. Hugging Face, Inc. https://huggingface.co/Davlan/bert-base-multilingual-cased-ner-hrl.

33. Akbik, A., Bergmann, T., & Vollgraf, R. (2019). Multilingual sequence labeling with one model. In *NLDL 2019, Northern Lights Deep Learning Workshop.*.

34. Akbik, A., Blythe, D., & Vollgraf, R. (2018). Contextual string embeddings for sequence labeling. In *COLING 2018, 27th International Conference on Computational Linguistics* (S. 1638–1649).

35. Hugging Face. (2021). flair/ner-multi [Software]. Hugging Face, Inc. https://huggingface.co/flair/ner-multi.

Automatisierte Erfassung von Dokumenten zur Recherche von kommunalen Wärmeplänen

Thorsten Schlachter, Nicolas Doms und Christian Schmitt

Zusammenfassung

Diese Arbeit beschreibt Schritte hin zu einer Rechercheplattform für kommunale Wärmepläne (KWP). Kommunen und Praktikern soll damit die Möglichkeit gegeben werden, bereits existierende Wärmepläne von solchen Kommunen zu finden, die der eigenen Kommune strukturell ähneln, z. B. was die Größenordnung der Einwohnerzahl oder des Industrieanteils betrifft. Zu diesem Zweck werden zunächst für jede deutsche Kommune gezielte Suchanfragen an eine Internet-Suchmaschine gestellt und damit Kandidaten-Dokumente für kommunale Wärmepläne ermittelt. Diese werden anschließend mithilfe von Verfahren des maschinellen Lernens bewertet und qualitätsgesichert. Wird auf diese Weise zu einer Kommune tatsächlich ein Wärmeplan gefunden, dann werden die Daten zu dieser Kommune aus verschiedenen Datenquellen um weitere Daten angereichert, insbesondere um statistische Informationen, die zur Filterung bzw. Facettierung herangezogen werden können. So ist es möglich, über eine Rechercheoberfläche Eigenschaften einer Kommune auszuwählen und auf diesem Weg die Wärmepläne ähnlicher Kommunen zu ermitteln.

Schlüsselwörter

Kommunale Wärmeplanung · Maschinelle Klassifikation · Energieatlas

T. Schlachter (✉) · N. Doms · C. Schmitt
Karlsruher Institut für Technologie (KIT), Institut für Automation und angewandte Informatik
(IAI), Hermann-von-Helmholtz-Platz 1, 76344 Eggenstein-Leopoldshafen, Deutschland
E-Mail: thorsten.schlachter@kit.edu

© Der/die Autor(en), exklusiv lizenziert an Springer Fachmedien Wiesbaden GmbH, ein
Teil von Springer Nature 2026
F. Fuchs-Kittowski et al. (Hrsg.), *Umweltinformationssysteme – Digitale Innovationen
für eine nachhaltige Zukunft*, https://doi.org/10.1007/978-3-658-50065-8_13

1   Motivation und Status Quo

Das deutsche „Gesetz für die Wärmeplanung und zur Dekarbonisierung der Wärmenetze" („Wärmeplanungsgesetz", WPG) [1] verpflichtet alle Kommunen abhängig von der Einwohnerzahl bis Mitte 2026 bzw. 2028 einen kommunalen Wärmeplan (KWP) zu erstellen. Diese Wärmepläne werden anschließend vom Bundesministerium für Wirtschaft und Energie (BMWE) zentral auf einer Website zugänglich gemacht, laut Gesetz jedoch erst sechs Monate nach den genannten Fristen.

Bereits existierende Wärmepläne, die aufgrund abweichender Landesgesetze, z. B. in Baden-Württemberg bis Ende 2023, erstellt wurden, sind bis dahin (dort) nicht zentral erfasst und schwer zu finden.

Da Deutschland aus 16 Bundesländern mit etwa 11.000 unabhängigen Kommunen besteht, kann erwartet werden, dass durch das WPG eine Anzahl kommunaler Wärmepläne in ebenfalls dieser Größenordnung erstellt werden müssen.

Um Kommunen zur Orientierung Beispiele für kommunale Wärmepläne an die Hand geben zu können, wäre es hilfreich, wenn existierende Wärmepläne bereits ab dem Zeitpunkt ihrer Veröffentlichung recherchierbar wären. Eine zentrale Rechercheplattform wäre daher wünschenswert. Auf dieser Plattform wäre es sicher sinnvoll, gewisse Merkmale der entsprechenden Kommune (Bundesland, Einwohnerzahl, Anteil von Gewerbe/ Industrie/Landwirtschaft, usw.) als Selektionskriterien bereitzustellen.

Diese Arbeit beschreibt ein Verfahren, mit dem bereits veröffentlichte kommunale Wärmepläne und ähnliche Dokumente mithilfe eines Web-Crawlers (halb-)automatisiert entdeckt und über die zentrale Rechercheplattform zugänglich gemacht werden.

Es gibt bereits eine ganze Reihe von Webseiten, auf denen Informationen zum Stand der kommunalen Wärmeplanungen abrufbar sind. Diese bieten aber jeweils keinen vollständigen Überblick, d. h. sie sind teilweise regional begrenzt oder enthalten beispielsweise nur Informationen zu Wärmeplänen eines Anbieters:

- https://waermeplaene.de enthält nur Infos zu Kunden des Anbieters,
- https://www.waermeplanung-bw.de enthält nur Projekte aus Baden-Württemberg und keine Volltexte,
- https://www.kww-halle.de/wissen/themen-der-kommunalen-waermeplanung/praxis-beispiele-in-der-uebersicht/kommunale-waermeplaene-im-ueberblick ist veraltet und enthält nur wenige Links,
- https://www.bund-bawue.de/mensch-umwelt/klima-und-energie/waermewende/daten-bank-kommunale-waermeplanung enthält nur Infos zu KWP in Baden-Württemberg,
- https://www.energieatlas-bw.de/waerme/kommunale-waermeplanung/karten   enthält zwar viele Details zum Stand der Planung, jedoch keine Links zu den Volltexten, und ist regional auf Baden-Württemberg beschränkt.

Keine der genannten Websites enthält jedoch eine Recherchefunktion, mit der das gezielte Auffinden zu Wärmeplänen mit bestimmten Rahmenbedingungen, z. B. Größe oder Struktur der der Kommune, ermöglicht wird.

2   Voruntersuchung und Vorgehen

Unser hier vorgestelltes Verfahren basiert auf der Annahme, dass Kommunen nach Abschluss ihrer Wärmeplanung die entsprechenden Dokumente auf einer öffentlich zugänglichen Webseite bereitstellen.

Eine manuell durchgeführte Untersuchung für Baden-Württemberg ergab, dass dies in den meisten – jedoch nicht in allen – Fällen auch so ist. Bei einigen Kommunen waren die Planungsdokumente zwar temporär, z. B. für einige Wochen, auf der kommunalen Webseite zugänglich gemacht worden, sind danach aber wieder entfernt worden. Möglicherweise warten die Kommunen hier auf die Überprüfung durch eine übergeordnete Behörde (Regierungspräsidium) – dies wurde jedoch im Rahmen dieser Studie nicht weiter untersucht.

Eine Beobachtung, die eher nebenbei gemacht wurde, ist, dass die meisten Kommunen mit dem Prozess der kommunalen Wärmeplanung sehr transparent umgehen, d. h. zum Beschluss zur Durchführung einer Wärmeplanung oder zum Start bzw. zum (vorläufigen) Abschluss der Planung sind auf den allermeisten kommunalen Webseiten entsprechende Informationen zu finden, häufig mit Verweisen auf die jeweiligen Ratsinformationssysteme.

Das wesentliche Ergebnis der im März 2025 durchgeführten Untersuchung war, dass von den 1.103 betrachteten Kommunen in Baden-Württemberg 106 ihre kommunalen Wärmepläne im Volltext veröffentlicht hatten. Allen gemeinsam war, dass diese Volltexte jeweils im PDF-Format abrufbar waren. Strukturell liegen die meisten Wärmepläne von solchen Kommunen vor, die dazu durch Baden-Württembergisches Recht gesetzlich verpflichtet waren, also Stadtkreise, kreisfreie Städte und Große Kreisstädte, die den Regierungspräsidien bis zum 31.12.2023 ihren Wärmeplan vorlegen mussten, d. h. noch vor Inkrafttreten des bundesweiten Wärmeplanungsgesetzes.

Abb. 1 zeigt das Vorgehen zur automatisierten Erfassung, Erkennung, Anreicherung und Bereitstellung kommunaler Wärmepläne. Die Prämisse, dass bereits erarbeitete Wärmepläne auf der jeweiligen kommunalen Webseite veröffentlich werden, wurde bereits weiter oben vorgestellt.

Eine für unser Vorgehen notwendige weitere Bedingung ist, dass die veröffentlichten Wärmepläne über Suchmaschinen gefunden und indexiert werden können. Das ist nach unserer ersten Voruntersuchung in allen Fällen so gewesen, technisch könnte der Zugriff durch Suchmaschinen jedoch eingeschränkt werden, z. B. durch das Setzen entsprechender Metadaten-Tags (`robots = "noindex, nofollow"`) in HTML-Seiten oder durch das Ausnehmen von Dateien oder Verzeichnissen in der Suchmaschinen-Direktive `robots.txt`. Auch PDF-Dateien selbst können eine Indexierung erschweren

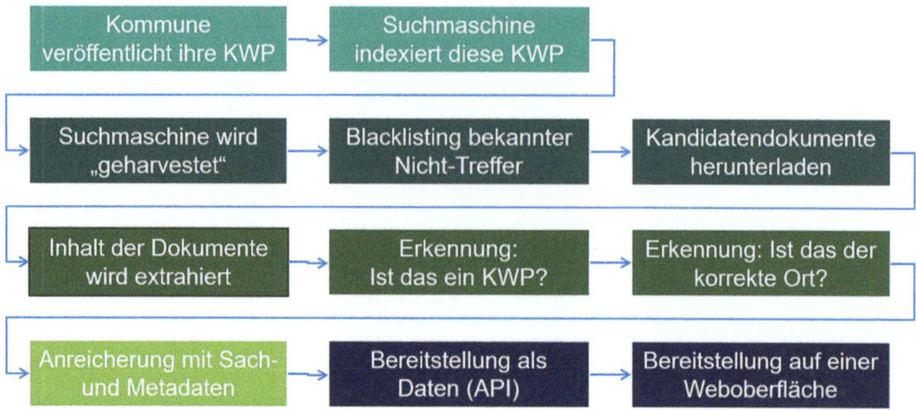

Abb. 1 Schritte zur automatisierten Erfassung, Erkennung, Anreicherung und Bereitstellung kommunaler Wärmepläne

bzw. (zumindest auf konventionellem Weg) unmöglich machen, z. B. wenn sie statt Text nur grafische Informationen enthalten, etwa nach dem Einscannen einer Papiervorlage, oder wenn die PDF-Dateien entsprechend geschützt sind.

Der erste Schritt zum Erkennen von kommunalen Wärmeplänen ist das Auffinden von Kandidaten. Für dieses „Harvesting" wird die API einer Internet-Suchmaschine verwendet. Die gelieferten Suchtreffer werden anschließend mit einer Liste bekannter Nicht-Treffer abgeglichen (Blacklisting), bevor die nicht aussortieren Kandidatendokumente heruntergeladen werden.

Aus diesen werden im nächsten Schritt der Textinhalt sowie einige Metadaten (z. B. der Dokumenttitel und die Anzahl der Seiten) extrahiert. Diese dienen als Eingabe für die Erkennung der Wärmepläne, bei der verschiedene Heuristiken sowie Machine Learning (ML)-Verfahren zum Einsatz kommen. Anschließend findet für die Dokumente, die als Wärmepläne klassifiziert wurden, noch eine Überprüfung des Ortes statt. Viele Ortsnamen kommen in Deutschland mehrfach vor, sodass ein Suchmaschinentreffer sich zwar auf einen Wärmeplan, jedoch den einer anderen als der gesuchten Kommune beziehen kann.

Für alle Kommunen, die über einen Wärmeplan verfügen, werden anschließend zusätzliche Daten hinzugefügt, welche später das Abfragen „ähnlicher" Kommunen erlauben sollen. Zu diesem Zweck werden verschiedene Datenquellen angesprochen, z. B. statistische Bundes- und Landesämter, die Bundesagentur für Arbeit oder auch offene Datenquellen wie OpenStreetMap.

Die so angereicherten Daten werden schließlich über einen Datendienst verfügbar und über eine Weboberfläche recherchierbar gemacht.

3 Harvesting

Wie bereits im Vorgehen beschrieben, kann für die Recherche nach kommunalen Wärmeplänen grundsätzlich jede Internet-Suchmaschine verwendet werden, die über eine Programmierschnittstelle für maschinelle Suchanfragen (API) verfügt. In unserem konkreten Fall kam die Google-Suchmaschine mit ihrer Search-API („Custom Search") zum Einsatz. Der Einsatz dieser API ist nur bis zu einer bestimmten Anfragenzahl je Tag kostenfrei, sodass die Suchanfragen über einen Zeitraum von mehreren Wochen verteilt wurden.

Als grundlegende Datenbasis für die Auswahl der Kommunen wurden Daten des Bundesamts für Kartographie und Geodäsie BKG [2] verwendet, die neben den Namen der Kommunen auch die amtlichen Gemeindeschlüssel als eindeutige Bezeichner enthalten. Außerdem enthält der Datensatz auch strukturelle Informationen wie die Zugehörigkeit zu Landkreisen, Regierungspräsidien und Bundesländern.

Anhand der Gemeindenamen wird jeweils eine Anfrage an die Internet-Suchmaschine abgesetzt. Dabei wird davon ausgegangen, dass die entsprechenden Suchbegriffe in Kombination mit dem Gemeindenamen zu einer Trefferliste führen, die den kommunalen Wärmeplan für diese Gemeinde enthält – sofern er existiert.

Das Zwischenergebnis ist eine Liste von Suchmaschinentreffern für jede Gemeinde. Eine Abfrage über die Google-Suchmaschinen-API sieht etwa wie folgt aus:

```
https://www.googleapis.com/customsearch/v1?
key=<API-KEY>&
cx=<INDEX-ID>&
q=kommunale+w%C3%A4rmeplanung+karlsruhe+filetype:pdf
```

Die Google-Search-API erfordert eine Registrierung, die es dem Nutzer ermöglicht, einen API-Schlüssel (`key`) sowie eine Suchindex-ID (`cx`) zu erstellen. Der Parameter `q` enthält dann die Suchanfrage, hier ‚`kommunale wärmeplanung karlsruhe`' und den Dateityp ‚Portable Document Format (PDF)'.

Aufgrund der föderalen Struktur Deutschlands können in verschiedenen Bundesländern unterschiedliche gesetzliche Regelungen und entsprechende Fachausdrücke für die kommunale Wärmeplanung gelten. So gab es vor dem bundesweiten Wärmeplanungsgesetz in Baden-Württemberg und Bayern Gesetze mit ähnlichen Planungspflichten für Kommunen, z. B. das Gesetz zum Klimaschutz und zur Anpassung an den Klimawandel in Baden-Württemberg oder die Förderung von Energienutzungsplänen in Bayern. Einige der auf der Grundlage dieser Landesgesetze erstellten Pläne können auch als kommunale Wärmepläne verwendet werden oder sind als solche anerkannt. Das bedeutet, dass je nach Lage einer Gemeinde in einem bestimmten Bundesland auch unterschiedliche Suchbegriffe bei der Identifizierung von Kandidaten für kommunale Wärmepläne verwendet werden sollten (siehe Tab. 1).

Tab. 1 Terminologie für die „kommunale Wärmeplanung" in den Bundesländern mit existierender Wärmeplan-Gesetzgebung. Die letzte Zeile „Bund" zeigt die Terminologie nach dem Wärmeplanungsgesetz

Bundesland	Bezeichnung
Baden-Württemberg	Kommunaler Wärmeplan
Bayern	Energienutzungsplan, ENP
Hamburg	Kommunale Wärmeplanung
Hessen	Kommunaler Wärmeplan
Niedersachsen	Wärmeplan
Schleswig–Holstein	Kommunaler Wärme- und Kälteplan
Bund	Kommunaler Wärmeplan

Die ermittelten Kandidaten aus der Trefferliste werden im nächsten Schritt gegen eine Liste von bekannten Nicht-Wärmeplänen abgeglichen, u. a. den Ergebnissen der Klassifikation als Wärmepläne, siehe Abschn. 4. Das Blacklisting vermeidet u. a. das mehrfache Klassifizieren von Dokumenten, die bereits in einem anderen Kontext betrachtet und „aussortiert" wurden. Tatsächlich finden die Suchmaschinen wiederholt dieselben Dokumente, beispielsweise Handreichungen zur Erstellung von Wärmeplänen.

4 Erkennung von kommunalen Wärmeplänen

Die verbliebenen durch die Suchmaschine ermittelten Kandidatendokumente werden in weiteren Schritten dahingehend untersucht, ob es sich dabei tatsächlich um kommunale Wärmepläne handelt, und ob die Dokumente sich auf die erwartete Kommune beziehen.

Hierzu wird mehrstufig vorgegangen. Zunächst werden einige „einfache" Heuristiken auf die Dokumente bzw. die zugehörigen Metadaten angewandt. Anschließend werden die Dokumente mithilfe von Machine Learning-Verfahren klassifiziert.

Handelt es sich nach dieser Klassifikation tatsächlich um einen kommunalen Wärmeplan, wird überprüft, ob sich das Dokument wirklich auf genau die Kommune bezieht, die Ausgang der Recherche war.

4.1 Vorauswahl anhand von Heuristiken

Da es sich bei den in Abschn. 4.2 präsentierten ML-Klassifikationen um recht teure Operationen handelt, kann es hilfreich sein, zunächst die Anzahl der offensichtlich irrelevanten Treffer weiter zu reduzieren. Nach dem durchgeführten Blacklisting können auch einige Heuristiken dazu beitragen:

- Filter für PDF-Dokumente. (Wurde bereits bei der Suchanfrage berücksichtigt.)
- Typische Wärmepläne haben mehr als 80 Seiten (empirisch bei der Voruntersuchung ermittelt), daher entferne „deutlich zu kurze" Dokumente mit weniger als 50 Seiten.

- Entferne Dokumente mit einem Änderungsdatum vor einem bestimmten Stichtag, z. B. dem 1. Januar 2022, bis zu dem noch keine Wärmepläne vorzulegen waren. Dieses Datum wurde empirisch während der Voruntersuchung ermittelt.

Mit der auf diese Weise reduzierten Liste von Kandidatendokumenten kann nun die eigentliche Klassifikation der Dokumente durchgeführt werden.

4.2 Erkennung mit Machine Learning-Verfahren

Auch die verbliebenen Kandidatendokumente stellen eine Obermenge der gesuchten kommunalen Wärmepläne dar. Der gesamte Korpus von Kandidatendokumenten enthält noch „Rauschen", d. h. Dokumente, die keine kommunalen Wärmepläne sind, sondern z. B. Pressemitteilungen, Präsentationen, Handouts oder Anleitungen.

Um zu erkennen, bei welchen Dokumenten es sich tatsächlich um Wärmepläne handelt oder nicht, scheinen viele Ansätze geeignet.

Derzeit werden häufig Large-Language-Modelle (LLMs) für eine Vielzahl von Aufgaben zum Umgang mit Text verwendet. Insbesondere vortrainierte Modelle erfassen dabei semantische Ähnlichkeiten. Allerdings sind diese Modelle aus technischer Sicht sehr ressourcenintensiv und erfordern eine große Anzahl von Dokumenten als Trainingsdaten, wenn das Modell an einen bestimmten Anwendungsfall angepasst werden soll.

Ein anderer Ansatz sind Wort-Embeddings. Dabei handelt es sich um dichte Vektordarstellungen von Wörtern, die den semantischen Kontext und Beziehungen erfassen. Die Aufgabe besteht jedoch nicht darin, semantisch ähnliche Dokumente zu finden, da wir bereits über einen Korpus von sehr ähnlichen Dokumenten verfügen. Ausschlaggebend für diese Dokumente könnten lediglich explizite Ausdrücke sein, die auf das Wärmeplanungsgesetz hinweisen, zum Beispiel Sätze, die rechtliche Informationen oder Verweise auf bestimmte Paragraphen enthalten.

Um diese Begriffe zu lernen, können wir die TF-IDF-Vektorisierung [4] verwenden. TF-IDF wird verwendet, um die Wichtigkeit eines Wortes in einem Dokument relativ zu einem Dokumentenkorpus zu bewerten. Die Begriffshäufigkeit (TF) gibt an, wie häufig ein Begriff in einem Dokument vorkommt, während die inverse Dokumentenhäufigkeit (IDF) das Gewicht von Begriffen, die in vielen Dokumenten des gesamten Korpus vorkommen, verringert und so Begriffe hervorhebt, die für einzelne Dokumente charakteristischer sind. Die Formel für TF-IDF lautet:

$$TF - IDF(t, d) = TF(t, d) \times IDF(t)$$

wobei $TF(t,d)$ die Termhäufigkeit von Term t in Dokument d und $IDF(t)$ die inverse Dokumenthäufigkeit von Term t ist.

Um genaue Wortvektoren mit TF-IDF-Scores zu erhalten, verwenden wir einen Korpus von Dokumenten, die zu einer der beiden Klassen (Wärmeplan oder Nicht-Wärmeplan) gehören. Eine Auswahl von 25 kommunalen Wärmeplänen wurde zu diesem Zweck bei der Voruntersuchung manuell gesammelt. 25 Nicht-Wärmepläne, die den Trefferlisten zu Kommunen mit erkanntem Wärmeplan entnommen wurden, dienen als Negativbeispiele. Nach der Auswertung eines Scores für beide Klassen vergleichen wir beide Vektoren und behalten nur markante Ausdrücke im Wärmeplan-Vektor.

Anhand der TF-IDF-Scores berechnen wir für jedes Dokument eine Gesamtrelevanzbewertung. Dokumente, bei denen die Wahrscheinlichkeit größer ist, dass es sich um „echte" Wärmepläne handelt, weisen eine höhere Relevanzbewertung auf. Die Auswahl der n besten Dokumente für jede Gemeinde (absteigend nach Relevanz geordnet) bietet daher eine hohe Wahrscheinlichkeit für die Aufnahme eines Wärmeplandokuments. Erste Einschätzungen zur Präzision der Erkennung findet sich in [3], eine detaillierte Auswertung steht noch aus.

4.3 Geografische Zuordnung

Die nun als Wärmepläne identifizierten Dokumente stammen zwar aus einer Suchanfrage, die den Namen der entsprechenden Kommune enthielt, jedoch ist es nicht auszuschließen, dass der gefundene Wärmeplan sich tatsächlich auf eine ganz andere Kommune bezieht. Das kann sehr leicht bei Namensgleichheiten geschehen, so gibt es viele Namen mit dem gleichen oder ähnlichen Namen mehrfach in Deutschland, z. B. mehr als 20 Städte und Gemeinden mit dem Namensbestandteil „Neustadt". Auch Referenzen auf Nachbarkommunen, Landkreise, Teilnehmer an einem Planungskonvoi, Sitz des Planungsbüros, etc. können zur Auslieferung von scheinbar passenden Treffern durch die Suchmaschine führen.

Bei einem kommunalen Wärmeplan, der ja für eine spezifische Kommune erstellt wurde, ist es sehr wahrscheinlich, dass der Name nicht nur im Fließtext des Dokuments, sondern sogar an sehr prominenter Stelle, z. B. im Titel oder einer Überschrift vorkommt. Da der Text darüber hinaus Informationen über verschiedene Stadt- bzw. Ortsteile der Kommune enthalten kann, reichern wir die Daten zusätzlich an, indem wir alle geografischen Einheiten im Dokument feststellen, z. B. um die Häufung der erkannten geografischen Begriffe in einem Landkreis oder einem Bundesland zu überprüfen.

Das Bundesamt für Kartographie und Geodäsie stellt einen Datensatz „Geographische Namen 1:250 000" (kurz: GN250) zur Verfügung [2], der über 160.000 geographische Namen und die zugehörige Geographie als Bounding Box für Deutschland enthält. Dieser Datensatz wird verwendet, um geografische Informationen aus den Textdaten zu extrahieren. Da die identifizierten geografischen Namen mit der entsprechenden geografischen Einheit verknüpft werden müssen, wird ein Lookup-Ansatz verwendet. Dies bringt drei verschiedene Herausforderungen mit sich, die zur Auflösung von Mehrdeutigkeiten beitragen:

- Unterschiedliche Verwaltungsstrukturen: Die Stadt „Karlsruhe" liegt beispielsweise im Landkreis „Karlsruhe", der Teil des Regierungsbezirks „Karlsruhe" ist. Diese haben jeweils im GN250-Datensatz eine eindeutige Kennung und einen eigenen Begrenzungsrahmen. Bei der Suche nach „Karlsruhe" im Text muss diese Mehrdeutigkeit aufgelöst werden, indem zum Beispiel die Umgebung des geografischen Namens im Text auf Indikatoren wie „Landkreis", „Kreis" oder „RP" überprüft wird.

- Mehrere Gemeinden, die sich einen Namen teilen: Einige geografische Namen können sich auf verschiedene Landkreise oder Gemeinden beziehen, die in unterschiedlichen Bundesländern liegen können. Wenn ein solcher geografischer Name entdeckt wird, muss der richtige Name ermittelt werden. Da die Geometrien im GN250-Datensatz vorhanden sind, umfasst die Auflösung in diesem Fall die Erstellung der Distanzfunktion zwischen den verschiedenen Orts-Kandidaten und der zugehörigen Gemeinde des Dokuments, sowie anschließend die Auswahl des nächstgelegenen Kandidaten.

- Homonyme: Einige Gemeinden haben Namen, die im Deutschen eine Bedeutung außerhalb des administrativen Kontextes haben. Zum Beispiel ist „Luft" eine Gemeinde bei Ravensburg, aber das Wort kann auch „Luft" (Gasgemisch der Erdatmosphäre) bedeuten. Daher bedeutet das Auffinden eines Eintrags des GN250-Datensatzes in Textdokumenten nicht unbedingt, dass sich dieser auf die geografische Einheit bezieht. Neben dem Erkennen des Fehlens entsprechender Präpositionen (wie z. B. aus, außerhalb, bei, durch, hinter, in, etc.) im Kontext des Ortsbegriffes verwendet unser Modell eine OpenThesaurus-Bibliothek, um diese mehrdeutigen Namen zu identifizieren und ggf. separat aufzulösen.

5   Anreicherung mit Sach- und Metadaten

Mit dem Ziel, die ermittelten Wärmepläne als Beispiele für ähnliche Kommunen bereitstellen zu können, müssen die Daten zu den jeweiligen Kommunen mit entsprechenden Sach- und Metadaten angereichert werden, die dann zur Filterung der Datensätze genutzt werden können.

Dazu werden vor allem öffentliche, frei verfügbare Daten genutzt, z. B. die der statistischen Ämter des Bundes und der Länder, aber auch andere Quellen, die als Open Data verfügbar sind. Diese Stammdaten sind weitgehend unabhängig von den ermittelten kommunalen Wärmeplänen und werden separat in der Datenbank bei den Kommunen gespeichert.

Ein wichtiger Indikator für die Charakteristika einer Gemeinde sind die Daten zur Bevölkerungsstruktur, z. B. die absolute Zahl der Einwohner, die Bevölkerungsdichte und ggf. auch die Altersverteilung. Diese Daten werden vom Statistischen Bundesamt zumindest für Städte und Kreise bereitgestellt.

Weitere Indikatoren für die Ähnlichkeit von Gemeinden lassen sich aus der Art und Anzahl der Wirtschaftsbetriebe ableiten, z. B. die Anteile von Land- und Forstwirtschaft, Industrie, Handwerk und Baugewerbe, Handel und Dienstleistungen oder Tourismus und Gastgewerbe, wobei die Datenstruktur in den Bundesländern teilweise unterschiedlich ist und harmonisiert werden muss. Eine gute erste Grundlage für diese Daten bietet die Bundesagentur für Arbeit.

Insbesondere die statistischen Ämter der Länder bieten detaillierte Daten bis auf Gemeindeebene an, die aber leider meist mühsam abgefragt bzw. „geerntet" und harmonisiert werden müssen, z. B. die Anzahl der Industriebetriebe und deren Beschäftigtenzahl in den Gemeinden des Landes Baden-Württemberg.

Abb. 2 zeigt einen angereicherten Datensatz (für die Darstellung reduziert) für die Gemeinde „Stadt Karlsruhe". Das Feld DATA enthält verschiedene Daten zu Bevölkerung, Fläche, Anzahl der Industrie-, Handwerks- und Landwirtschaftsbetriebe.

Um die Recherche für Nutzer zu vereinfachen, werden zur Gruppierung von ähnlichen Gemeinden die konkreten Werte zu Klassen vorberechnet, z. B. die Größe einer Kommune anhand ihrer Einwohnerzahl als VERY_SMALL, SMALL, etc. bis zu VERY_LARGE kategorisiert. Im Frontend können diese Klassen dann leicht zur Facettierung der Ergebnisse herangezogen werden, ohne dort die entsprechende Logik und sämtliche Datensätze bereitstellen zu müssen. In der Abbildung zeigt das Attribut „population_grp" eine solche Gruppierung, die der Stadt Karlsruhe die Gruppe LARGE (Bevölkerung zwischen 100.000 und 500.000 Einwohner) zuordnet, während das Attribut „population" die genaue Größe (308.707 Einwohner) enthält.

Abb. 2 Um statistische Informationen angereicherter Datensatz für die Stadt „Karlsruhe", u. a. mit Angaben zu Gewerbe/Handwerk („craft"), Landwirtschaft („farms"), Industrie („industry") und Bevölkerung („population")

```
{
  "ARS_G": "082120000000",
  "GEN_G": "Karlsruhe",
  "BEZ_G": "Stadt",
  "NUTS1_CODE": "DE1",
  "NUTS1_NAME": "Baden-W\u00FCrttemberg",
  "NUTS2_CODE": "DE12",
  "NUTS2_NAME": "Karlsruhe",
  "DATA": {
    "area_ha": 17342,
    "construction_employees": 6251,
    "construction_enterprises": 128,
    "craft_employees": 14008,
    "craft_enterprises": 1355,
    "farms_main": 20,
    "farms_sideline": 46,
    "industry_employees": 17747,
    "industry_enterprises": 100,
    "population": 308707,
    "population_grp": "LARGE",
    "population_density_perkm2": 1780
  }
}
```

6   Bereitstellung und Recherche

Die angereicherten Datensätze werden durch einen Datendienst bereitgestellt, der über eine Open-API-basierte REST-Schnittstelle abgefragt werden kann. Per Content Negotiation bietet der Service die Daten in verschiedenen Formaten an, z. B. als GeoJSON, welches auch direkt in weiteren Anwendungen wie QGIS oder Google Earth visualisiert bzw. weiterverarbeitet werden kann. Der Service bietet neben der üblichen Filterung von Daten auch direkt die Möglichkeit zur Abfrage einer Facettierung, z. B. um eine entsprechende Rechercheoberfläche zu realisieren, mit deren Hilfe Nutzer im Stile einer Shopping-Anwendung die Auswahl immer weiter nach ihren Bedürfnissen einschränken können, bis schließlich nur noch Treffer zu Wärmeplänen in Kommunen mit ähnlichen Eigenschaften angezeigt werden.

Abb. 3 zeigt einen Prototyp dieser Rechercheoberfläche: Neben der Auswahl des Bundeslandes ist eine Einschränkung auf die Gemeindegröße sowie die wirtschaftliche Charakteristik der Kommune möglich, z. B. ihren Anteil an Industrie, Handwerk/ Gewerbe

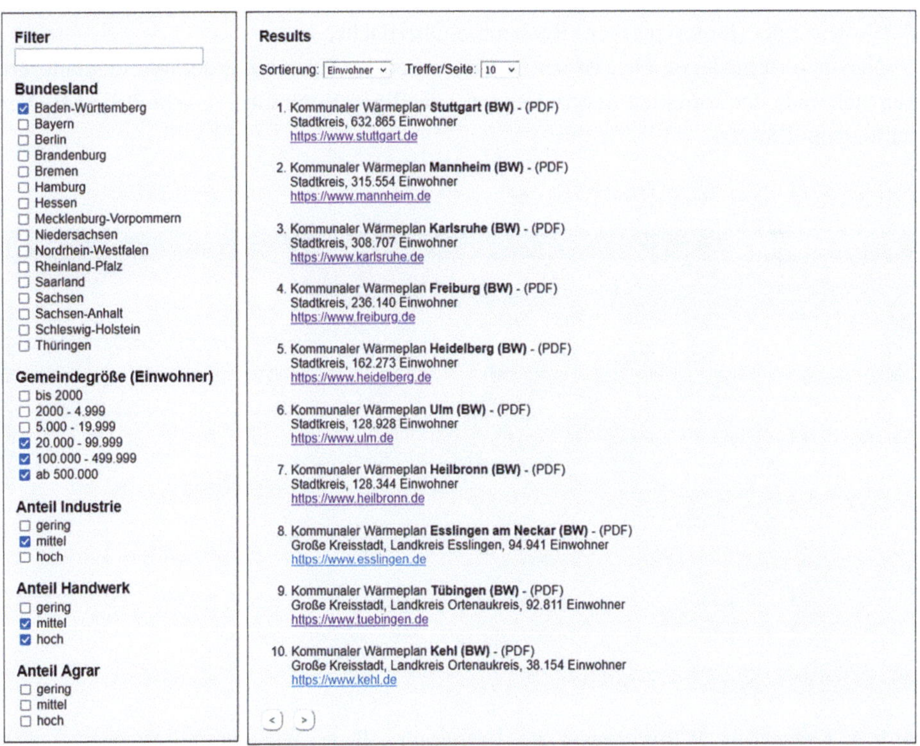

Abb. 3 Prototyp einer Web-basierten Rechercheoberfläche für kommunale Wärmepläne. In der linken Spalte stehen verschiedene Facetten aus Auswahl

oder Landwirtschaft. Neben den Facetten kann auch direkt nach textuellen Inhalten, z. B. dem Gemeindenamen, gefiltert werden.

Im Fall von Baden-Württemberg, wo größere Kommunen ihre Wärmepläne bis Ende 2023 erstellen mussten, gibt es bereits einen amtlichen Datensatz, der den Stand der Erstellung von kommunalen Wärmeplänen in Baden-Württemberg dokumentiert (freiwillig/verpflichtend; nicht begonnen/begonnen/abgegeben/geprüft). Dieser Datensatz ist Bestandteil des Energieatlas Baden-Württemberg (https://www.energieatlas-bw.de/waerme/kommunale-waermeplanung/karten), Vgl. Screenshot in Abb. 4. Er enthält jedoch noch keine Links zu den Volltexten der Wärmepläne. In Kürze sollen dort die Daten um die Ergebnisse der vorliegenden Arbeit angereichert werden, um auch aus dem Energieatlas heraus den direkten Einsprung in den Volltext jedes Wärmeplans zu ermöglichen.

7   Zusammenfassung und Ausblick

Diese Arbeit zeigt die Erstellung einer Übersicht über kommunale Wärmepläne für Deutschland von der Extraktion der Dokumente aus Internet-Suchmaschinen, der automatisierten Erkennung von kommunalen Wärmeplänen, über die Anreicherung der Datensätze um statistische Daten bis hin zur Bereitstellung der Wärmepläne per REST-API sowie einer (prototypischen) Recherche-Oberfläche.

Neben verschiedenen Heuristiken kommen bei der Erkennung der Wärmepläne und zur Sicherung der korrekten Zuordnung zur jeweiligen Kommune verschiedene ML-Verfahren zum Einsatz.

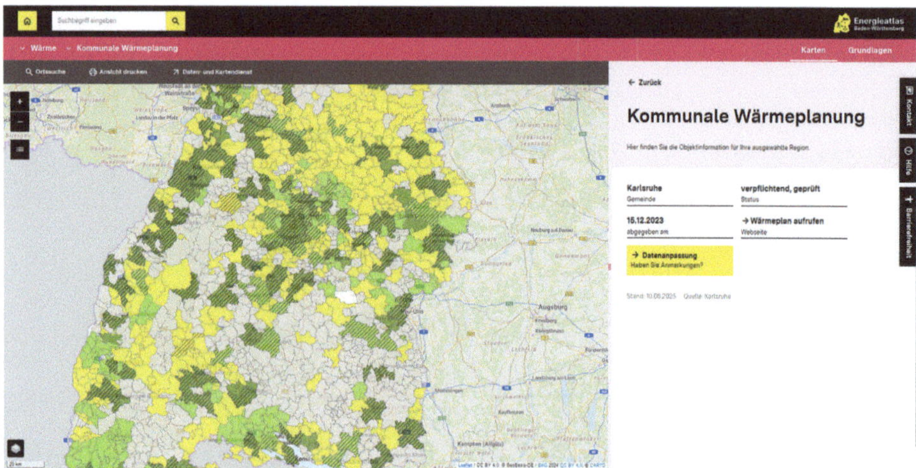

Abb. 4 Kommunale Wärmeplanung im Energieatlas Baden-Württemberg (Screenshot vom 16.06.2025). Rechts neben der Karte Informationen zur selektierten Kommune „Karlsruhe".

Damit lassen sich existierende kommunale Wärmepläne aus ähnlichen strukturierten Kommunen abrufen, um diese z. B. zur Orientierung bei der Durchführung des Planungsprozesses für die eigene Kommune zu verwenden.

Bei den angewendeten Verfahren handelt es sich um eine erste, prototypisch entwickelte Version, bei der es um die grundsätzliche Demonstration der Machbarkeit des Prozesses ging, insofern bleibt sicher noch Potenzial bei der Optimierung der Erkennung, z. B. durch Verwendung eines erweiterten Trainingsdatensatzes. Auch die Rechercheanwendung liegt nur in einer ersten prototypischen Version vor, die sowohl optisch als auch funktional noch Verbesserungspotenzial hat.

Eine geplante Erweiterung betrifft den Umgang mit sogenannten Planungskonvois, d. h. solchen Wärmeplänen, die nicht nur eine einzelne Kommune betreffen, sondern für mehrere (meist kleinere) Kommunen gemeinsam angefertigt werden, z. B. weil die einzelne Kommune zu klein für eine selbständige Planung ist oder geografische Gegebenheiten eine gemeinsame Planung vorab als sinnvoll erscheinen lassen. Hier muss der Planungskonvoi zunächst erkannt, dann aber auch bei der Recherche entsprechend dargestellt werden, einmal namentlich, aber auch mittels passend aggregierter Daten.

Literatur

1. Bundesamt für Justiz. (2023). *Gesetz für die Wärmeplanung und zur Dekarbonisierung der Wärmenetze*. https://www.gesetze-im-internet/wpg/.
2. Bundesamt für Kartographie und Geodäsie. (2024). *Geographische Namen 1:250 000 (GN250)*. https://gdz.bkg.bund.de/index.php/default/open-data/geographische-namen-1-250-000-gn250.html.
3. Doms, N., & Schlachter, T. (2024). Detection of municipal heat plan documents using semantic recognition methods. In B.N. Jørgensen, Z.G. Ma, F.D. Wijaya, R. Irnawan, & S. Sarjiya (Hrsg.),*Lecture Notes in Computer Science: Vol. 15271. Energy Informatics. EI.A 2024*. Springer. https://doi.org/10.1007/978-3-031-74738-0_11.
4. Jalilifard, A., Caridá, V., Mansano, A., Cristo, R., & da Fonseca, F. (2021). Semantic sensitive tf-idf to determine word relevance in documents. In S.M. Thampi, E. Gelenbe, M. Atiquzzaman, V. Chaudhary, & K.-C. Li (Hrsg.), *Lecture Notes in Electrical Engineering: Vol. 736. Advances in Computing and Network Communications* (S. 327–337). Springer. https://doi.org/10.1007/978-981-33-6987-0_27.

Konzept einer Plattform für maschinelles Lernen in Umweltbehörden – Anwendungsfälle, Nutzerrollen, Funktionen

Paul Schulze, Jonas Lachowitzer, Andreas Abecker, Stefan Lossow, Michael Nestler, Heino Rudolph, Jörn Freiheit und Frank Fuchs-Kittowski

Zusammenfassung

Angesichts globaler ökologischer Herausforderungen benötigen Umweltbehörden belastbare, datenbasierte Entscheidungsgrundlagen. Die zunehmende Datenmenge und -heterogenität erschwert jedoch deren Analyse. Maschinelles Lernen (ML) bietet

P. Schulze (✉) · J. Freiheit · F. Fuchs-Kittowski
Hochschule für Technik und Wirtschaft Berlin (HTW Berlin), Wilhelminenhofstr. 75a, 12459, Berlin, Deutschland
E-Mail: Paul.Schulze@htw-berlin.de

J. Freiheit
E-Mail: Joern.Freiheit@htw-berlin.de

F. Fuchs-Kittowski
E-Mail: Frank.Fuchs-Kittowski@htw-berlin.de

J. Lachowitzer · A. Abecker · S. Lossow
Disy Informationssysteme GmbH, Ludwig-Erhard-Allee 6, Karlsruhe 76131, Deutschland

S. Lossow
E-Mail: Stefan.Lossow@disy.net

M. Nestler · H. Rudolph
Simplex4Data GmbH, Am Waldschlösschen 4, Dresden 01099, Deutschland
E-Mail: Michael.Nestler@simplex4data.de

H. Rudolph
E-Mail: Heino.Rudolf@simplex4data.de

F. Fuchs-Kittowski et al. (Hrsg.), *Umweltinformationssysteme – Digitale Innovationen für eine nachhaltige Zukunft*, https://doi.org/10.1007/978-3-658-50065-8_14

hierfür methodische Unterstützung, wird jedoch in der öffentlichen Verwaltung durch fehlende ML-Expertise bislang nur begrenzt eingesetzt. Im Projekt *Simplex4Learning* wird eine ML-Plattform zur Analyse von Umweltdaten entwickelt, die speziell auf behördliche Anforderungen ausgerichtet ist. Der vorliegende Beitrag beschreibt einen zentralen Entwicklungsschritt: Auf Grundlage einer Fallstudienanalyse mit drei Umweltbehörden wurden generalisierte Anwendungsfälle sowie ein differenziertes Rollenkonzept abgeleitet. Zur gezielten Unterstützung fachlicher Nutzer:innen wurden die Nutzerrollen *Explorer* und *Analyst* definiert. Für diese Nutzerrollen wurden spezifische Systemfunktionen entlang der ML-Prozesskette konzipiert. Das Rollenkonzept sowie die entwickelten Funktionen ermöglichen es Domänenexperten, ML-Methoden auch ohne tiefergehende technische Vorkenntnisse effektiv einzusetzen. Die Ergebnisse leisten einen Beitrag zur strukturierten Integration maschineller Lernverfahren in behördliche Umweltanalysen.

Schlüsselwörter

Maschinelles Lernen · Umweltbehörden · Anwendungsfälle · Nutzerrollen · ML-Plattform · Umweltdaten

1   Einleitung

Angesichts globaler Umweltprobleme wie Klimawandel, Biodiversitätsverlust und Ressourcenknappheit steigt der Bedarf an belastbaren, datenbasierten Entscheidungsgrundlagen in Umweltbehörden. Trotz umfangreicher und kontinuierlich wachsender Umweltdatensätze aus Fernerkundung, Meteorologie und Emissionsmessungen bleibt die Auswertung aufgrund der Datenheterogenität und -verteilung komplex. Maschinelles Lernen (ML) hat sich als effektive Analysemethode etabliert, ist in der öffentlichen Verwaltung jedoch noch wenig verbreitet – unter anderem wegen begrenzter methodischer Expertise bei den Fachanwender:innen. Automatisiertes Maschinelles Lernen (AutoML) bietet Potenzial, diese Einstiegshürden zu reduzieren, indem es wesentliche Schritte der Modellentwicklung automatisiert. Der erfolgreiche Einsatz von ML in Umweltbehörden setzt dabei nutzerfreundliche Systeme, fachliche Unterstützung und interdisziplinäre Zusammenarbeit voraus.

Aus unserer Forschungsperspektive ergibt sich die Annahme, dass bestimmte Umweltprozesse methodisch vergleichbar untersucht und modelliert werden können. Ein Beispiel hierfür ist die Vorhersage der Luftqualität: ML-Modelle zur Prognose der Luftverschmutzung könnten mit Anpassungen auch in anderen Gebieten verwendet werden [1].

Das Forschungsprojekt Simplex4Learning (www.simplex4learning.de) entwickelt eine ML-Plattform, die speziell auf die Anforderungen der Umweltdatenanalyse in Umweltbehörden ausgerichtet ist. Ziel ist es, Domänenexperten ohne vertiefte ML-Kenntnisse die Durchführung domänenspezifischer Analysen mittels maschineller Lernverfahren zu ermöglichen. Die Plattform umfasst modulare Komponenten wie eine einheitliche Datenhaltung, Dashboards zur Datenanalyse und -aufbereitung, ein ML-Repository zur Verwaltung und Versionierung von Modellartefakten sowie eine Entscheidungsunterstützung für das Modelltraining. Die Analyse und Modellierung folgt dem standardisierten CRISP-DM-Prozess (Cross Industry Standard Process for Data Mining) [2, 3].

Dieser Beitrag beschreibt die Entwicklung eines Rollenkonzepts für die ML-Plattform, das Akteure und deren Verantwortlichkeiten klar definiert und die Zusammenarbeit unterstützt. Zudem werden rollenbasierte Systemfunktionen spezifiziert, die eine effektive Nutzung der Plattform durch Domänenexperten in Umweltbehörden ermöglichen.

Zur Identifikation spezifischer Rollen und Systemfunktionen wurde eine Fallstudienanalyse mit drei Umweltbehörden durchgeführt. Zunächst wurden gemeinsam konkrete Anwendungsfälle erfasst und deren Anforderungen analysiert. Dabei lag der Fokus auf wiederkehrenden Anwendungsszenarien, um Muster zu erkennen und eine generalisierte Vorgehensweise zu ermöglichen. Aus dieser Analyse wurden Nutzerrollen und Systemfunktionen abgeleitet, die die effektive Nutzung der ML-Plattform zur Umweltdatenanalyse unterstützen.

Der Beitrag ist wie folgt gegliedert: Nach der Einleitung im Abschn. 1 werden in Abschn. 2 die fachlichen Grundlagen, der Forschungsstand zu Rollenkonzepten innerhalb von ML-Projekten sowie Hemmnisse im typischen ML-Projektablauf dargestellt und mit dem Simplex4Learning-Ansatz verglichen. Abschn. 3 beschreibt die Methodik mit Fokus auf Fallstudien und die Ableitung von Nutzerrollen- und Systemfunktionen. Abschn. 4 leitet generalisierte Anwendungsfälle und Plattformanforderungen aus den Umweltbehörden ab. Abschn. 5 und 6 stellen die Nutzerrollen und Systemfunktionen dar. Abschn. 7 fasst zusammen und gibt einen Ausblick auf die weitere Implementierung der ML-Plattform.

2   Fachlicher Hintergrund und Stand der Forschung

Der Abschnitt analysiert in der Literatur beschriebene Rollenkonzepte in ML-Projekten mit Fokus auf Domänenexperten und Datenwissenschaftler:innen (in der Literatur häufig als Data Scientist beschrieben). Zudem werden vorhandene Unterstützungssysteme, einschließlich AutoML, für Domänenexperten untersucht. Anschließend wird der typische ML-Projektablauf dargestellt und mit dem Ansatz von Simplex4Learning verglichen, um Unterstützungsbedarfe für Domänenexperten in Umweltbehörden aufzuzeigen.

Das CRISP-DM-Prozessmodell bietet einen etablierten und standardisierten Ansatz für die Durchführung von ML-Projekten und gilt als eines der am weitesten verbreiteten Prozessmodelle im diesem Bereich [4]. Seine breite Akzeptanz verdankt es in erster Linie seiner Branchen- und Anwendungsneutralität, die es flexibel einsetzbar macht. Allerdings weist das Modell auch gewisse Einschränkungen auf, insbesondere da es keine spezifischen Aktivitäten im Bereich des Projektmanagements und der Rollenverteilung verschiedener Experten innerhalb von ML-Projekten adressiert [2].

Es existieren viele Arbeiten, die sich mit verschiedenen Rollenkonzepten in ML-Projekten auseinandersetzen. Diese Studien untersuchen und definieren verschiedene

Rollen innerhalb von ML-Projekten. Es existieren jedoch weder spezifische Prozessmodelle noch ein konsensfähiges Verständnis in der Fachliteratur bezüglich dieser Rollenkonzepte [5–7]. In der untersuchten Fachliteratur werden häufig die Rollen der **Domänenexperten** und **Datenwissenschaftler:innen** hervorgehoben. Ein Domänenexperte wird typischerweise als eine Person definiert, die über fundiertes Wissen in einem spezifischen Anwendungsbereich verfügt, jedoch nur über grundlegende Kenntnisse in Bezug auf die Funktionsweise von ML selbst. Im Gegensatz dazu wird die Datenwissenschaftlerin als eine Person beschrieben, die ein tiefes Verständnis für die Mechanismen des maschinellen Lernens besitzt, jedoch nur begrenzte Kenntnisse über die spezifischen Anwendungsdomäne hat, in der ML eingesetzt wird [8].

Ein typisches ML-Projekt erfordert die Zusammenarbeit von **Datenwissenschaftler:innen** und Domänenexperte. Die Datenwissenschaftlerin übersetzt die fachlichen Ziele in Vorhersageaufgaben, extrahiert Merkmale und wählt ML-Modelle aus. Viele Arbeitsschritte, insbesondere das Verständnis domänenspezifischer Daten und die Erstellung von Trainingsdaten, erfolgen manuell und führen zu umfangreicher Kommunikation, was den Prozess verkompliziert [8].

Es existieren bereits eine Vielzahl von AutoML- und Unterstützungssystemen zur Unterstützung von Domänenexperten, die unterschiedliche Anforderungen an das ML-Vorwissen der Nutzer:innen stellen und sich zudem im Grad der Automatisierung unterscheiden (bspw. AutoGluon-Tabular, Auto-WEKA, H2O Driverless AI, RapidMiner Auto Model uvm. [9–11]).

Um zu untersuchen, inwieweit Fachexperten in Umweltbehörden durch den Einsatz von maschinellem Lernen (ML) unterstützt werden können und welche spezifischen Herausforderungen dabei auftreten, wird im Folgenden eine Analyse entlang eines typischen ML-Projektablaufs vorgenommen. Im Rahmen des Forschungsprojekts Simplex-4Learning werden diese Herausforderungen gezielt adressiert und geeignete Lösungsansätze für Domänenexperten entwickelt. Diese Plattform soll die effiziente Anwendung von ML-Methoden in Umweltbehörden fördern und deren Effektivität in der Datenanalyse verbessern. Nachfolgend erfolgt eine vergleichende Gegenüberstellung, die den fachlichen Hintergrund dieser Arbeit darstellt.

Die **Datenauswahl** bildet den Beginn jeder ML-Aufgabe. Bei den untersuchten Umweltbehörden liegen Daten heterogen, verteilt und in verschiedenen Formaten vor. Simplex4Learning strebt eine **Harmonisierung** und Speicherung in einem einheitlichen Datenpool an. Im Schritt „**Daten verstehen und prüfen**" benötigen Domänenexperten Unterstützung bei Validierungsprozessen zur Sicherung der Datenqualität und -interpretation. Passende **Entscheidungsunterstützung** und **Best-Practice-Richtlinien** sollen dies ermöglichen. Bei „**Modellauswahl und Hyperparametrisierung**" fehlt häufig ML-Fachwissen, weshalb ebenfalls unterstützende Richtlinien (**Entscheidungsunterstützung** und **Best-Practice-Richtlinien**) bereitgestellt werden sollen. Für „**Modellauswahl und Hyperparametrisierung**" werden bestehende **AutoML**-Systeme in die ML-Plattform integriert. Zur Nachvollziehbarkeit der Modelle wird Explainable AI (**XAI**) eingesetzt, um die Entscheidungsprozesse transparent zu machen. Im letzten Schritt „**Modelle einsetzen**" wird die Integration der Modelle in den operativen Ablauf der Behörden fokussiert, wobei bestehende **Modellverwaltung**slösungen genutzt werden. In der Abb. 1 werden die Schritte und Lösungsansätze des Forschungsprojektes Simplex-4Learning übersichtlich visualisiert.

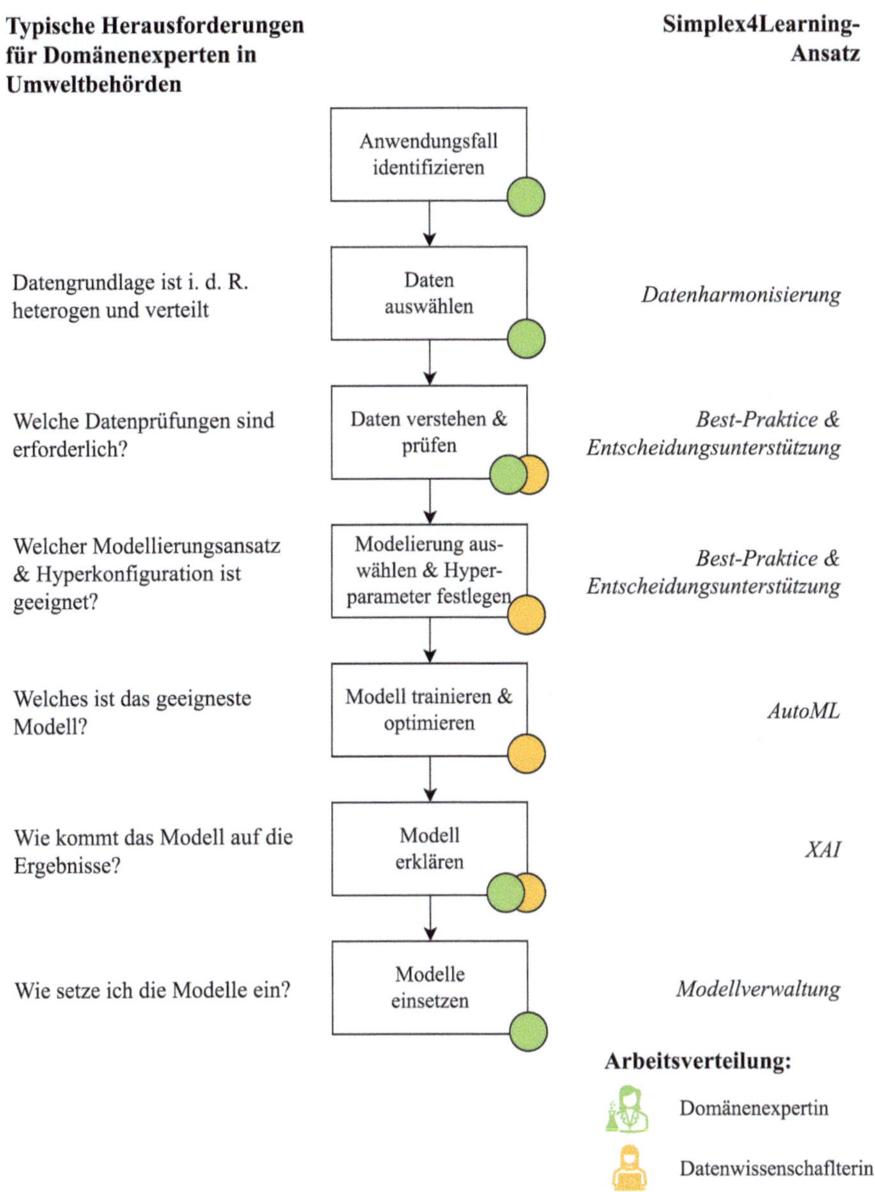

Abb. 1 Übersicht des Status quo der typischen Arbeitsschritte in einem ML-Projekt mit einer Gegenüberstellung von typischen Herausforderungen für Domänenexperten in Umweltbehörden und den Lösungsansätzen im Forschungsprojekt Simplex4Learning. Farblich markiert ist die typische Arbeitsverteilung zwischen den Stakeholdern Domänenexperten und Datenwissenschaftler:innen

Erfolgreiche ML-Projekte erfordern die enge Zusammenarbeit verschiedener Rollen, insbesondere Domänenexperten und Datenwissenschaflter:innen. Aktuelle AutoML-Systeme unterstützen Domänenexperten nur eingeschränkt, da sie unterschiedliche Anforderungen an ML-Vorkenntnisse stellen und nicht alle Aufgaben vollständig automatisieren können. Daher bleiben mehrere Akteure notwendig, um die Komplexität von ML-Projekten abzudecken. Dies zeigt den Bedarf an weiterer Forschung zur Optimierung der Zusammenarbeit und Anpassung von Unterstützungssystemen an Nutzerbedarfe.

3   Methodik

Das methodische Vorgehen zielte darauf ab, generalisierbare Anwendungsszenarien zu identifizieren, um darauf aufbauend systematische Nutzerrollen und Systemfunktionen zu entwickeln, die die effektive Nutzung von maschinellem Lernen zur Analyse von Umweltdaten in Umweltbehörden fördern. Grundlage hierfür bildeten die konkreten Anwendungsszenarien, die bei den untersuchten Praxispartnern erhoben und analysiert wurden. Es wurde eine mehrstufige, strukturierte und iterative Fallstudienanalyse durchgeführt.

Die Vorgehensweise umfasste vier methodische Schritte:

1. **Erhebung konkreter Anwendungsfälle:** In Workshops mit drei Umweltbehörden wurden potenziell geeignete Szenarien für den Einsatz maschineller Lernverfahren identifiziert.
2. **Anforderungsanalyse:** Die Anwendungsfälle wurden hinsichtlich prozessualer, organisatorischer und technischer Anforderungen analysiert. Ein ML-Canvas [12] diente zur strukturierten Erfassung im Dialog mit den Praxispartnern.
3. **Ableitung und Generalisierung:** Auf Basis der Analyse wurden zentrale Anforderungen abstrahiert, Systemfunktionen generalisiert und ein Rollenkonzept entwickelt. Ergänzend erfolgten Experteninterviews und eine Literaturauswertung.
4. **Validierung und Iteration:** Die entwickelten Nutzerrollen und Systemfunktionen wurden mit den Anforderungen der Umweltbehörden abgeglichen. Eine ergänzende Literaturrecherche zu Best Practices im ML ermöglichte die Ableitung übertragbarer Funktionsmuster zur Unterstützung typischer Nutzungsszenarien.

Im folgenden Abschnitt werden die methodischen Schritte im Detail dargestellt. Die **Phase 1** zielte auf die systematische Identifikation datengetriebener Anwendungsszenarien in den beteiligten Umweltbehörden, die für den Einsatz maschineller Lernverfahren geeignet sind. Ziel war es, ein praxisnahes und breites Spektrum relevanter Problemstellungen zu erfassen. Hierfür wurde ein strukturierter Analyseworkshop konzipiert und mit den drei Praxispartnern durchgeführt. Der Workshop umfasste mehrere methodisch abgestimmte Komponenten.

1. **Technologieorientierte Impulsreferate:** In einem einleitenden Impulsblock wurden zentrale Konzepte und Anwendungsfelder maschinellen Lernens im Umweltkontext vermittelt, um ein gemeinsames Grundverständnis als Basis für die weitere Diskussion zu schaffen

2. **Kreativitätstechniken zur Ideengenerierung:** Durch den Einsatz der Kreativmethode Brainwriting wurden in strukturierter Form Anwendungsideen für ML gesammelt. Die Methode förderte individuelle Beiträge und ermöglichte die Identifikation auch weniger offensichtlicher, aber relevanter Szenarien.

3. **Erhebung und Kategorisierung von Anwendungsszenarien:** Insgesamt wurden bei den drei Praxispartnern 120 potenzielle Anwendungsszenarien identifiziert und systematisch typischen maschinellen Lern-Aufgabenstellungen zugeordnet.

4. **Anforderungs- und Umfeldanalyse:** Ergänzend wurden qualitative Informationen zu organisatorischen und technischen Rahmenbedingungen erhoben, darunter vorhandene Dateninfrastrukturen, bisherige Erfahrungen mit Datenanalysen sowie Erwartungen und Vorbehalte gegenüber Maschinellem Lernen.

5. **Stakeholderanalyse:** Zur Identifikation relevanter Nutzergruppen wurde eine Stakeholderanalyse durchgeführt. Erfasst wurden u. a. Fachsachbearbeiter:innen, Datenmanager:innen, IT-Administrator:innen und Entscheidungsträger:innen. Die Ergebnisse flossen in die Entwicklung des Rollenkonzepts ein.

Die Ergebnisse dieser ersten Phase – einschließlich der Anwendungsszenarien, funktionalen Anforderungen und Stakeholderprofile – wurden systematisch dokumentiert und analysiert. Eine ausführliche Darstellung ist in [12] veröffentlicht. Diese Phase lieferte damit die empirische Ausgangsbasis für die nachfolgenden Schritte der Plattformkonzeption.

In der **Phase 2** – wurden die gesammelten und kategorisierten Anwendungsszenarien systematisch bewertet, um die wichtigsten Anwendungsfälle für die weitere Analyse auszuwählen. Die Bewertung erfolgte anhand mehrerer Kriterien, darunter:

- Beitrag zum organisatorischen Handeln (z. B. Effizienzsteigerung, Qualitätssicherung),
- Innovationspotenzial im Kontext der behördlichen Datenanalyse
- sowie die technische und organisatorische Machbarkeit innerhalb des Projektzeitraums.

Die ausgewählten Anwendungsfälle wurden vertieft analysiert, um spezifische Anforderungen und Rahmenbedingungen für die Umsetzung auf der ML-Plattform zu bestimmen. Hierzu wurde ein ML-Canvas als strukturierte Methode zur systematischen Erfassung relevanter Aspekte eingesetzt. Die iterativen Workshops und der Canvas förderten das Verständnis der Domänenprobleme. Die Ergebnisse sind in [12] dokumentiert.

In **Phase 3** wurden die Workshopergebnisse systematisch ausgewertet und abstrahiert, um verallgemeinerbare Anforderungen aus den Anwendungsszenarien abzuleiten. Verschiedene methodische Ansätze stellten sicher, dass die gewonnenen Erkenntnisse robust und übertragbar sind.

1. **Kategoriale Auswertung zur Identifikation funktionaler Gemeinsamkeiten:** Die Workshopergebnisse wurden inhaltlich analysiert, um Muster und wiederkehrende Themen zu identifizieren. Danach wurden sie nach den erforderlichen Systemfunktionen gruppiert, die für die Bearbeitung dieser Anwendungsszenarien notwendig sind.
2. **Ableitung generischer Nutzergruppen sowie deren Nutzerrollen:** Basierend auf den Workshopergebnissen wurden typische Nutzerprototypen entwickelt und charakterisiert, um deren Anforderungen präzise zu formulieren. Die Ergebnisse der Stakeholderanalyse wurden bei der Entwicklung der Nutzerrollen mit einbezogen.
3. **Definition erforderlicher plattformspezifischer Funktionalitäten je Nutzerrolle:** Durch eine Anforderungsanalyse und Expertenbefragungen wurden die spezifischen Funktionalitäten identifiziert und beschrieben, die für jede Nutzerrolle erforderlich sind. Anschließend wurde eine Use-Case-Analyse durchgeführt, um die notwendigen Systemfunktionen für jede Nutzerrolle zu bestimmen.

Zur Vertiefung des Verständnisses insbesondere hinsichtlich impliziten Expertenwissens, domänenspezifischer Datenherausforderungen und organisatorischer Rahmenbedingungen wurden ergänzende Erhebungen in Form von Experteninterviews und Literaturrecherchen durchgeführt.

Im abschließenden Syntheseschritt in der **Phase 4** wurden das Rollenkonzept und die Systemfunktionen für die ML-Plattform entworfen. Hierbei wurden die ermittelten Anforderungen der Umweltbehörden in das Rollenkonzept integriert. Zur Identifikation geeigneter „Best-Practice" Machine Learning Patterns für die Lösung der spezifischen Anwendungsfälle wurde eine umfassende Literaturrecherche durchgeführt. Die Literaturrecherche diente ferner der Identifikation wiederkehrender ML-Patterns, die sich als übertragbare Referenzlösungen für die Anwendungsfälle der Umweltbehörden eignen. Die daraus abgeleiteten Systemfunktionen wurden so konzipiert, dass sie sowohl die individuellen Use Cases als auch übergreifende Anforderungen abdecken.

4   Anwendungsfälle

Im folgenden Abschnitt wird eine systematische Anforderungsanalyse durchgeführt, um die Bedürfnisse, Erwartungen und fachlichen Anforderungen der Stakeholder zu erfassen. Dazu werden zunächst die praxisorientierten Anwendungsszenarien der Umweltbehörden analysiert und darauf basierend generalisierte Anwendungsfälle abgeleitet.

4.1   Analyse der Anwendungsszenarien

Tab. 1 zeigt ausgewählte Anwendungsfälle, die in Workshops mit den beteiligten Umweltbehörden identifiziert und anhand definierter Bewertungskriterien (Vgl. Abschn. 3) ausgewählt wurden. Anschließend werden die Anwendungsszenarien systematisch dargestellt,

Tab. 1 Übersicht über ausgewählte Anwendungsszenarien für jeden Praxispartner.

Praxispartner	Anwendungsszenarien
1	• **Vorhersage von Insektenpopulationen zur Risikoabschätzung**
2	• **Vorhersage zur Artenzusammensetzung von Kieselalgen**
3	• **Indikatoren für die Luftqualität/Vorhersage der Luftqualität**

um die beteiligten Akteursgruppen und deren Rollen zu beschreiben. Die Analyse bildet die Basis für die Ableitung funktionaler Anforderungen an die ML-Plattform.

Anwendungsszenario 1: Vorhersage von Insektenpopulationen zur Risikoabschätzung im Klimawandel. Im forstlichen Umweltmonitoring ist die frühzeitige Erkennung und Prognose schädlicher Insektenpopulationen, wie des Forstschädlings Lymantria monacha (Nonne), von zentraler Bedeutung. Das zyklische Massenauftreten führt zu massivem Nadelfraß und erheblichen ökologischen sowie wirtschaftlichen Schäden. Die ökologischen Steuerungsmechanismen sind bislang unzureichend verstanden. Herkömmliche Bekämpfungsmaßnahmen mit Pflanzenschutzmitteln sind umweltproblematisch [13] Ein datenbasierter Modellierungsansatz mittels maschinellen Lernens zielt darauf ab, die Zusammenhänge zwischen Umweltfaktoren und der phänologischen Entwicklung der Nonne zu prognostizieren. Dies kann als **Lernproblem zur räumlich-temporalen Vorhersage** beschrieben werden. Dazu werden prädiktive Modelle auf Basis historischer und aktueller Umweltdaten entwickelt, um Populationsdynamiken frühzeitig zu erkennen.

Die Analyse des Anwendungsfalls erfolgt unter Einbezug verschiedener fachlicher Akteure in der Umweltbehörde und verdeutlicht die interdisziplinären Anforderungen an eine ML-Plattform für Umweltbehörden.

Domänenexperte (Forstwissenschafler:in): Der forstwissenschaftliche Fachexperte ist verantwortlich für die Erhebung und Analyse populationsbiologischer Felddaten des Nachtfalters Nonne. Ziel ist die Abbildung zyklischer Massenvermehrungen in Vorhersagemodellen. Er bevorzugt eine low code-basierte Modellentwicklung mit geringem Programmieraufwand und benötigt methodische Unterstützung bei Modellarchitektur und -konfiguration. Automatisierte Empfehlungen relevanter ML-Verfahren sowie Zugriff auf bestehende Modelle sind gewünscht. Der Experte legt Wert auf benutzerfreundlichen Datenzugang, paralleles Modelltraining mit Leistungsvergleich und eine teil- bis vollautomatisierte Aktualisierung der Modelle zur langfristigen Prognoseverbesserung.

Datenwissenschaftler:in: Die Rolle des Datenwissenschaftlers besteht in der Integration und Vorverarbeitung der vielfältigen Datenquellen, die für die Modellbildung relevant sind. Die Daten stammen aus verschiedenen Datenbanken und liegen häufig in unterschiedlichen Formaten, Einheiten und Granularitäten vor. Hinzu kommen Herausforderungen hinsichtlich der Datenqualität, etwa durch unvollständige Erhebungen oder inkonsistente Messmethoden. Ein wesentlicher Teil seiner Arbeit besteht in der Erstellung eines konsistenten und validen Datensatzes für das Training und die Evaluierung von ML-Modellen. Der Datenwissenschaftler benötigt Unterstützung durch die Plattform bei der Durchführung strukturierter Datenvalidierungen, beispielsweise durch automatische Qualitätstests, Plausibilitätsprüfungen und Visualisierungen zur Fehlererkennung.

Anwendende aus der Praxis (Förster:innen und Waldbesitzer:innen): Förster sowie private und kommunale Waldbesitzer stellen die primäre Zielgruppe für die resultierenden Vorhersagen und Risikoanalysen dar, sie sind aber nicht Benutzende der geplanten Plattform.

Organisatorische Herausforderungen: Es fehlt eine einheitliche Datenbankstruktur, da Daten projektbezogen und dezentral gespeichert werden, was zu heterogenen Formaten, redundanten Importen und erschwerter Wiederverwendung führt. Eine zentralisierte Datenplattform mit definierten Schnittstellen und Metadatenstandards ist notwendig. Die IT-Infrastruktur ist für rechenintensive ML-Prozesse unzureichend, es fehlen spezialisierte Hardware und Serverumgebungen. Zudem existiert kein institutionalisierter Wissenstransfer für ML, was den Austausch von Methoden und Best Practices behindert und die Technologieeinführung erschwert.

Anwendungsszenario 2: Vorhersage der Artenzusammensetzung von Kieselalgen zur Optimierung der Gewässerbeprobungsstrategie. Ein weiterer Anwendungsfall betrifft die prädiktive Modellierung der Artenzusammensetzung von Kieselalgen (Diatomeen) in Fließgewässern. Aufgrund ihrer Sensitivität gegenüber Umweltveränderungen dienen Diatomeen als wichtige Bioindikatoren. Die Erfassung der Arten ist jedoch aufwendig und personalintensiv, was die räumliche Abdeckung der Messstellen einschränkt. Ziel ist die Entwicklung eines ML-Modells zur Abschätzung signifikanter Änderungen der Diatomeenzusammensetzung auf Basis vorhandener Umwelt- und Monitoringdaten. Die Herausforderung liegt in der Berücksichtigung komplexer räumlich-zeitlicher Zusammenhänge sowie heterogener und lückenhafter Daten. Zwei ML-Aufgaben ergeben sich: Vorhersage von Zustandsänderungen und Clustering zur Identifikation ähnlicher Messstellen Die Rollen der beteiligten Akteure sind durch unterschiedliche fachliche Perspektiven, methodische Kompetenzen und technologische Anforderungen geprägt. Im Folgenden werden die zentralen Rollen differenziert dargestellt:

Fachexperten für biologische Gewässerbewertung (Domänenexperten) besitzen detailliertes Wissen zu biologischen Indikatoren, jedoch begrenzte ML-Kompetenzen. Sie wollen vorhandene Modelle nutzen oder anpassen, mit einfachem Zugriff und automatisierter Datenauswahl aus Datenbanken. Importprozesse sollen vermieden und Analysen reproduzierbar sein. Filterfunktionen nach Zeit und Ort sowie statistische Datenbeschreibungen werden gefordert. Bevorzugt wird ein no code-Ansatz zur Modellkonfiguration. Automatisierte Modellanpassungen über Folgejahre sind gewünscht. Zur Interpretation sollen Explainable AI-Methoden eingesetzt werden. Ergebnisse sind visuell, etwa als Karten, darzustellen, um Entscheidungen in der Gewässerüberwachung zu unterstützen.

Datenwissenschaftler: bereiten zahlreiche von Daten aus unterschiedlichsten Datenbanken und Quellen auf, um sie für maschinelles Lernen entsprechend aufzubereiten. Bei der Untersuchung der Kieselalgen ergibt sich eine erhebliche Komplexität, da rund 1.700 Wasserkörper und mehrere Tausend Messpunkte berücksichtigt werden müssen.

Organisatorisch werden On-Premise-Lösungen bevorzugt; eine einheitliche Datenbankstruktur ist in Entwicklung. Es fehlt an spezialisierter ML-Hardware und -Infrastruktur, sodass Modelltraining meist auf Bürorechnern erfolgt. Zudem existiert weder ein strukturierter Wissenstransfer noch eine spezialisierte Fachabteilung für maschinelles Lernen innerhalb der Behörde.

Anwendungsszenario 3: Indikatoren für die Luftqualität/Vorhersage der Luftqualität. Die kontinuierliche Überwachung der Luftqualität ist zentral für Umweltschutz und Gesundheitsvorsorge. Die Prognose der Luftqualität ist komplex, da diese von zahlreichen Faktoren wie Emission, Transmission, Deposition sowie chemische Umwandlungsprozesse innerhalb der Atmosphäre beeinflusst wird. [14]. Datenbasierte Modelle sollen unbekannte Zusammenhänge zwischen Einflussfaktoren erkennen und analysieren. Schwerpunkte sind die räumlich-zeitliche Vorhersage von Schadstoffkonzentrationen sowie der Vergleich von Szenarien sowie die Wirksamkeit gesetzlicher Regelungen. Verschiedene Akteursgruppen mit spezifischen fachlichen Rollen und Anforderungen an die ML-Plattform sind involviert

Die **Domänenexperten** analysieren die Ursachen-Wirkungsbeziehungen zur Entwicklung der Luftqualität. Sie besitzen geringe ML-Kenntnisse und benötigen benutzerfreundliche no code-Tools zur Modellkonfiguration. Modelle sollen direkt nutzbar, anpassbar und durchsuchbar sein. Automatische Datensatzvorauswahl mit Filteroptionen sowie Unterstützung durch statistische Kennzahlen sind erforderlich. Explainable AI soll die Vorhersagen erklärbar machen; Ergebnisse werden visuell (z. B. Karten) dargestellt.

Datenwissenschaftler: verarbeiten eine Vielzahl von Daten aus unterschiedlichen Quellen. Die Komplexität dieser Aufgabe resultiert aus der Vielzahl und Vielfalt der geospatialen Daten, darunter das Luftgütemessnetz der LUBW, Wetterstationen des DWD, Emissionskataster und Landnutzungsdaten aus dem CORINE Land Cover.

Organisatorisch bestehen ähnliche Herausforderungen wie im vorherigen Fall: Es fehlt eine einheitliche On-Premise-Datenbankstruktur, spezialisierte ML-Infrastruktur sowie eine institutionalisierte Wissensmanagementstruktur für maschinelles Lernen.

4.2 Generalisierte Anwendungsfälle

Die Analyse der Anwendungsszenarien zeigt, dass der Unterstützungsbedarf im Bereich des maschinellen Lernens ein breites Spektrum umfasst – von der einfachen Nutzung vortrainierter Modelle bis hin zur eigenständigen Entwicklung domänenspezifischer Modelle. Neben der Anwendung vorhandener Modelle besteht der Bedarf, diese mit aktuellen Daten nachzutrainieren, um die Prognosegenauigkeit zu erhöhen. Darüber hinaus wird methodische Unterstützung bei der Modellanpassung und -entwicklung als wesentlich erachtet. In Tab. 2 sind die aus der Analyse der Anwendungsszenarien abstrahierten und generalisierten Anwendungsfälle zusammengefasst. Diese werden in strukturierter Form als User Stories dargestellt.

Tab. 2 Generalisierte Anwendungsfälle in Form von User Stories aus der Analyse der Anwendungsszenarien

Bezeichnung	User Story	Kurzfassung
A	Als Domänenexperte einer Umweltbehörde möchte ich mein existierendes domänenspezifisches ML-Modell mit den aktuellen Jahresdaten verwenden, um präzise Antworten auf meine domänenspezifischen Fragestellungen zu erhalten	Nur Anwendung des Modells
B	[…] und zusätzlich die Möglichkeit haben, Analysen für unterschiedliche Betrachtungsorte wie andere Landkreise durchzuführen	Nur Anwendung des Modells + Filter
C	Als Domänenexperte einer Umweltbehörde möchte ich ein eigenes ML-Modell auf Basis eines bestehenden Modells trainieren, indem ich aktuelle Messwerte integriere und/oder Hyperparameter anpasse, um präzisere Analysen durchführen zu können	Neutraining unter Erhalt der Modellstruktur
D	[…] und zusätzlich die Möglichkeit haben, Analysen für unterschiedliche Betrachtungsorte wie andere Landkreise durchzuführen	Neutraining unter Erhalt der Modellstruktur + Filter
E	Als Domänenexperte einer Umweltbehörde möchte ich dem bestehenden Modell neue Features hinzufügen, während die übrige Struktur unverändert bleibt, um die Analysen durch zusätzliche Datenquellen zu verfeinern	Neutraining unter Erhalt der Modellstruktur + Neue Features
F	Als Domänenexperte einer Umweltbehörde möchte ich ein bestehendes Modell als Lösungsschablone nutzen, um ein analoges Problem anzugehen, im Bewusstsein, dass die Übertragung der Modellarchitektur keine garantierte Lösung bietet, aber einen wertvollen Ansatz darstellt	Neutraining, unter Erhalt der Modellarchitektur und Algorithmen
G	Als Domänenexperte einer Umweltbehörde wende ich mich an eine:n Datenwissenschaftler:in, da mir die bisherigen Ansätze nicht weiterhelfen, um gemeinsam eine neue, maßgeschneiderte Lösung zu entwickeln und zu implementieren	Neuer Lösungsansatz erforderlich

5   Nutzerrollen

Im Ergebnis der Generalisierung der Anwendungsfälle, der Analyse der Anwendungsszenarien sowie der Literaturrecherche (Vgl. Abschn. 2) werden im Folgenden fünf zentrale Nutzerrollen für die ML-Plattform definiert: **Explorer** (Modellanwendung und Umweltdatenanalyse), **Analyst** (Modelltraining), **Creator** (Datenakquise), **Data Scientist** (Modellentwicklung) und **DevOps** (Modellbereitstellung und -betrieb). Die Nutzerrollen Explorer und Analyst repräsentieren die im Abschn. 4.1 beschriebenen Domänenexperten und werden in zwei spezifische Rollen aufgeteilt, um ihre unterschiedlichen Funktionen und Verantwortlichkeiten klar und nachvollziehbar darzustellen.

Der **Explorer** nutzt die Plattform primär für analytische Zwecke und greift auf vortrainierte ML-Modelle zu, ohne selbst am Trainingsprozess beteiligt zu sein. Er sucht gezielt nach geeigneten Modellen zur Beantwortung domänenspezifischer Fragestellungen, wählt relevante Umweltdaten aus und bewertet die Modellresultate auf Basis seiner fachlichen Expertise. Bei fehlenden Modellen kontaktiert er Analysten oder Data Scientists zur Unterstützung bei Auswahl, Anpassung oder Entwicklung.

Der **Analyst** hingegen trainiert neue Modelle durch Anpassung von Hyperparametern oder ML-Algorithmen und verwendet auch vorkonfigurierte Modellarchitekturen für generische Umweltanalysen. Er bringt tiefgehendes Domänenwissen ein, legt großen Wert auf Datenverständnis vor dem Training und nutzt Entscheidungsunterstützungssysteme zur Auswahl geeigneter ML-Methoden. Nach dem Training analysiert er die Ergebnisse detailliert und teilt Modelle mit Nutzer:innen der Nutzerrolle Explorer.

Der **Creator** ist verantwortlich für die Aufbereitung, Harmonisierung und Integration von Datensätzen zur Nutzung in ML-Verfahren. Er aktualisiert bestehende Daten kontinuierlich und fügt neue Datensätze in die zentrale **Simplexdatenbank** ein, um deren Verfügbarkeit für Forschung und Analyse zu gewährleisten. Die Simplexdatenbank beschreibt die Speicherung der Umweltdaten, die nach der envVisio-Methode importiert und zugänglich gemacht werden.(siehe hierzu: [15]).

Der **Data Scientist** entwickelt in Zusammenarbeit mit Domänenexperten datengetriebene ML-Architekturen und erstellt vorkonfigurierte ML-Algorithmen als Blaupausen für generische Umweltanalyseprobleme. Er definiert spezifische Hyperparametrisierungen für konkrete Aufgaben und stellt diese dem Analysten bereit. Bei der Entwicklung nutzt der Data Scientist flexible Softwarelösungen seiner Wahl und erarbeitet mit dem Analysten spezifische ML-Lösungen für komplexe Fragestellungen.

Der **DevOps**-Spezialist übernimmt eine administrative Nutzerrolle, die für die kontinuierliche Weiterentwicklung der Plattform verantwortlich ist. Dies umfasst die Betreuung von Modulen und Schnittstellen, die Sicherstellung der Interoperabilität sowie die Implementierung von ML-Pipelines, um die Nutzung durch Anwender anderer Nutzerrollen zu erleichtern. Darüber hinaus gewährleistet der Spezialist den stabilen Betrieb der ML-Plattform.

Die Unterteilung in die fünf Nutzerrollen resultiert aus der Notwendigkeit, die vielfältigen Aufgaben im maschinellen Lernen und der Datenanalyse effizient zu strukturieren. Jede dieser Nutzerrollen fokussiert auf spezifische Kompetenzen sowie benötigte Systemfunktionen, die auf der ML-Plattform abgebildet werden.

6   Systemfunktionen

Im Folgenden werden die Systemfunktionen der ML-Plattform beschrieben, die zur Unterstützung der zuvor definierten generalisierten Anwendungsfälle entwickelt wurden. Der Schwerpunkt liegt hierbei auf Funktionen, die das Anwenden oder Trainieren von Modellen für Domänenexperten in Umweltbehörden erleichtern. Es werden Funktionen für jeweils die behördlichen Nutzerrollen Explorer und Analyst dargestellt. Die anderen Nutzerrollen, wie Creator, Data Scientist und DevOps-Spezialist, können je nach behördlicher Verfügbarkeit von Experten und IT-Unterstützung auch extern angesiedelt sein. Die Darstellung der Systemfunktionen orientiert sich am typischen Ablauf maschineller Lernprojekte (Vgl. Abschn. 2).

Die Nutzerrollen **Explorer** und **Analyst** unterscheiden sich primär im Bereich Modelltraining: Der Explorer nutzt ausschließlich vortrainierte ML-Modelle, während der Analyst darüber hinaus Modelle selbst trainieren kann.

Für den **Explorer** sind drei Phasen vorgesehen: „**Domänenproblem analysieren**", „**Daten erklären**" und „**Ergebnis interpretieren**". In der ersten Phase identifiziert der Explorer über Dashboards ein spezifisches Domänenproblem oder greift auf bestehende Analyseansätze zurück. In diesem Kontext unterstützen **Dashboards** einen domänenspezifischen Arbeitsablauf, der beispielsweise wiederholende Analysen und Auswertungen umfasst. Für die jeweiligen Aufgaben werden passende Abbildungen, Erläuterungen und Visualisierungen bereitgestellt, die den Domänenexperten helfen, komplexe Daten effektiv zu interpretieren und fundierte Entscheidungen zu treffen.

Anschließend wählt der Explorer ein vortrainiertes Modell, das zur Fragestellung passt. In der Phase „Daten erklären" verschafft sich der Explorer mittels eines Dashboards einen Überblick über verfügbare Daten, wählt relevante Informationen aus und filtert diese gezielt. Er prüft die Eignung der Daten für ML-Verfahren, um die Analysebasis sicherzustellen. In der abschließenden Phase „Ergebnis interpretieren" führt der Explorer die Modellprädiktion durch und bewertet die Resultate im fachlichen Kontext. Die gewonnenen Erkenntnisse dienen der effektiven Lösung des Domänenproblems. Ergebnisse können bei Bedarf mit anderen Nutzern geteilt, gespeichert und exportiert werden. Diese Funktionen werden in der Tab. 3 detailliert erläutert.

Die Nutzerrolle des **Analysten** baut auf der des Explorers auf, sodass ihm alle Funktionen des Explorers ebenfalls zur Verfügung stehen. Für den Analysten sind fünf Phasen definiert: „Domänenproblem analysieren", „Daten erklären", „Modell trainieren", „Modell prüfen" und „Ergebnis nutzen".

In der Phase **„Domänenproblem analysieren"** identifiziert der Analyst relevante Domänenprobleme bzw. definiert das ML-Problem und überprüft die Datengrundlage auf Vollständigkeit. In **„Daten erklären"** wählt er relevante Daten aus, konvertiert sie bei Bedarf, filtert nach Kriterien und prüft die Eignung für ML-Verfahren.

Während **„Modell trainieren"** ordnet der Analyst Features zu, legt Hyperparametrisierung fest und startet das Training. In **„Modell prüfen"** evaluiert er die Modellperformance, validiert die Ausgabe und wählt ein Modell zur Veröffentlichung aus.

In der abschließenden Phase **„Ergebnis nutzen"** führt der Analyst das Modell aus, bewertet die Resultate, erhält Erklärungen zu den Ergebnissen und teilt sowie sichert diese. Eine detaillierte Darstellung der Phasen folgt in Tab. 4.

Die hier vorgestellten Systemfunktionen für die Nutzerrollen Explorer und Analyst ermöglichen den Domänenexperten in Umweltbehörden, maschinelle Lernmethoden effektiv einzusetzen. Dadurch können sie auch ohne umfassende ML-Expertise präzise Analysen durchführen und fundierte Entscheidungen auf Basis komplexer Umweltdaten treffen.

Tab. 3 Übersicht der Systemfunktionen, gegliedert nach den drei Phasen des ML-Workflows, die dem Nutzer **Explorer** zur Verfügung stehen

Phase	Schritt und Erörterung der Systemfunktion
Domänenproblem analysieren	**Domänenproblemlösung suchen:** Bei der Suche nach einer Lösung für ein spezifisches Domänenproblem werden Schlagwörter verwendet. Es werden passende Dashboards gefunden und ausgewählt, um das Problem zu analysieren. Falls keine Lösung gefunden wird, wird ein „Analyst" oder „Data Scientist" kontaktiert
	ML-Modell auswählen: Mit dem Dashboard wird geprüft, ob die gefundene Lösung auf das Domänenproblem anwendbar ist. Interaktive Fragen helfen bei der Entscheidungsfindung, und je nach Datengrundlage wird zwischen mehreren Lösungen gewählt. Am Ende wird ein konkretes Modell oder eine Modellgruppe ausgewählt und die Phase „Daten erklären" folgt
	Bestehendes Dashboard öffnen: Bereits genutzte Dashboards früherer Analysen werden angezeigt. Das gewünschte Dashboard kann geöffnet werden, um entweder eine bestehende Analyse zu betrachten oder mit geänderten Parametern fortzusetzen
Daten erklären	**Dashboard nutzen oder adaptieren:** Das Dashboard hilft bei wiederholenden Analysen und Prognosen, indem bestehende Analysen als Vorlage für neue genutzt werden können. Problemspezifische Darstellungen und Analysen werden wiederverwendet, und es enthält notwendige Schritte für spezifische Arbeitsabläufe wie Datenauswahl und -prüfung. Dashboards können benutzerspezifisch angepasst werden, etwa durch das Hinzufügen von Darstellungen
	Daten auswählen: Daten werden aus der Simplexdatenbank ausgewählt, die aktuelle Messwerte für das spezifische Problem in der passenden Form enthält. Features sind vorausgewählt, können aber je nach Modellumfang modifiziert werden. Der Import von externen Daten wie CSV-Dateien ist nicht vorgesehen
	Daten filtern: Daten werden passend zur Analyse gefiltert. Es gibt räumliche Filter nach Gemeinden oder Regionen und zeitliche Filter für aktualisierte oder historische Daten. Weitere Filter können Anomalien in den Daten ein- oder ausschließen
	Eignung prüfen: Gewählte Daten werden auf ihre Eignung geprüft. Kuratierte Kennzahlen und Darstellungen, wie Boxplots und Kartendarstellungen, unterstützen diese Prüfung. Hilfetexte erklären relevante Prüfungen, und weitergehende Analysen wie Anomalieerkennung können in begrenztem Umfang angewendet werden
Ergebnis interpretieren	**Prediktion starten:** Die Berechnung mit dem ML-Modell wird gestartet, um die Inferenz mit den zuvor gewählten Daten durchzuführen. Dies dient der Lösung des spezifischen Domänenproblems
	Domänenproblem lösen: Die berechneten Werte werden auf einem Dashboard dargestellt, um das Domänenproblem zu lösen. Die Glaubwürdigkeit der Ergebnisse wird mithilfe von Domänenwissen geprüft, etwa durch die Darstellung auf einer Karte

(Fortsetzung)

Tab. 3 (Fortsetzung)

Phase	Schritt und Erörterung der Systemfunktion
	Ergebnisse erklären: Die Modelleigenschaften werden untersucht, um mit Explainable AI-Methoden zu verstehen, welche Features die Modellentscheidung beeinflusst haben. Vordefinierte Metriken werden genutzt, um die Korrektheit der Ergebnisse zu verifizieren
	Ergebnisse teilen: Die Ergebnisse werden mit dem Team geteilt, und das Modellergebnis, wie ein neuer Kartenlayer, kann mit anderen Nutzern geteilt werden. Bei Bedarf wird Hilfe von einem Analysten geholt
	Ergebnisse speichern/exportieren: Das Ergebnis wird in einer Datenbank gespeichert, um eine weitere Verarbeitung zu ermöglichen. Das Modellergebnis kann exportiert werden und dient als Datenanreicherung für andere Analyseprogramme

Tab. 4 Übersicht der Systemfunktionen, gegliedert nach den fünf Phasen des ML-Workflows, die dem Nutzer Analyst zur Verfügung stehen

Phase	Schritt und Erörterung der Systemfunktion
Domänenproblem analysieren	**Domänenproblemlösung suchen:** Es wird nach spezifischen Lösungsansätzen zum Domänenproblem gesucht. Schlagwörter helfen, verfügbare und getestete ML-Architekturen zu finden, die mit modifizierbaren Features oder ML-Hyperparametern trainierbar sind. Wird keine vordefinierte Lösung gefunden, erfolgt der Wechsel zu „ML-Problem definieren"
	ML-Modell definieren: Es wird geprüft, ob das spezifische Domänenproblem auf einen generalisierten Lösungsansatz übertragbar ist. Interaktive Fragen helfen bei der Auswahl zwischen untrainierten und ungetesteten Ansätzen. Falls keine passenden Ansätze gefunden werden, wird ein „Data Scientist" kontaktiert
	Datengrundlage prüfen: Es wird geprüft, ob die Datengrundlage mit den Eingangsparametern untrainierter ML-Modelle kompatibel ist. Dabei unterstützen interaktive Fragen und Checklisten. Sollte es Unstimmigkeiten geben, wird ein „Data Scientist" hinzugezogen
Daten erklären	**Benutzerdefinierte Dashboards erstellen:** um spezifische Workflows, wie wiederholende Analysen, zu unterstützen. Sie helfen bei der Datenauswahl und Datenprüfung
	Daten auswählen: analog der Nutzerrolle Explorer
	Daten konvertieren: Features werden aus bestehenden Daten erstellt. Neue Features können durch arithmetische Operationen oder Funktionszuweisungen auf bestehenden Spalten berechnet und kombiniert werden
	Daten filtern: analog zur Nutzerrolle Explorer
	Eignung prüfen: analog der Nutzerrolle Explorer
Modell trainieren	**Modellierungsansatz wählen:** Unterstützung bei der Wahl des passenden Modellierungsansatzes wird angeboten. Informationsseiten geben Auskunft über Modellierungsansätze und Auswirkungen von Modellparametrisierungen sowie Best Practices

(Fortsetzung)

Tab. 4 (Fortsetzung)

Phase	Schritt und Erörterung der Systemfunktion
	Features zuordnen: Für das Training verwendete Features werden gewählt. Informationsseiten helfen, die Kompatibilität der gewählten Features mit dem Modellierungsansatz zu prüfen. Best Practices zu Featurezuordnungen werden bereitgestellt
	Parameter festlegen: Hyperparameter werden für das spezifische Problem angepasst, wobei AutoML konsequent genutzt wird. Informationsseiten erläutern die Auswirkungen verschiedener Hyperparametrisierungen
	Training starten: Das Modelltraining wird initiiert, wobei mehrere Trainingsläufe als Batch im Hintergrund ablaufen können. Die Rechenzeit wird angegeben und eine Rückmeldung erfolgt nach Abschluss. Inferenz auf dem Zieldatensatz erfolgt automatisch, und Modelle sowie relevante Parameter werden im Hintergrund versioniert
Modell prüfen	**Performance evaluieren:** Metriken werden genutzt, um die besten Modellierungen zu wählen. Hilfetexte und Evaluationsmethoden unterstützen die Bewertung der Modellperformance. Vordefinierte Grafiken und Metriken wie Accuracy und Loss helfen dabei, eine Vorauswahl der Modelle, wie die „Best 3", zu treffen
	Ausgabe überprüfen: Modelle werden auf einem Dashboard dargestellt und die Ergebnisse mit Domänenwissen auf Glaubwürdigkeit geprüft. Der Wechsel zwischen verschiedenen Modellen ermöglicht die Auswahl des passendsten Modells
	Korrektheit überprüfen: Die Modellglaubwürdigkeit wird mit Domänenwissen bewertet. Metriken und Visualisierungen unterstützen die Einschätzung der Plausibilität der Hauptfeatures im Kontext. Bei Bedarf an Transparenz kommen Explainable AI-Methoden zum Einsatz. Lösen die Modelle das Problem nicht effektiv, wird ein Data Scientist konsultiert
	Modell auswählen: welches den Anforderungen des Domänenproblems am besten entspricht
	Modell veröffentlichen: Das ausgewählte Modell wird als „Produktiv"-Modell für den praktischen Einsatz freigegeben
Ergebnis nutzen	**Modell ausführen:** Das Modell wird auf Umweltdaten angewendet. Es erfolgt eine Überwachung und Validierung der Modellleistung in der Praxis, um Konsistenz und Genauigkeit sicherzustellen. Bei Bedarf wird das Modell angepasst und feinjustiert, um die gewünschten Ergebnisse mit den Umweltdaten zu erzielen
	Lösung überprüfen: Die Modellergebnisse werden überprüft und validiert. Berechnete Werte zur Lösung des Domänenproblems werden auf einem Dashboard dargestellt, beispielsweise als Kartendarstellung. Nutzer haben die Möglichkeit, die Ergebnisse punktuell mit ihrem Domänenwissen zu überprüfen
	Erklärung erhalten: Explainable AI wird optional eingesetzt, um die Beziehungen zwischen Features und Zielparametern verständlich zu machen, wenn diese im Fokus stehen

(Fortsetzung)

Tab. 4 (Fortsetzung)

Phase	Schritt und Erörterung der Systemfunktion
	Ergebnisse teilen: Modellergebnisse, wie ein neuer Kartenlayer, können mit anderen Nutzern, insbesondere Explorern, geteilt werden
	Ergebnis sichern: Modellergebnisse werden in der Simplexdatenbank gespeichert, um sie für Explorer und Analysten künftig nutzbar zu machen. Nach der Speicherung sind die Ergebnisse in weiterführenden Analyseprogrammen verfügbar

7 Zusammenfassung und Ausblick

Angesichts globaler ökologischer Herausforderungen benötigen Umweltbehörden fundierte, datenbasierte Entscheidungsgrundlagen. Die zunehmende Datenmenge und -heterogenität erschweren jedoch deren Analyse. Maschinelles Lernen (ML) bietet effiziente Analysewerkzeuge, stößt in der öffentlichen Verwaltung jedoch auf Implementierungshürden, insbesondere durch begrenzte ML-Expertise. Das Forschungsprojekt Simplex4Learning zielt darauf ab, diese Herausforderungen durch die Entwicklung einer kollaborativen, auf Umweltbehörden zugeschnittenen ML-Plattform zu adressieren.

Dieser Beitrag beschreibt die Entwicklung eines differenzierten Rollenkonzepts sowie generalisierter Anwendungsfälle und spezifischer Systemfunktionen zur Unterstützung behördlicher Nutzer. Grundlage bildete eine Fallstudienanalyse mit drei Umweltbehörden, in der 120 potenzielle Anwendungsszenarien identifiziert und drei exemplarisch vertieft wurden. Daraus wurden sieben generalisierte Anwendungsfälle abgeleitet, die von einfacher Modellanwendung bis zur Entwicklung neuer Lösungsansätze reichen. Fünf zentrale Nutzerrollen wurden definiert: Explorer (Modellanwendung und Umweltdatenanalyse), Analyst (Modelltraining), Creator (Datenakquise), Data Scientist (Modellentwicklung) und DevOps-Spezialist (Modellbetrieb). Für Explorer und Analyst, die Domänenexperten entsprechen, wurden umfassende Systemfunktionen entlang der ML-Pipeline entwickelt.

Die Einführung der Nutzerrollen mit spezifischen Systemfunktionen ermöglicht es Domänenexperten, ML-Methoden auch ohne tiefgehende ML-Kenntnisse effektiv einzusetzen, den Zugang zu fortschrittlichen Analyseverfahren zu erleichtern und komplexe Umweltdaten besser in Entscheidungsprozesse zu integrieren. Dadurch werden die datenbasierte Entscheidungsfindung gestärkt und die Reaktionsfähigkeit der Behörden auf ökologische Herausforderungen verbessert.

Zukünftige Arbeiten konzentrieren sich auf die prototypische Implementierung der Plattform und die Evaluierung der Anwendbarkeit der entwickelten Funktionen in der Praxis. Dabei werden technische, organisatorische und kooperative Anforderungen der Verwaltung berücksichtigt, mit dem Ziel einer benutzerfreundlichen Plattform zur Optimierung behördlicher Arbeitsabläufe.

Danksagung Die vorgestellten Inhalte sind Teil des Verbundprojekts Simplex4Learning (Intelligente Umweltdatenanalyse durch automatisiertes maschinelles Lernen für Fachanwender), gemeinsam durchgeführt von der disy Informationssysteme GmbH, der Simplex4Data GmbH und der HTW Berlin, mit dem Landesamt für Natur, Umwelt und Klima Nordrhein-Westfalen (LANUK), der Landesanstalt für Umwelt Baden-Württemberg (LUBW) und dem Landesbetrieb Forst Brandenburg (LFB) als assoziierten Pilotanwender. Simplex4Learning wird vom Bundesministerium für Bildung und Forschung (BMBF) im Rahmen der Fördermaßnahme „KMU-innovativ IKT" unter den Förderkennzeichen 16IS23041A-C finanziell unterstützt.

Literatur

1. Zaini, N., Ean, L. W., Ahmed, A. N., & Malek, M. A. (2022). A systematic literature review of deep learning neural network for time series air quality forecasting. *Environmental Science and Pollution Research, 29*(4), 4958–4990. https://doi.org/10.1007/s11356-021-17442-1.
2. Chapman, P., Clinton, J., Kerber, R., Khabaza, T., Reinartz, T., Shearer, C., & Wirth, R. (2000). *CRISP-DM 1.0: Step-by-step data mining guide.* SPSS.
3. Abecker, A., Budde, M., Fuchs-Kittowski, F., Großmann, J., Koch, W., Lachowitzer, J., … Zemann, M. (2025). Herausforderungen und Ansätze zu einer Infrastruktur für die breite Nutzung von Machine-Learning-Verfahren in der Umweltverwaltung. In F. Fuchs-Kittowski, A. Abecker, F. Hosenfeld, A. Reineke, & M. Möller (Hrsg.), *Umweltinformationssysteme – Digitalisierung für eine nachhaltige Planetare Zukunft* (S. 113–133). Springer Fachmedien. https://doi.org/10.1007/978-3-658-46394-6_8.
4. Mariscal, G., Marbán, Ó., & Fernández, C. (2010). A survey of data mining and knowledge discovery process models and methodologies. *The Knowledge Engineering Review, 25*(2), 137–166. https://doi.org/10.1017/S0269888910000032.
5. Kreuzberger, D., Kühl, N., & Hirschl, S. (2023). Machine Learning Operations (MLOps): Overview, Definition, and Architecture. *IEEE Access, 11*, 31866–31879. https://doi.org/10.1109/ACCESS.2023.3262138.
6. Machado, A., & Mynter, M. (2024, April 19). *ML Skill Profiles: An Organizational Blueprint for Scaling Enterprise ML.* appliedAI Initiative GmbH.
7. Khuat, T.T., Kedziora, D.J., & Gabrys, B. (2023). The Roles and Modes of Human Interactions with Automated Machine Learning Systems: A Critical Review and Perspectives. *Foundations and Trends® in Human–Computer Interaction, 17*(3–4), 195–387. https://doi.org/10.1561/1100000091.
8. Santu, S.K.K., Hassan, M.M., Smith, M.J., Xu, L., Zhai, C., & Veeramachaneni, K. (2021, Mai 19). AutoML to Date and Beyond: Challenges and Opportunities. https://doi.org/10.48550/arXiv.2010.10777
9. Thornton, C., Hutter, F., Hoos, H.H., & Leyton-Brown, K. (2013). Auto-WEKA: Combined selection and hyperparameter optimization of classification algorithms. In *Proceedings of the 19th ACM SIGKDD international conference on Knowledge discovery and data mining* (S. 847–855). Association for Computing Machinery, New York, NY, USA. https://doi.org/10.1145/2487575.2487629.
10. Erickson, N., Mueller, J.W., Shirkov, A., Zhang, H., Larroy, P., Li, M., & Smola, A. (2020). *AutoGluon-Tabular: Robust and Accurate AutoML for Structured Data.*
11. Kedziora, D. J., Musial, K., & Gabrys, B. (2024). AutonoML: Towards an Integrated Framework for Autonomous Machine Learning. https://doi.org/10.1561/9781638283171.

12. Fuchs-Kittowski, F., Schulze, P., Abecker, A., Lachowitzer, J., Lossow, S., Rudolf, H., & Rodner, E. (2024). Eine Methode für die Potenzialanalyse zur Identifikation von Anwendungsszenarien für Maschinelles Lernen. In *INFORMATIK 2024 – Lock in or log out? Wie digitale Souveränität gelingt* (S. 1127–1144). Gehalten auf der INFORMATIK 2024, Gesellschaft für Informatik e. V.

13. Majunke, C., Möller, K., & Funke, M. (2004). *Die Nonne (Lymantria monacha L., Lepidoptera, Lymantriidae)*. Potsdam: Ministerium für Infrastruktur und Landwirtschaft. Abgerufen von https://forst.brandenburg.de/cms/media.php/lbm1.a.3310.de/nonne.pdf.

14. Lange, A.C., Franke, P., Backes, P., & Elbern, H. (2023). *Immissionsseitige Bewertung der Luftschadstoff-Emissionen einzelner Quellen und Anpassung der nationalen Emissionsdaten zur Beurteilung der Luftqualität* (Studie im Auftrag des Umweltbundesamtes No. 149/2023) (S. 184). Forschungszentrum Jülich GmbH (IEK-8).

15. Großmann, J., Koch, W., & Rudolf, H. (2021). *envVisio: Universelle Bereitstellung von Umweltdaten*. Gesellschaft für Informatik, Bonn. https://doi.org/10.18420/informatik2021-052.

Softwaregestützte Korrosionsbewertung von Spundwänden – Statistische Plausibilitätsprüfung und KI-gestützte Prognose

Sarah Flohr[ID], Michael Nickel, Grit Behrens[ID], Andreas Kahlfeld und Florian Fehring[ID]

Zusammenfassung

Die Korrosion von Spundwänden stellt eine bedeutende Herausforderung für die Instandhaltung von Hafeninfrastrukturen dar. Umweltfaktoren, wie Salzwasserexposition, Strömungseinflüsse und klimatische Veränderungen, beschleunigen den Materialverlust und beeinflussen die Tragfähigkeit der Bauwerke. Eine präzise Überwachung ist daher essenziell, um sicherheitskritische Schäden frühzeitig zu erkennen und nachhaltige Erhaltungsstrategien zu entwickeln. In diesem Beitrag wird eine Softwarelösung zur digitalen Erfassung, statistischen Analyse und zukünftigen KI-gestützten Prognose der Spundwandkorrosion vorgestellt. Die Anwendung kombiniert eine strukturierte Datenerfassung mit statistischen Auswerteverfahren, insbesondere einer Plausibilitätsprüfung auf Basis lognormalverteilter Abrostungswerte. Abweichungen werden durch einen Schwellwert identifiziert, um unplausible Messwerte

S. Flohr (✉) · M. Nickel · G. Behrens · F. Fehring
Hochschule Bielefeld, Angewandte Informatik, Artilleriestraße 9, 32427 Minden, Deutschland
E-Mail: sarah.flohr@hsbi.de

M. Nickel
E-Mail: michael.nickel@hsbi.de

G. Behrens
E-Mail: grit.behrens@hsbi.de

F. Fehring
E-Mail: florian.fehring@hsbi.de

A. Kahlfeld
Hochschule Bielefeld, Wasser- und Verkehrsbau, Artilleriestraße 9, 32427 Minden, Deutschland
E-Mail: andreas.kahlfeld@hsbi.de

© Der/die Autor(en), exklusiv lizenziert an Springer Fachmedien Wiesbaden GmbH, ein Teil von Springer Nature 2026
F. Fuchs-Kittowski et al. (Hrsg.), *Umweltinformationssysteme – Digitale Innovationen für eine nachhaltige Zukunft*, https://doi.org/10.1007/978-3-658-50065-8_15

zu klassifizieren und die Datenqualität zu sichern. Die geprüften Messdaten bilden die Grundlage für die Entwicklung eines Machine Learning-Modells, das zukünftige historische Korrosionsverläufe und Umweltparameter nutzen soll, um den Materialverlust über verschiedenen Zeitintervalle hinweg vorherzusagen. Die Implementierung dieser KI-Komponente befindet sich aktuell noch in einem frühen Stadium und wird kontinuierlich weiterentwickelt. Die vorgestellte Lösung ermöglicht bereits eine präzise Zustandsbewertung und legt den Grundstein für eine vorausschauende Instandhaltungsplanung. Langfristig unterstützt sie datengetriebene Erhaltungsstrategien, die ökonomische und ökologische Anforderungen gleichermaßen berücksichtigen.

Schlüsselwörter

Digitale Korrosionsanalyse · Korrosionsbewertung · Zustandsbewertung von Hafeninfrastruktur · Machine Learning · Spundwandkorrosion

1 Einleitung

Spundwände sind essenzielle Bestandteile der Hafeninfrastruktur und dienen dem Schutz von Wasserstraßen, Uferzonen und angrenzenden Wirtschaftsflächen. Sie gewährleisten die Stabilität von Kaimauern, verhindern Erosion und tragen zur sicheren Abwicklung des Schiffsverkehrs bei. Doch ihre Langlebigkeit wird maßgeblich durch Umweltfaktoren und dem Klimawandel beeinflusst [1].

Korrosion stellt eine der größten Herausforderungen für die Erhaltung von Spundwänden dar, da sie durch komplexe Wechselwirkungen zwischen Wasser, Sauerstoff, Temperatur und chemischen Einflüssen bestimmt wird. In Küsten- und Hafenbereichen sind Spundwände besonders gefährdet, weil sie sowohl dem Salzwasser als auch variierenden Umweltbedingungen ausgesetzt sind. Diese Einwirkungen verändern und verstärken sich durch den Klimawandel und die zunehmende Umweltverschmutzung erheblich. So führen steigende Temperaturen und veränderte Strömungsmuster dazu, dass sich die Verteilung von Sauerstoffgehalten und pH-Werten im Wasser verschiebt, was direkt die Korrosionsprozesse beeinflusst. Gleichzeitig bewirken der steigende Meeresspiegel und intensivere Sturmfluten, dass Spundwände über längere Zeiträume unter Wasser stehen oder wechselnden Belastungen ausgesetzt sind. Dadurch verändert sich auch die Lage der Korrosionszone an den Spundwänden, sodass bisher unerwartete Bereiche schneller geschädigt werde [2, 3].

Neben den klimatischen Veränderungen spielt auch die Umweltverschmutzung eine entscheidende Rolle bei der Beschleunigung der Korrosion. Schadstoffe aus Industrie, Schifffahrt und urbanem Abfluss verändern die chemische Zusammensetzung des Wassers [4] und begünstigen elektrochemische Prozesse, die die Korrosionsrate erhöhen. Besonders problematische sind Schwefelverbindungen und erhöhte Nährstoffeinträge, die mikrobielle Korrosion fördern und in Hafengebieten verstärkt auftreten.

Angesichts dieser Herausforderungen sind regelmäßige Dickenmessungen von Spundwänden unerlässlich, um deren strukturelle Integrität zu bewerten und frühzeitig Maßnahmen zur Instandhaltung oder Erneuerung einzuleiten. Hafenbetreiber stehen dabei vor der Aufgabe, einerseits ihre wirtschaftliche Infrastruktur zu erhalten und andererseits den Umweltschutz zu berücksichtigen. Eine fundierte Überwachung der Spundwanddicken ermöglicht eine präzise Zustandsbewertung und trägt dazu bei, wirtschaftliche Verluste durch unvorhergesehene Schäden zu minimieren, die Nutzungsdauer der Spundwände zu optimieren und nachhaltige Lösungen für den Erhalt der Hafeninfrastruktur zu entwickeln.

Im Rahmen unseres Forschungsprojektes (iRON) wird eine spezialisierte Software, die eine innovative Lösung für die Digitalisierung der Spundwanddickenmessungen bietet, entwickelt. Während bisher Abrostungsdaten lediglich in Excel-Dateien erfasst wurden, ermöglicht die Software eine strukturierte, digitale Verwaltung dieser Messwerte sowie eine automatisierte Auswertung. Diese technologische Weiterentwicklung erlaubt nicht nur eine effizientere Analyse der Daten, sondern auch eine zuverlässigere Zustandsbewertung.

Ein zentraler Bestandteil der Software ist die integrierte Plausibilitätsprüfung der Messwerte, die essenziell ist, um fehlerhafte oder unplausible Daten frühzeitig zu erkennen. Durch die kontinuierliche Veränderung der Umweltbedingungen und den oft nicht-linearen Verlauf von Korrosionsprozessen [5] reicht eine rein manuelle Überprüfung der Daten nicht aus. Die Software unterstützt Hafenbetreiber dabei, kritische Entwicklungen frühzeitig zu erkennen und fundierte Entscheidungen über notwendige Instandhaltungsmaßnahmen zu treffen.

Darüber hinaus soll die Software zukünftig eine Komponente des maschinellen Lernens, die Vorhersagen über die langfristige Haltbarkeit von Spundwänden trifft, beinhalten. Durch die Analyse historischer Messdaten und Umwelteinflüsse kann die Künstliche Intelligenz Muster erkennen, die Rückschlüsse auf die zukünftige Korrosionsentwicklung ermöglichen. So lassen sich nicht nur Restnutzungsdauern von Spundwänden prognostizieren, sondern auch Umweltbedingungen identifizieren, die besonders starken Einfluss auf die Korrosion haben. Die Plausibilitätsprüfung der Messwerte dient dabei als Vorverarbeitung für das maschinelle Lernen, um eine möglichst hohe Modellgüte sicherzustellen und verlässliche Prognosen zu ermöglichen.

Durch die Kombination aus digitaler Dokumentation, automatisierter Analyse und KI-gestützter Vorhersage trägt die Software maßgeblich dazu bei, die Instandhaltung von Spundwänden effizienter zu gestalten, unerwartete Schäden zu vermeiden und eine nachhaltige Nutzung der Hafeninfrastruktur sicherzustellen. Damit setzt das Projekt neue Maßstäbe in der digitalen Überwachung und vorausschauenden Wartung von Hafenanlagen.

2 Korrosion an Spundwänden: Mechanismen und Zoneneinteilung

Spundwände aus Stahl sind weit verbreitete Konstruktionselemente in Häfen und an Wasserstraßen, deren Lebensdauer jedoch durch Korrosion begrenzt wird. Korrosion ist ein natürlicher, physikochemischer Prozess, der die Beständigkeit metallischer Werkstoffe, insbesondere Stahl, maßgeblich beeinflusst [6]. Sie stellt einen zentralen Faktor für die Alterung und Degradation von Spundwänden dar und führt zu einem kontinuierlichen Wanddickenverlust. Wechselnde Umweltbedingungen begünstigen diesen Prozess zusätzlich.

Für Betreiber ist sowohl der aktuelle Erhaltungszustand der Spundwand als auch die prognostizierte Restnutzungsdauer von erheblicher wirtschaftlicher und sicherheitsrelevanter Bedeutung. Fortgeschrittene Korrosion kann die strukturelle Integrität der Spundwand erheblich beeinträchtigen und letztlich zu einem Stabilitätsverlust führen. Insbesondere besteht unter Belastung die Gefahr eines Versagens der Konstruktion. Zudem kann Korrosion zur Perforation der Spundwand führen, wodurch es zu einer Hinterspülung kommen kann, die ihre Tragfähigkeit weiter reduziert und die Stabilität zusätzlich gefährdet [7].

2.1 Korrosionszonen

Korrosion tritt besonders stark in der Übergangszone zwischen Wasser und Luft auf, da in diesem Bereich elektrochemische Korrosionsprozesse mit den Reaktionspartnern Stahl, Wasser und Sauerstoff zusammentreffen und zu einer erhöhten Materialdegradation führen. Zusätzlich wirken in diesem Bereich mechanische Belastungen wie Schiffsanprall, Fenderreibung oder Eisgang, die die Korrosion weiter begünstigen. Aufgrund dieser intensiven Beanspruchung wird die Übergangszone häufig als Hauptkorrosionszone bezeichnet.

In anderen Tiefenbereichen sind unterschiedliche Einflussfaktoren wirksam, die zu variierenden Korrosionsintensitäten und Korrosionstypen führen. Daher lässt sich die Spundwand relativ zum Wasserspiegel in verschiedene Korrosionszonen unterteilen. Die Art und Intensität der Korrosion variieren je nach Tiefenlage, weshalb die Korrosionsraten für jede Korrosionszone gesondert bestimmt werden müssen.

Es existieren zwei etablierte Zonenmodelle [8, 9]:

- Das Vier-Zonen-Modell, das die Spundwand in Spritwasser-, ggfs. Wasserwechsel-, Niedrigwasser- und Unterwasserzone einteilt.
- Das Drei-Zonen-Modell, bei dem die Niedrigwasserzone mit der Unterwasserzone zusammengelegt ist.

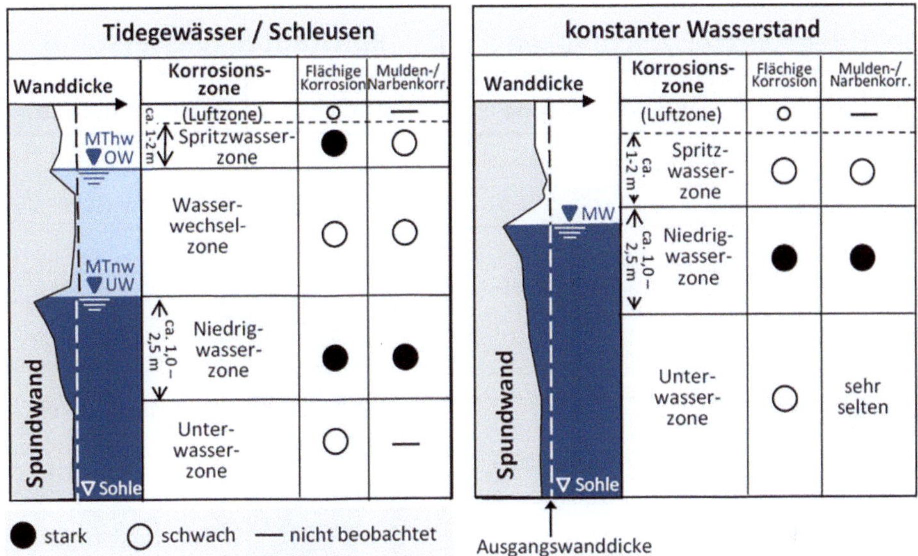

Abb. 1 Vier-Zonen-Modell [8, 9]

Abb. 1 zeigt eine schematische Darstellung des Vier-Zonen-Modells während Abb. 2 das Drei-Zonen-Modell illustriert. Die Abbildungen vergleichen beide Zonenmodelle für Messorte mit konstantem (jeweils links) und wechselndem Wasserstand (jeweils rechts). Ein Vorteil des Drei-Zonen-Modells besteht darin, dass die Zoneneinteilung ausschließlich auf den Wasserständen basiert. Dadurch ergibt sich eine schematisierte Darstellung des Restwanddickenprofils eines Bauwerks. Ein weiterer Vorteil liegt in der einfachen Vergleichbarkeit von Korrosionsmilieus unterschiedlicher Spundwandstandorte sowie von Messkampagnen am selben Bauwerk.

Im Gegensatz dazu orientiert sich das Vier-Zonen-Modell stärker an den spezifischen Gegenebenheiten eines einzelnen Bauwerks und erfordert Erfahrungen bei der Festlegung der Korrosionszonen. Dies ermöglicht eine präzisere Beurteilung der Korrosion und des Bauwerkszustands, erschwert jedoch die Vergleichbarkeit zwischen den verschiedenen Standorten. Für die Spundwandmessungen wird üblicherweise das Vier-Zonen Modell verwendet.

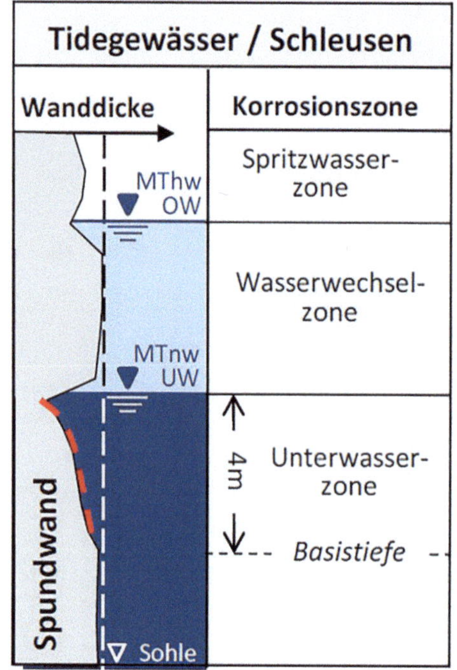

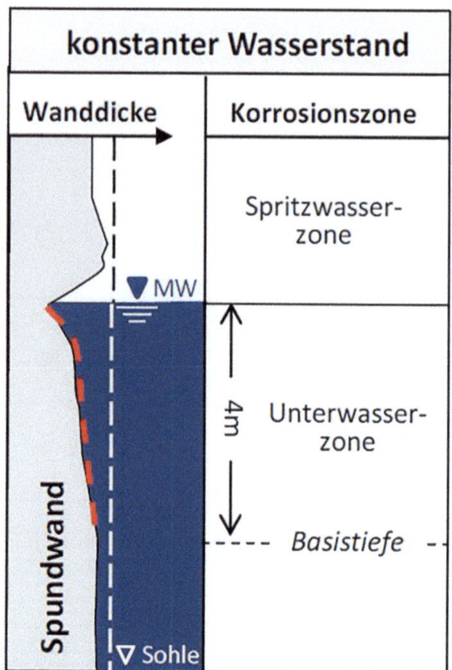

Abb. 2 Drei-Zonen-Modell [5, 9]

2.2 Korrosionstypen

Korrosion an Spundwänden verläuft in der Regel weder gleichmäßig noch gleichförmig. Es lassen sich verschiedene Korrosionstypen unterscheiden [7, 10]:

- Flächige Korrosion führt zu einem gleichmäßigen Materialabtrag über eine größere Bauteilfläche.
- Mulden- oder Narbenkorrosion tritt punktuell mit deutlich erhöhter Korrosionsintensität auf und kann im Extremfall zu Durchrostungen führen.
- Spaltkorrosion entsteht insbesondere im Übergangsbereich unterschiedlicher Bauteile.
- Kantenabrostung tritt an exponierten Stellen auf, beispielsweise infolge mechanischen Abriebs oder eines unzureichenden Korrosionsschutzes an Kanten.
- Kontaktkorrosion, auch als Bimetallkorrosion bezeichnet, wird durch einen Elektronenfluss zwischen Metallen mit unterschiedlichen elektrochemischen Potenzialen verursacht.

An Spundwänden sind flächige Korrosion sowie punktuelle Mulden- bzw. Narbenkorrosion die häufigsten Korrosionsformen, während Spaltkorrosion, Kantenabrostung und Kontaktkorrosion nur in untergeordnetem Maße auftreten [7].

3   Messmethoden und Kennwerte zur Erfassung der Korrosion an Spundwänden

Die Messung der Spundwanddicke dient der Beurteilung der Tragfähigkeit und Gebrauchstauglichkeit der Spundwand. Für eine quantitative Beurteilung des Korrosionszustandes sowie zur Ermittlung charakteristischer Korrosionskennwerte sind spezifische Restwanddickenmessungen erforderlich. Diese werden mittels Ultraschalls durchgeführt. Die Messungen erfolgen an verschiedenen definierten Messpunkten der Spundwandbohle. Ein Messpunkt wird durch die Kombination von Station, Messquerschnitt und Messlage bestimmt und erfasst in der Regel vier bis sechs Einzelwerte. Die genaue Definition des Messlagen variiert je nach Spundwandtyp.

Zur Beurteilung des Zustandes und der Stabilität von Spundwänden werden verschiedene Kennwerte [7] bestimmt. Diese sind essenziell, um das Ausmaß der Korrosion zu quantifizieren, die verbleibende Lebensdauer abzuschätzen und geeignete Instandhaltungsmaßnahmen zu planen.

- **Restwanddicke (t)**: Beschreibt die verbleibende Materialstärke. Um Messungen zu präzisieren, wird die mittlere Restwanddicke aus mehreren Einzelmessungen berechnet. Auffälligkeiten wie Mulden oder Löcher werden bei der Mittelwertbildung nicht berücksichtig.
- **Ausgangswanddicke (t_0)**: Die Wanddicke zum Zeitpunkt der Installation. Dabei wird unterschieden zwischen der Plan-Ausgangswanddicke (Herstellerangabe) und der Ist-Ausgangswanddicke (tatsächliche Messung bei der Installation).
- **Wanddickenverlust (Abrostung a)**: Berechnet sich aus der Differenz zwischen Ausgangswanddicke und Restwanddicke.

$$a = t_0 - t$$

Die Abrostung wird in Millimetern angegeben, wobei der Mittelwert über das geometrische Mittel berechnet wird.

- **Abrostungsrate (α)**: Gibt die Geschwindigkeit des Materialabtrags an und wird in mm/Jahr ausgedrückt.

$$\alpha = \frac{a}{\textit{Spundwandalter zum Zeitpunkt der Messung}}$$

- Die Abrostungsrate ist eine zentrale Indikation für die verbleibende Nutzungsdauer der Spundwand.

Die Messmethoden und Kennwerte sind entscheiden für die Beurteilung der Korrosion, die Ableitung von Prognosen zur verbleibenden Lebensdauer sowie die Planung von Erhaltungsmaßnahmen.

4   Architektur der Softwarelösung

Die zuverlässige Erfassung und Auswertung von Korrosionsdaten ist essenziell, um fundierte Aussagen über den Zustand und die verbleibende Nutzungsdauer von Spundwänden zu treffen. Die Ultraschallmessung liefert eine Vielzahl von Kennwerten deren Analyse eine systematische Verarbeitung und Visualisierung erfordert. Hier setzt die entwickelte Softwarelösung an: Sie dient sowohl der strukturierten Erfassung der Messwerte als auch deren Auswertung. Neben der Speicherung der Messdaten ermöglicht die Software eine visuelle Aufbereitung der Ergebnisse, indem sie Kennwerte wie Restwanddicke, Wanddickenverlust und Abrostungsrate (Vgl. Abschn. 3) grafisch darstellt. Diagramme und georeferenzierte Kartenansichten unterstützen die Analyse und erleichtern den Vergleich verschiedener Messkampagnen sowie die Identifikation kritischer Bereiche.

Im Folgenden wird die Architektur der Softwarelösung beschrieben, die speziell für die Verarbeitung und Visualisierung von Wanddickenmessungen konzipiert wurde.

4.1   Gesamtarchitektur

Die Webanwendung zur Auswertung von Wanddickenmessungen besteht aus einer klassischen Frontend- und Backend-Komponente sowie einem separaten Importer-Backend. Das Importer-Backend übernimmt die Validierung und Konvertierung der Excel-Feldbücher in ein standardisiertes Datenformat und überträgt die geprüften Messdaten anschließend automatisiert über eine REST-API an das zentrale WDM-Backend zur weiteren Verarbeitung und Analyse. Eine Übersicht der Gesamtarchitektur ist in Abb. 3 zu sehen.

Das Frontend bietet eine Übersicht über die Bauwerke und Messstationen, die georeferenziert dargestellt werden. Zudem werden die Messergebnisse der einzelnen Stationen aufbereitet und in verschiedenen Darstellungsformen visualisiert, um eine fundierte Verifizierung der Daten zu ermöglichen.

Die Daten sowohl für die Übersicht als auch für die unterschiedlichen Darstellungsformen werden vom Backend bereitgestellt. Dies umfasst Informationen zu den Bauwerken und Stationen sowie die verschiedenen Messergebnisse. Zusätzlich verfügt das Frontend über eine Funktion zum Importieren neuer Excel-Feldbücher. Dieser Import erfolgt in Zusammenarbeit mit einer dedizierten Backend-Komponente, die ausschließlich für diesen Zweck vorgesehen ist.

Nach einer erfolgreichen Plausibilitätsprüfung müssen die verifizierten Feldbücher der KI-Anwendung zur Verfügung gestellt werden, was über eine REST-API geschieht.

Das Auswertungsmodul im Frontend wird im Folgenden genauer betrachtet. Abb. 4 veranschaulicht dessen Aufbau und die Interaktion der einzelnen Komponenten. Es besteht aus mehreren miteinander interagierenden Komponenten, die Messdaten verwalten und grafisch aufbereiten. Im Zentrum steht die Übersichtsseite, die als zentrale Plattform

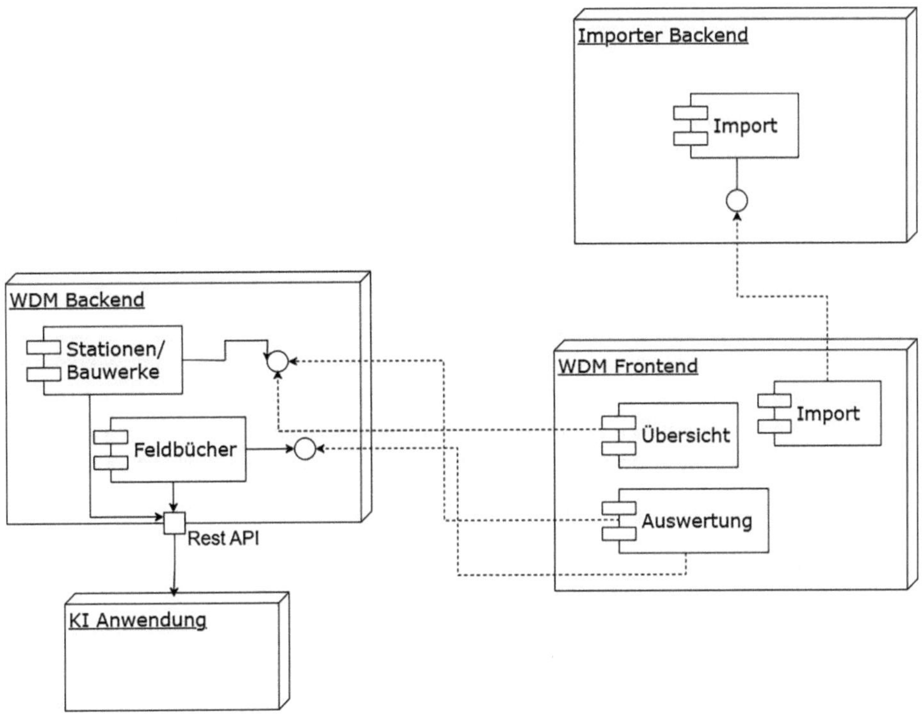

Abb. 3 Architektur der Webanwendung zur Wanddickenmessung

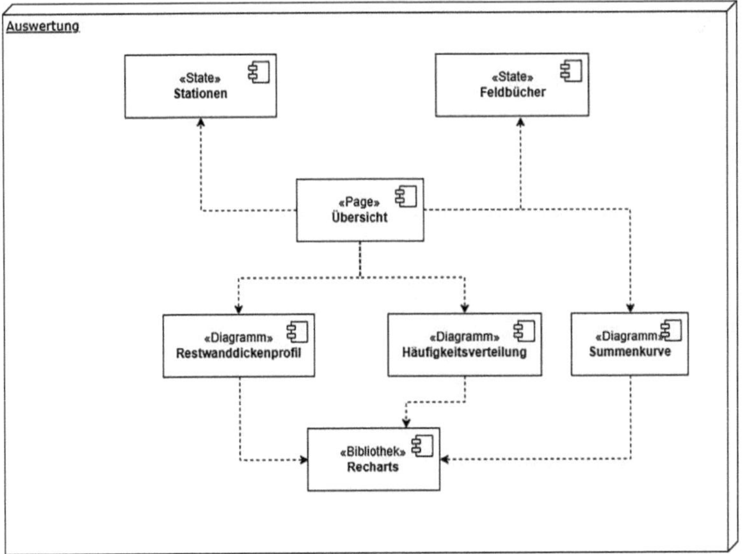

Abb. 4 Architektur des Auswertungsmoduls im Frontend

für die verschiedenen Auswertungen und Verifizierungen dient. Sie fasst die Daten der einzelnen Messstationen sowie der zugehörigen Feldbücher zusammen.

Da die Diagramme dynamisch angepasst werden können, müssen sich die entsprechenden Informationen in den Feldbüchern automatisch aktualisieren. Dadurch bleibt auch jede Diagrammkomponente stets auf dem aktuellen Stand.

Die Visualisierung und Verifizierung der Messdaten erfolgt über drei spezialisierte Diagrammkomponenten: das Restwanddickenprofil, die Häufigkeitsverteilung und die Summenkurve (Vgl. Abschn. 4.3).

Diese Komponenten greifen auf die externe Recharts-Bibliothek (https://recharts.org/) zurück, die als Grundlage für die Diagrammerstellung dient.

Die Architektur folgt einem modularen Ansatz, bei dem eine zentrale Steuerungskomponente die Datenverarbeitung übernimmt, während spezialisierte Module für die Visualisierung verantwortlich sind. Die Einbindung der Recharts-Bibliothek ermöglicht eine effiziente Implementierung und gewährleistet eine flexible sowie interaktive Darstellung der Messwerte.

4.2 Genutzte Technologien

Die Wahl der Datenbanktechnologie fiel auf PostgreSQL (https://www.postgresql.org/). Ausschlaggebend dafür war, dass die Datenstruktur durch die Softwarespezifikation weitgehend vorgegeben ist und nur geringfügige Änderungen im Projektverlauf zu erwarten sind. Zudem spielt die Sicherstellung der Datenintegrität eine zentrale Rolle, da die erfassten Messwerte in enger Abhängigkeit zueinanderstehen und fehlerhafte Änderungen vermieden werden müssen. Da das erwartete Datenvolumen überschaubar ist, war eine Skalierung über mehrere Server hinweg nicht erforderlich.

Für die Kommunikation zwischen Frontend und Backend wurde eine REST-API implementiert. Diese Entscheidung basiert darauf, dass die Datenstruktur klar definiert ist und keine häufigen Änderungen zu erwarten sind. Alternativ wäre GraphQL insbesondere dann vorteilhaft gewesen, wenn die Datenstruktur flexibler gestaltet oder mehrere Backend-Services angebunden werden müssten.

Das Frontend wurde mit React (https://react.dev/) entwickelt, da dieses Framework alle Anforderungen an die Visualisierung der Messdaten erfüllt. Neben der interaktiven Darstellung georeferenzierter Messstationen mittels Leaflet (https://react-leaflet.js.org/) ermöglicht React eine effiziente Zustandsverwaltung und eine performante Aktualisierung der Daten durch den Virtual DOM. Darüber hinaus bietet React eine breite Auswahl an Diagrammbibliotheken für die Verifikation und Analyse der Messwerte. Aufgrund der aktiven Community und der kontinuierlichen Weiterentwicklung durch Meta wurde React als zukunftssichere Lösung eingestuft.

Im Backend kommt Node.js in Kombination mit Express (https://expressjs.com/) zum Einsatz. Diese Wahl wurde getroffen, da das Backend primär dazu dient, Daten aus der PostgreSQL-Datenbank bereitzustellen, und keine rechenintensiven Prozesse ausführt.

Durch den Einsatz von TypeScript sowohl im Backend als auch im Frontend konnte eine einheitliche Programmiersprache für die gesamte Anwendung gewährleistet werden.

Für die Datenvisualisierung wurden verschiedene Bibliotheken in Betracht gezogen. Während D3.js eine hohe Flexibilität bietet, erfordert es auch eine tiefere Einarbeitung und einen höheren Implementierungsaufwand. Chart.js hingegen ermöglicht eine schnelle Integration, weist jedoch eingeschränkte Anpassungsmöglichkeiten auf.

Da das Frontend mit React entwickelt wird, fiel die Wahl auf Recharts (https://recharts.org/), eine speziell für React entwickelte Bibliothek. Recharts kombiniert die Vorteile einer einfachen Integration mit ausreichender Flexibilität und wird durch eine aktive Entwicklergemeinschaft kontinuierlich weiterentwickelt.

4.3   Datenvisualisierung

Ausgangswanddicke. Im Rahmen der Aufbereitung und Verifikation der Messwerte werden verschiedene Visualisierungsmethoden eingesetzt, um eine fundierte statistische Analyse der Restwanddickenverteilung und eine realistische Bewertung des Korrosionszustands zu ermöglichen

Ein zentraler Aspekt ist die Überprüfung der geplanten Ausgangswanddicke, also der theoretischen Wanddicke des Bauteils zum Zeitpunkt der Errichtung. Diese Angabe basiert auf Konstruktionsunterlagen, kann jedoch in der Praxis durch Fertigungstoleranzen, Materialchargenunterschiede oder bereits erfolgte Materialverluste abweichen. Um eine realistische Ist-Ausgangswanddicke festzulegen, wird die Summenkurve der gemessenen Restwanddicken herangezogen [7].

Die Summenkurve stellt eine kumulative Verteilungsfunktion dar, die die Häufigkeit der gemessenen Einzelrestwanddicken abbildet. Sie gibt an, welcher Anteil der Messwerte eine bestimmte Wanddicke unterscheiten oder überschreiten. Dadurch kann beurteilt werden, ob eine gemessene Dicke mit der Plan-Ausgangswanddicke übereinstimmt oder ob systematische Abweichungen vorliegen. Dies geschieht für jede Messlage eines Teilbauwerks separat. Standardmäßig wird ein Quantilwert von 90 % verwendet. Diese bedeutet, dass 90 % der gemessenen Wanddicken über diesem Wert liegen, während die untersten 10 % als potenzielle lokale Ausreißer oder frühzeitige Korrosionsstellen ausgeschlossen werden. Sollte die Ist-Ausgangswanddicke signifikant niedriger als die Plan-Ausgangswanddicke sein, kann diese manuell korrigiert werden.

Die Summenkurve der gemessenen Einzelrestwanddicken wird wie folgt definiert:

$$s\left(t_j\right) = \sum_{t_{min}}^{t_j} n_j\left(t_j\right) \text{ in } [\%] \text{ für } t_{min} \leq t_j \leq t_{max}$$

mit

- t_{min} = minimale gemessene Restwanddicke in [mm]
- t_{max} = maximale gemessene Restwanddicke in [mm]
- t_j = eine gemessene Restwanddicke mit $t_j \geq t_{min}$ in [mm]
- n_j = Häufigkeit einer gemessenen Restwanddicke in t_i in [%] bezogen auf die Gesamtanzahl der gemessenen Restwanddicken innerhalb einer Messlage bzw. Messlagengruppen

Die Überprüfung der geplanten Ausgangswanddicke mithilfe der Summenkurve ist essenziell, um eine realistische Ausgangsbasis für Korrosionsanalysen zu schaffen. Eine zu hohe Annahme der ursprünglichen Wanddicke könnte zu unterschätzten Materialverlusten und fehlerhaften Prognosen über die Restlebensdauer führen. Die Summenkurve ermöglicht es, systematische Abweichungen, bereits vorhandene Vorschäden und ungleichmäßige Korrosionsmuster frühzeitig zu erkennen, um eine präzisere Bewertung der strukturellen Integrität des Bauwerks vorzunehmen.

Abb. 5 zeigt eine beispielhafte Summenkurve aus unserer Softwarelösung.

Verifikation der Korrosionszonen. Korrosion tritt nicht gleichmäßig über eine gesamte Oberfläche auf, sondern ist von Umweltbedingungen, Belastungen und lokalen Materialeigenschaften abhängig. Daher ist eine präzise Festlegung der Korrosionszonen essenziell, um die räumliche Verteilung der Materialverluste korrekt abzubilden und eine fundierte Bewertung des Korrosionsfortschritts vorzunehmen. Eine ungenaue oder fehlerhafte Zonierung kann zu falschen Bewertungen und ungeeigneten Instandhaltungsmaßnahmen führen

Um die Korrosionszonen zu verifizieren, werden die gemessenen Abrostungswerte statistisch analysiert und visuell überprüft. Die Auswertung erfolgt dabei für jede

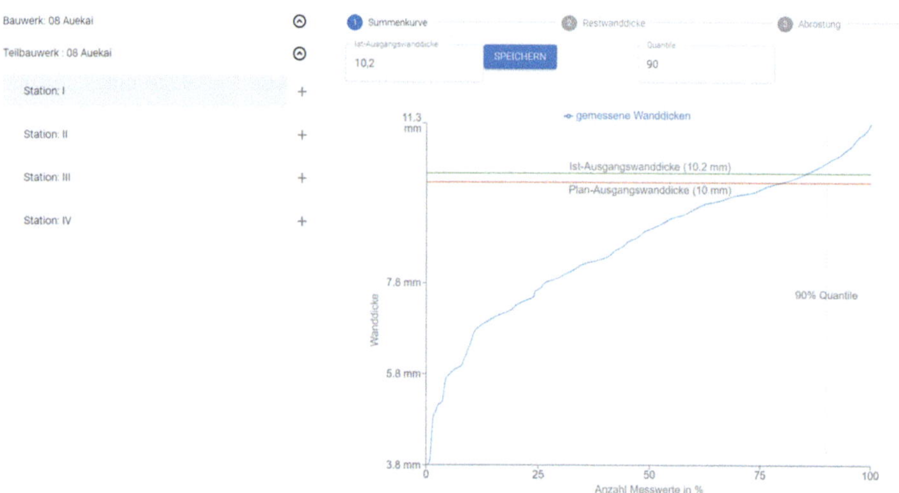

Abb. 5 Summernkurve zur Bestimmung der Ausgangswanddicke

Korrosionszone und Messlage separat, wobei zentrale Kennwerte wie die Anzahl der Messwerte, das arithmetische Mittel und die Standardabweichung berechnet werden. Um eine statistisch belastbare Analyse zu gewährleisten, sollten mindestens 100 Messwerte pro Korrosionszone und Messlage vorliegen.

Die Überprüfung der Korrosionszonen basiert auf einer grafischen und statistischen Analyse der Abrostungswerte. Hierzu wird ein Histogramm der gemessenen Abrostungen erstellt, das die Häufigkeitsverteilung der Werte zeigt. Da Korrosionsprozesse typischerweise einer lognormalen Verteilung folgen, wird zusätzlich eine lognormale Dichtefunktion über das Histogramm gelegt, um zu überprüfen, ob die gemessenen Werte mit der erwarteten Verteilung übereinstimmen.

Die Dichtefunktion der lognormalverteilten Abrostungswerte ist definiert als [9, 11]:

$$f(x) = \frac{1}{x\sqrt{2\pi}s} * e^{-\frac{(\ln x - \mu)^2}{2s^2}}, \text{ für } x > 0$$

mit

- $\mu =$ Mittelwert der Grundgesamtheit
- $x =$ Abrostung in [mm]
- Standardabweichung der Stichprobe $s = \sqrt{\frac{\sum (x - \bar{x})^2}{n-1}}$

Da die logarithmische Normalverteilung keine negativen Werte zulässt, werden negative Abrostungswerte durch $+0,1$ mm ersetzt. Falls eine signifikante Anzahl negativer Werte auftritt, deutet dies darauf hin, dass die Plan-Ausgangswanddicke möglicherweise zu hoch angesetzt wurde und angepasst werden muss.

Die Verifikation der Korrosionszonen erfolgt in mehreren Schritten. Zunächst wird ein Histogramm der gemessenen Abrostungen erstellt, in dem die gemessenen Werte in Klassen mit einer gleichmäßigen Klassenbreite eingeteilt werden. Diese Klassenbreite sollte so gewählt werden, dass die Verteilung der Messwerte gut erkennbar ist, und muss daher vom Nutzer anpassbar sein. Im Anschluss daran wird eine lognormale Dichtefunktion berechnet und über das Histogramm gelegt. Falls die gemessenen Abrostungen tatsächlich einer lognormalen Verteilung folgen, sollte die Form des Histogramms mit der berechneten Dichtefunktion übereinstimmen. Abweichungen zwischen beiden können auf Messfehler, eine fehlerhafte Zoneneinteilung oder lokale Korrosionsanomalien hindeuten. In diesen Fällen sollte die Zoneneinteilung überprüft und gegebenenfalls angepasst werden. Um eine bessere visuelle Anpassung zu ermöglichen, kann die Skalierung der Dichtefunktion durch den Nutzer modifiziert werden.

Damit der Nutzer eine präzisere Abgrenzung der Korrosionszonen vornehmen kann, muss er die Möglichkeit haben, einzelne Messquerschnitte hinzuzufügen oder zu entfernen. Dies erlaubt eine genauere Identifikation von Übergangsbereichen zwischen verschiedenen Korrosionszonen und verhindert, dass Messwerte unpassend zusammengefasst werden. Abb. 6 zeigt diese Funktionalität unserer Software.

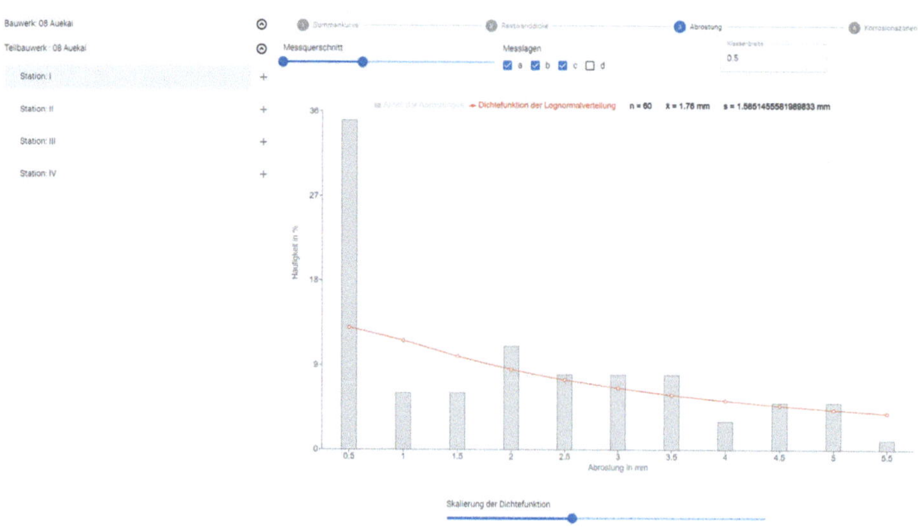

Abb. 6 Histogramm der Abrostungswerte mit überlagerter lognormaler Dichtefunktion und nutzerdefinierten Anpassungsmöglichkeiten

Restwanddickenprofile. Restwanddickenprofile dienen der grafischen Darstellung des Wanddickenverlaufs entlang der Tiefe für jede Messlage und Station. Sie ermöglichen eine präzise Analyse des Materialabtrags und helfen, strukturelle Schwachstellen wie Muldenkorrosion oder Lochfraß frühzeitig zu erkennen. Die Visualisierung basiert auf der Ist-Ausgangswanddicke und den verifizierten Restwanddicken. Für jede Messlage wird das geometrische Mittel der gemessenen Restwanddicken über die Tiefe berechnet und als durchgehende Kurve dargestellt. Um die Variabilität der Messwerte besser einzuordnen, werden zusätzlich die Spannbreiten der Einzelmesswerte am jeweiligen Messpunkt angegeben. Dies ermöglicht eine Einschätzung der Streuung der Wanddicken und zeigt potenzielle lokale Abweichungen auf

Zur Identifikation von lokalen Schwachstellen werden zudem Muldenkorrosion und Lochfraß durch einzelne Punktmarkierungen hervorgehoben. Dies erlaubt eine gezielte Analyse kritischer Bereiche, in denen verstärkter Materialverlust auftritt. Zusätzlich wird die korrigierte Ausgangswanddicke der jeweiligen Messlage in der Abbildung dargestellt, sodass der ursprüngliche Zustand mit der aktuellen Restwanddickenverteilung verglichen werden kann [9, 11].

Durch diese umfassende Darstellung kann der Korrosionsverlauf entlang der Tiefe analysiert und die lokale Streuung der Abrostungswerte besser eingeschätzt werden. Die Identifikation von Bereichen mit verstärktem Materialverlust unterstützt eine gezielte Bewertung der strukturellen Integrität und erleichtert fundierte Entscheidungen zur Instandhaltung. Abb. 7 zeigt die Umsetzung in der Software.

5　Plausibilitätsprüfung der Messwerte

Die Plausibilitätsprüfung der Messwerte erfolgt durch eine statistische Abweichungsanalyse, die die empirische Abrostungsverteilung mit der erwarteten lognormalen Dichtefunktion vergleicht. Eine visuelle Kontrolle kann ergänzend erfolgen, ist jedoch nachrangig (Vgl. Abschn. 2.1).

Die statistische Bewertung ermöglicht die Identifikation signifikanter Abweichungen, die unterschiedliche Ursachen haben könnten. Dazu zählen fehlerhafte oder zu weit gefasste Korrosionszonen, zusammengefasste Messlagen mit unterschiedlichem Abrostungsverhalten, eine starke Streuung der Messwerte durch Lochfraß oder Muldenkorrosion sowie ungewöhnliche Muster, die auf Messfehler oder bauliche Besonderheiten hindeuten.

5.1　Ermittlung des Schwellenwerts zur Plausibilitätsprüfung

Zur quantitativen Bewertung der Abweichung der Messwerte von der erwarteten Lognormalverteilung wird ein statistischer Schwellenwert hergeleitet. Dieser basiert auf einer Referenzbasis empirischer Abrostungsverteilungen, die als repräsentativ für ein typisches Abrostungsverhalten gelten.

Für jedes ausgewählte Histogramm wird ein Chi-Quadrat-Wert berechnet, der die statistische Distanz zwischen der empirischen und der theoretischen lognormalen Dichtefunktion quantifiziert. Anhand der ermittelten Werte wird ein typischer Abweichungsbereich definiert, der die natürliche Schwankung innerhalb plausibler Abrostungsverteilungen beschreibt. Überschreiten Messwerte diesen Bereich, deutet dies auf eine signifikante Abweichung hin, die überprüft werden sollte.

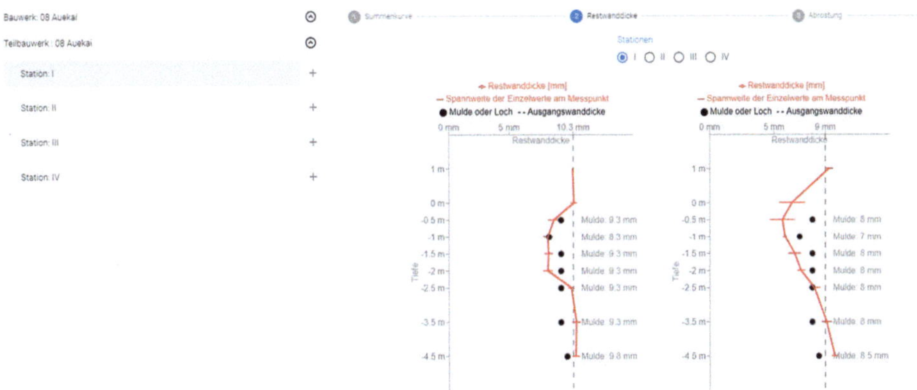

Abb. 7 Restwanddickenprofil mit Spannbreiten, Muldenkorrosion und korrigierter Ausgangswanddicke

Diese systematische Vorgehensweise ermöglicht eine objektive Bewertung der Messdaten, reduziert Modellierungsfehler und stellt eine konsistente Korrosionsbewertung sicher.

5.2   Verbesserung der Datenqualität für Machine Learning

Die statistische Plausibilitätsprüfung dient als Grundlage zur Datenqualitätskontrolle. Sie identifiziert unplausible Messwerte, die entweder ausgeschlossen oder mit einer Unsicherheitskennzeichnung versehen werden, sodass das später zwischen hoch- und niedrigvertrauenswürdigen Daten differenzieren kann.

Die Bewertung erfolgt durch den Vergleich der empirischen Abrostungsverteilung mit der erwarteten Lognormalverteilung sowie eine Quantifizierung der Abweichung mittels Chi-Quadrat-Differenz. Ein statistischer Schwellenwert trennt typische von auffälligen Verteilungen, sodass unplausible Daten nicht unkontrolliert in das Modell einfließen. Dadurch wird die Vorhersagegenauigkeit erhöht und eine quantifizierbare Unsicherheitsbewertung innerhalb des Modells ermöglicht.

6   Ausblick

Die entwickelte Softwarelösung stellt einen wesentlichen Fortschritt in der systematischen Erfassung, Analyse und Visualisierung von Korrosionsdaten an Spundwänden dar. Sie ermöglicht eine präzise Bewertung des Bauwerkszustands und bietet eine fundierte Grundlage für die Prognose der verbleibenden Nutzungsdauer.

Ein zentrales Ziel des hier beschriebenen Projektes ist die Integration künstlicher Intelligenz zur Vorhersage von Abrostungstrends. Derzeit basiert die Analyse der Abrostung auf statistischen Methoden. Zukünftig soll ein Machine Learning-Modell entwickelt werden, das auf Basis historischer Messdaten langfristige Abrostungstrends erkennt und Vorhersagen für die künftige Materialabtragung trifft. Dabei könnten verschiedene NN-Netze auf Zeitreihen, wie beispielsweise Long Short-Term Memory (LSTM)-Netzwerke, zum Einsatz kommen, um die Abrostungsrate über unterschiedliche Zeitintervalle hinweg zu prognostizieren. Da sich das Machine Learning-Modul derzeit noch in der Entwicklung befindet, liegen bislang keine detaillierten Angaben zu verwendeten Algorithmen, Validierungsstrategien oder Bewertungsmetriken vor. Eine transparente Modellbewertung wird jedoch ein zentraler Bestandteil der weiteren Arbeit sein, um die Prognosegüte systematisch zu analysieren und die Praxistauglichkeit der Vorhersagen abzusichern.

Langfristig soll die Software nicht nur zur Erfassung und Analyse der aktuellen Korrosionssituation dienen, sondern durch die KI-gestützte Prognose der Abrostungstrends eine vorausschauende Wartungsstrategie ermöglichen. Betreiber von Hafen- und Wasserstraßeninfrastrukturen könnten so gezielt Instandhaltungsmaßnahmen planen, bevor kritische Materialverluste auftreten. Damit würde die Software einen wesentlichen Beitrag zur Verlängerung der Lebensdauer maritimer Bauwerke und zur Reduktion von Instandhaltungskosten leisten.

Besonders angesichts des Klimawandels und der zunehmenden Umweltbelastungen wird eine präzise Überwachung der Spundwandkorrosion immer wichtiger. Steigende Temperaturen, sich verändernde Strömungsmuster und chemische Veränderungen in den Gewässern haben einen direkten Einfluss auf die Korrosionsprozesse und erfordern eine dynamische Anpassung der Instandhaltungsstrategien. Die Software könnte dazu beitragen, Umwelteinflüsse frühzeitig in die Korrosionsprognose einzubeziehen und kritische Entwicklungen rechtzeitig zu erkennen.

Zukünftig wäre es denkbar, die Lösung weiter auszubauen, um auch den Einfluss von Schadstoffeinträgen aus Industrie und Schifffahrt auf die Korrosion zu analysieren. Durch die Kombination von Messwerten mit externen Umweltfaktoren könnte die Software nicht nur Bauwerksbetreibern helfen, sondern auch als Werkzeug für nachhaltiges Hafenmanagement dienen. Dies würde dazu beitragen, wirtschaftliche und ökologische Aspekte in Einklang zu bringen und langfristig die Widerstandsfähigkeit maritimer Infrastruktur gegenüber klimatischen und chemischen Veränderungen zu verbessern.

Danksagung Dieses Forschungsprojekt wurde mit finanzieller Unterstützung des Bundesministeriums für Forschung, Technologie und Raumfahrt (BMFTR) im Rahmen des Projektes zur Digitalisierung von Spundwanddickenmessungen mit KI-basierter Korrosionsprognose (iRON) (Förderkennzeichen: 13FH038KX2) durchgeführt. Die Förderung hat maßgeblich zur Realisierung der Arbeit beigetragen.

Literatur

1. Niedersächsisches Kompetenzzentrum Klimawandel (NIKO). (2022). Niedersächsische Strategie zur Anpassung an die Folgen des Klimawandels 2021. Niedersächsisches Ministerium für Umwelt, Energie, Bauen und Klimaschutz.
2. Koppe, B. (2021). Klimawandelanpassung von Seehäfen. Skript zum Vorhaben Port-KLIMA. Bremen: Hochschule Bremen. https://www.hs-bremen.de/assets/hsb/de/Dokumente/Forschungsprojekte/PortKLIMA/PortKLIMA_Studentische_Lehre.pdf.
3. Fritsch, U., Zebisch, M., Voß, M., Linsenmeier, M., Kahlenborn, W., Porst, L.,... Fleischer, C. (2021). *Klimawirkungs- und Risikoanalyse 2021 für Deutschland. Teilbericht 3: Risiken und Anpassung im Cluster Wasser.* Umweltbundesamt.
4. Lange, B., Markus, T., & Helfst, L.P. (2014). *Auswirkungen von Abgasnachbehandlungsanlagen (Scrubbern) auf die Umweltsituation in Häfen und Küstengewässern.* Umweltbundesamt.
5. Hein, W. (1990). Zur Korrosion von Stahlspundwänden in Wasser. *Mitteilungsblatt der Bundesanstalt für Wasserbau* (67), 1–40.
6. DIN EN ISO 8044:2020–08. (2020). Korrosion von Metallen und Legierungen – Grundbegriffe. DIN Media.
7. Bundesanstalt für Wasserbau (BAW). (2023a). BAWEmpfehlung Spundwanddickenmessungen in Häfen und an Wasserstraßen: Grundlagen, Planung, Durchführung, Auswertung und Interpretation (ESM). Bundesanstalt für Wasserbau (BAW-Merkblätter, -Empfehlungen und -Richtlinien).
8. Alberts, D., & Heeling, A. (1997). Wanddickenmessungen an korrodierten Stahlspundwänden – Statistische Datenauswertung zur Abschätzung der maximalen Abrostung -. *Mitteilungsblatt der Bundesanstalt für Wasserbau* (75), 77–94.

9. Heeling, A. (2017). Ermittlung und Bewertung des Korrosionszustandes von Stahlspundwänden in Häfen und an Wasserstraßen. *Mitteilungsblatt der Bundesanstalt für Wasserbau*
   (100), 39–53.
10. Bundesanstalt für Wasserbau (BAW). (2023b). *BAWMerkblatt Schadensbewertung an Ver-
    kehrswasserbauwerken der Inspektionskategorie A (MSV-A).* Bundesanstalt für Wasserbau
    (BAW-Merkblätter, -Empfehlungen und -Richtlinien).
11. European Commission: Directorate-General for Research and Innovation; Alberts, Dirk; Hee-
    ling, Anne; Houyoux, Christophe. (2007). *Design method for steel structures in marine en-
    vironment including the corrosion behaviour.* Publications Office of the European Union.